짜릿짜릿

전자부품 백과사전
1

Encyclopedia of
Electronic Components
Volume 1

Making
Insight

Encyclopedia of Electronic Components Volume 1
by Charles Platt

짜릿짜릿 전자부품 백과사전 1: 방대하고, 간편하며, 신뢰할 수 있는 전자부품 안내서

초판 1쇄 발행 2023년 11월 3일 **지은이** 찰스 플랫 **옮긴이** 배지은 **펴낸이** 한기성 **펴낸곳** ㈜도서출판인사이트 **편집** 신승준 **영업마케팅** 김진불 **제작·관리** 이유현, 박미경 **용지** 유피에스 **출력·인쇄** 예림인쇄 **제본** 예림바인딩 **등록번호** 제2002-000049호 **등록일자** 2002년 2월 19일 **주소** 서울특별시 마포구 연남로5길 19-5 **전화** 02-322-5143 **팩스** 02-3143-5579 **이메일** insight@insightbook.co.kr **ISBN** 978-89-6626-421-6 책값은 뒤표지에 있습니다. 잘못 만들어진 책은 바꾸어 드립니다. 이 책의 정오표는 https://blog.insightbook.co.kr에서 확인하실 수 있습니다.

찰스 플랫 지음 | 배지은 옮김

짜릿짜릿
전자부품
백과사전
1

인사이트

차례

옮긴이의 글

《짜릿짜릿 전자부품 백과사전》이 복간되어 다시 독자 앞에 선보이게 되어 무척 기쁩니다. 번역할 때 공을 많이 들였고 책이 가진 의미도 좋아서 개인적으로 애착이 많이 가던 책이라 절판 소식이 못내 아쉬웠는데, 이번에 새롭게 단장한 모습으로 출간된다니 역자로서 설레는 마음을 누를 수 없습니다. 새로운 《짜릿짜릿 전자부품 백과사전》은 기존의 소소한 오역을 바로잡고, 새로 정리된 용어를 반영하고 문장을 정리하여 조금 더 현대적인 모습을 갖추었습니다. 이를 위해 애써 주신 인사이트 편집부에 감사 드립니다.

서문에서 저자도 말했듯이, 인터넷에 온갖 정보가 넘치는 이 시대에도 신뢰할 수 있는 정보를 집약적으로 담은 책의 존재 가치는 결코 사라지지 않는 것 같습니다. 특히 동영상 자료의 경우 이해하기 쉽다는 장점은 분명히 있지만, 막상 나에게 꼭 필요한 정보를 찾기는 생각처럼 쉽지 않습니다. 게다가 글자로 휙 읽으면 그만일 내용을 말로 설명하려면 쓸데없이 길어지게 마련이어서 동영상 자료는 오히려 시간이 더 걸리기도 합니다. 어렵게 찾은 자료가 과연 정확한 내용인지는 또 다른 문제입니다. 그에 비해 책은 옆에 두고 언제든 펼쳐볼 수 있고 앞뒤로 뒤적거리며 내게 꼭 필요한 정보를 정확히 찾아 확인할 수 있다는 고유의 장점이 있습니다. 다양한 미디어가 등장해 책을 소홀히 하는 이 시대에도 책만이 해줄 수 있는 역할이 있다는 점에서, 이번 《짜릿짜릿 전자부품 백과사전》의 재출간은 뜻깊은 일임에 틀림없습니다.

각자의 취향이 존중되고 다양성이 늘어나는 오늘날은 특히 메이커 정신이 빛나는 시대입니다. 개인의 만족과 취미로 시작했던 제품들이 주목을 받으며 산업으로 이어지는 사례도 심심치 않게 볼 수 있습니다. 그런 흐름에 발맞추어 3D 프린터나 아두이노 같은 도구도 비약적으로 발전해 이제 개인의 창의성을 가로막는 문턱은 한층 더 낮아졌습니다. 그러나 대단한 것을 만들겠다는 거창한 무언가가 없어도, 그냥 만드는 행위 자체도 즐거운 일입니다. 예전 책 서문에도 썼지만, "무언가를 만든다는 것은 인간의 원초적인 본능을 만족시키는 동시에 사람을 건강하게 만드는 행위"라고 생각합니다.

이제 반짝이는 아이디어로 스스로 필요한 것을 만들고, 그 과정에서 세상을 이롭게 하는, 즐거움과 성취를 추구하는 메이커들 곁에 이 책이 오래오래 든든한 참고서적으로 자리 잡길 진심으로 바랍니다.

들어가는 글

과거 그 어느 때보다도 광범위한 정보를 대량으로 자유롭게 이용할 수 있는 오늘날, 《짜릿짜릿 전자 부품 백과사전》 같은 책이 과연 정말로 필요할지 의문이 들 수 있다. "알고 싶은 게 있다면 언제든 인터넷에서 찾아 보면 되는 것 아닌가?"하고 말이다.

글쎄? 그 의문에 대한 답은 '예'이면서 동시에 '아니오'이다. 사용할 수 있는 자료들을 하나하나 검토하면서 따져 보자.

데이터시트

데이터시트는 필수 자료지만 제약이 있다. 어떤 데이터시트는 상세히 기술되어 있지만 어떤 것은 허술하다. 부품 사용법을 설명하기 위해 예제 회로도를 보여 주는 데이트시트도 있지만 대부분 그렇지 않다. 부품의 원리까지 설명하는 데이터시트는 더욱 찾기 힘든데, 이 문서의 목적이 원리를 설명하는 용도는 아니기 때문이다. 꼭 덧붙여야 할 부품을 언급하지 않는 데이터시트도 많다. 예를 들어 DC-DC 컨버터는 바이패스 커패시터를 필수적으로 함께 사용해야 하는데도 이를 언급하는 데이터시트는 거의 없다. 옵토 커플러optocoupler의 데이터시트는 개방 컬렉터 출력에 필요한 풀업 저항을 전혀 설명하지 않는다.

비교 구매를 할 때도 데이터시트는 크게 도움이 되지 않는다. 데이터시트에 자사 제품과 다른 업체의 제품을 비교하는 내용은 물론, 자사에서 생산하는 대체 제품에 대한 안내도 없다. 예를 들어 선형 전압 조정기에서 높은 효율을 얻고 싶을 때는 DC-DC 컨버터를 사용하는 게 더 낫다는 사실을 데이터시트만 봐서는 알 길이 없다.

무엇보다도 데이터시트는 흔히 저지르는 실수를 피할 수 있는 법을 알려 주지 않는다. 탄탈룸 커패시터를 잘못된 방향으로 연결하면 무슨 일이 일어날까? 데이터시트는 최댓값만 알려줄 뿐, 사용자가 부품을 태워 먹은 회로가 알 수 없는 행동을 하든 상관하지 않는다. 그리고 해당 부품에 문제가 발견되더라도 데이터시트는 이를 언급하지 않는다. 그간의 경험으로 볼 때 데이터시트에만 의존해서는 시간을 쓸데없이 낭비할 위험이 크다.

위키피디아

위키피디아가 다루는 전자공학의 범위는 꽤 인상적이지만, 일관성은 없는 편이다. 어떤 항목은 기초적인 수준인데 반해 어떤 항목은 대단히 전문적이다. 내용의 깊이도 천차만별이다. 일목요연하게 잘 정리된 항목도 있지만, 어떤 항목은 그 글을 쓴 사람 이외에 일반인들은 전혀 알 수 없는 듣도 보도 못한 내용들로 넘쳐 난다. 많은 주제들이 다수의 항목에 걸쳐 있어, 찾으려면 여러 URL을 돌아다녀야 한다. 전반적으로 위키피디아는 이론을 공부할 때는 괜찮지만, 실제로 써먹을 수 있는 실용적인 정보를 얻고자 한다면 썩 좋은 선택은 아니다.

제조업체의 교육 자료

일부 개념 있는 제조업체들은 자사에서 판매하는 부품에 관한 대단히 권위 있는 교육 자료를 편찬한다. 예를 들어 리틀퓨즈Littlefuse 사에서는 퓨즈에 관한 정보를 총망라한 훌륭한 문서를 시리즈로 발간한다. 그러나 또 다른 문제를 만나게 된다. 이런 자료는 담고 있는 정보가 너무 많아서 내용을 전부 파악하려면 시간이 꽤 걸린다. 게다가 이런 교육 자료는 구글의 검색 순위 상위에 잘 오르지 않아 찾기도 쉽지 않다. 또한 제조업체의 제품 생산 라인에 공백이 있더라도 교육 자료에서는 이를 언급하지 않는 경향이 있다. 따라서 어떤 제품이 빠졌는지 독자는 알 수가 없다.

개인 홈페이지

사람들이 대체로 특정 주제에 관해 자기가 아는 (또는 안다고 생각하는) 모든 것을 인터넷에 올려 공유하려는 충동을 느낀다는 점은 웹의 잘 알려진 특성의 결과다. 이들 개인 홈페이지는 상대적으로 잘 알려지지 않은 주제, 이를테면 스피커의 크로스오버 회로에 가장 적합한 커패시터 유형이 무엇인지, 또는 납 축전지에서 암페어시 숫자의 정확한 편차가 무엇인지에 관한 정보를 놀라울 정도로

상세히 게시하고 있다. 그러나 안타깝게도 일부 사이트는 오류나 근거 없는 사건을 담기도 하고, 표절이나 기이한 내용도 눈에 띈다. 나는 다루는 내용이 서너 개 정도의 사이트에서 대체로 일치한다면 이는 믿을 수 있다는 나름의 원칙을 세워 두었다. 그러나 그럴 때도 약간의 의심은 남겨 둔다. 검색-조사-검증 과정에는 시간이 조금 필요하다.

다시 앞의 문제제기로 돌아가자. '그렇다'는 원하는 정보가 인터넷 어딘가에 대체로 존재한다는 뜻이다. 그러나 '아니다'는 필요한 자료를 찾기가 쉽지 않다는 뜻이다. 광활한 인터넷 세상은 백과사전처럼 잘 정리되어 있지 않다.

책은 어떨까? 책은 대체로 초심자 수준이거나 한정된 영역에 특화되어 있다. 광범위한 내용을 다루는 몇몇 책은 정말로 훌륭하지만, 이런 책들은 기본적으로 교육용으로 사용될 목적으로 수업의 커리큘럼에 맞게 구성되어 있다. 이런 책들은 참고용 도서가 아니다.

백과사전

정보의 희소성 또는 낮은 접근성과 같은 문제는 이미 수 년 전에 사라졌다. 이제는 과다한 정보량, 정보 불일치, 정보 분산 같은 것이 지식 습득에서 새로운 장벽이 되고 있다. 필요한 정보를 구하기 위해 데이터시트, 위키피디아, 제조업체의 교육용 자료(존재할 수도 있고 아닐 수도 있다), 개인 홈페이지(편견이 숨어 있을 가능성이 있다), 그밖에 다양한 교육 서적들을 뒤져야 한다면, 그 과정은 매우 불편하고 시간을 많이 잡아먹는 작업이 될 것이다. 나중에 그 주제에 관해 다시 찾을 일이 생기면, 정말로 도움이 되었던 URL과 그렇지 않았

던 URL을 일일이 기억해야 한다. 그리고 그 과정에서 URL의 대다수는 아예 사라졌을 수도 있다.

《Make》 잡지의 전자공학 칼럼니스트로 일하면서 나 역시 이런 문제에 직면했었다. 그럴 때마다 전자부품의 기본 정보를 간결하고 일관된 형식으로 정돈 배치하고, 직관적으로 이해할 수 있는 사진, 회로도, 그림 등으로 상세히 설명하면서 철저한 감수와 상호참조가 잘 되어 있는 백과사전의 필요성을 절감했다. 이 백과사전이 부품의 작동 원리, 사용법, 대체 부품, 흔히 저지르는 실수와 발생할 수 있는 문제 등을 요약 정리할 수 있다면, 자료 조사에 소비하는 수많은 사람들의 시간을 아낄 수 있을 것이다.

이것이 바로 《짜릿짜릿 전자부품 백과사전》의 소박한 목표이다.

독자

여느 참고 도서처럼 이 책도 기본 지식을 갖춘 독자와 아직 갖추지 못한 독자 모두에게 유용하게 쓰이기를 바란다.

어쩌면 당신은 전자공학을 공부하는 학생으로 카탈로그에 나열된 부품을 찾고 있는지도 모르겠다. 카탈로그는 얼핏 재미있어 보이지만, 대체로 부품이 어떤 일을 하는지 어떻게 사용하는지 정확히 알려주지 않는다. 원하는 정보를 얻기 위해 기능 또는 이름으로 검색해야 하지만, 어디부터 시작해야 할지 확실하지 않다. 참고서적으로서 백과사전은 검색 절차가 단순하고, 부적절한 부품을 주문할 위험을 낮춰 주며, 구입한 부품을 어떻게 사용해야 하는지 알려준다.

아니면 독자는 엔지니어이거나 취미로 공작을 즐기는 사람으로, 지금 새 회로를 고안하고 있을 수도 있겠다. 3, 4년 전에 부품을 사용했던 기억은 나는데, 그 기억이 맞는지는 잘 모른다. 이럴 때는 빠른 요약 정리로 기억을 재생할 필요가 있다. 그래서 확인을 위해 지금 백과사전을 들추고 있는지도 모른다.

완전성

당연한 얘기지만 이 세상에 존재하는 부품을 모두 본 백과사전에서 다룰 수는 없다. 마우저 일렉트로닉스Mouser Electronics 사는 자사의 온라인 데이터베이스에 2백만 개 이상의 제품이 올라 있다고 한다. 《짜릿짜릿 전자부품 백과사전》에서는 위 제품 중 극히 일부만 다루게 된다. 그렇다 하더라도 중요한 기본 유형들은 모두 찾아볼 수 있다.

감사의 말

모든 참고 도서는 여러 자료에서 영감을 받게 마련이며, 이 책도 예외는 아니다. 다음 세 권의 책은 특히 중요하다.

- 폴 스케르의 《발명가를 위한 실용 전자공학 Practical Electronics for Inventors 제2판》(맥그로힐, 2007)(국내에 《모두를 위한 실용 전자공학》(제이펍, 2018)이라는 제목으로 번역서가 출시되었다 – 옮긴이)
- 로버트 L 보일스태드, 루이스 나셸스키의 《전기 장치와 회로 이론Electronic Devices and Circuit Theory 제9판》(피어슨에듀케이션, 2006)(국내에 《전자회로 실험》(ITC, 2009)이라는 제목으로 번역서가 출시되었다 – 옮긴이)

- 폴 호로비츠, 윈필드 힐의 《전자공학 기술The Art of Electronics 제2판》(케임브리지대학출판부, 2006)

또한 마우저 일렉트로닉스와 자메코 일렉트로닉스Jameco Electronics 사에서 얻은 정보도 무척 도움이 되었다. 무엇보다도 포레스트 M. 밈스 3세가 쓴 《전자공학 시작하기Getting Started in Electronics》(Master Publishing, 2020)와 돈 랭커스터가 쓴 《TTL 쿡북The TTL Cookbook》(Sams Publishing, 1974)이 없었다면 이 책은 절대 완성되지 않았을 것이다.

덧붙여서, 특별한 도움을 준 사람들이 있다. 편집자인 브라이언 젭슨은 본 프로젝트의 기획 단계에서 큰 도움이 되었다. 마이클 버틀러는 초기 개념을 잡고 책의 구조를 세우는 데 많은 기여를 했다. 조시 게이츠는 자료 조사에 참여해 도움을 주었다. 이 책의 출판사인 오라일리미디어는 내 작업에 대해 믿음을 보여 주었다. 케빈 켈리 자신은 잘 모르겠지만, '도구에 대한 접근access to tools'에 보여 준 케빈의 깊은 관심이 내게 많은 영향을 주었다.

이 책의 감수는 에릭 모버그, 크리스 라이라키스, 제이슨 조지, 로이 레이비, 엠레 툰체, 패트릭 패그가 맡았다. 그들에게 많은 도움을 받았다. 그런데도 이 책에 오류가 남아 있다면 그것은 전적으로 내 책임이다.

마지막으로 수십 년 전부터 알고 지낸 학교 친구들을 언급해야겠다. 공돌이nerd라는 단어가 존재하기도 훨씬 전이었던 그 옛날, 휴 레빈슨, 패트릭 파그, 그래험 로저스, 윌리엄 에드몬슨, 존 위티는 어린 시절 나만의 오디오 장비를 만들겠다고 씨름하던 내게, 꼬마 공돌이가 뇌어노 괜찮나는 사실을 일깨워 준 고마운 친구들이다.

1장

이 책의 사용법

이 책의 목적과 방법을 잘못 이해하는 일이 없도록 먼저 이 책의 기획 의도와 구성 방식을 간단히 설명하려고 한다.

참고자료 vs. 교재

제목이 말해주듯 이 책은 교재가 아니라 참고서적이다. 다시 말하면 기초 개념에서 출발해 점차 고등 개념으로 발전해 나가는 형식을 따르지 않는다.

독자는 이끌리는 주제 아무 곳이나 펼쳐 원하는 내용을 배운 다음 책을 내려놓으면 된다. 책을 처음부터 끝까지 독파하겠다고 마음먹어도, 이 책에서는 순차적으로 점차 쌓이는 식의 개념을 찾을 수 없을 것이다.

《짜릿짜릿 전자회로 DIY》(인사이트, 2012)는 교재로 쓸 수 있게 집필했지만, 다루는 범위는 이 책보다 제한적일 수밖에 없다. 교재는 불가피하게 단계적인 설명과 지시 사항을 상당 분량 할애해야 하기 때문이다.

이론과 실제

이 책은 이론보다는 실용적인 내용을 다루는 데 맞춰져 있다. 아마도 독자들이 가장 알고 싶어하는 내용은 전자부품의 사용법이지 부품의 작동 원리는 아니라고 생각한다. 따라서 이 책에서는 공식의 증명이나 전기 이론에 기반을 둔 정의, 또는 역사적 배경 같은 내용은 다루지 않는다. 단위는 혼란을 피할 필요가 있을 때에 한정해 다루었다.

전자공학 이론에 관한 책은 이미 많이 출간되어 있으니, 이론에 관심 있는 독자라면 그런 책을 찾는 것이 좋겠다.

구성

이 책은 장별로 구성되어 있으며, 각 장에서는 하나의 부품을 폭넓게 다루고 있다. 어떤 부품을 독립된 한 장으로 다룰지 아니면 다른 부품을 다루는 장에 포함할지 여부는 다음 두 가지 원칙에 따라 결정했다.

1. (a) 널리 사용되거나 (b) 널리 사용되지는 않지만 독특한 성질을 가지고 있거나 간혹 역사적인 가치를 지닌 부품이라면 독립된 장으로 다룬다. 널리 사용되는 부품의 예로는 양극성 트랜지스터bipolar transistor가 있으며, 널리 사용되지는 않지만 독특한 특성을 지닌 부품으로는 단접합 트랜지스터unijunction transistor가 있다.

2. (a) 널리 사용되지 않거나 (b) 흔히 사용되는 부품과 대단히 비슷한 특성을 지닌 부품이라면 독립적인 장으로 다루지 않는다. 예를 들어 가감 저항기rheostat는 포텐셔미터potentiometer 장에서 다루며, 실리콘 다이오드silicon diode, 제너 다이오드Zener diode, 게르마늄 다이오드germanium diode는 다이오드 장에서 통합해 설명한다.

이 원칙은 절대적인 것은 아니며 불가피한 경우에는 자의적 판단으로 조정해야 했다. 최종 결정은 내가 그 부품에 관한 내용을 찾는다면 어디를 찾아볼지를 기준으로 했다.

주제 분류 경로

항목은 알파벳 순서로 조직되어 있지 않다. 대신 주제별로 배치되어 있는데, 이는 듀이 십진 분류법을 사용하는 도서관에서 비소설 부문 책을 배치할 때와 비슷한 방식이다. 이 방법은 자신이 정확히 뭘 찾는지 모를 때, 또는 진행 과제를 수행하는 데 활용할 수 있는 옵션이 뭐가 있는지 아무것도 모를 때 편리하다.

각 분류는 소분류로 나뉘고, 소분류는 다시 부품으로 나뉜다. 이 분류 순서는 [그림 1-1]에서 볼 수 있다. 그리고 각 장이 시작되는 페이지 맨 윗부분에 해당 부품이 어떻게 분류되었는지 표시했다. 예를 들어 커패시터capacitor 장의 분류 경로는 다음과 같다.

전력 > 완화 장치 > 커패시터

일차 분류	이차 분류	부품 형태
	전원	배터리
		점퍼
		퓨즈
	연결	푸시 버튼
		스위치
		로터리 스위치
		로터리 인코더
		릴레이
		저항
전력	완화 장치	포텐셔미터
		커패시터
		가변 커패시터
		인덕터
		AC-AC 변압기
	변환	AC-DC 전원 공급기
		DC-DC 컨버터
		DC-AC 인버터
	조정	전압 조정기
	선형 출력	전자석
		솔레노이드
전자기 부품	회전 출력	DC 모터
		AC 모터
		서보 모터
		스텝 모터
	단일 접합	다이오드
		단접합 트랜지스터
개별 반도체 소자	다중 접합	양극성 트랜지스터
		전계 효과 트랜지스터

그림 1-1 본 백과사전에서 사용한 주제 중심 구조 분류 및 장 구분

물론 모든 분류 체계에는 예외가 있기 마련이다. 예를 들면 어레이 저항resistor array이 들어 있는 칩이 그렇다. 기술적으로 이 부품은 아날로그 집적 회로analog integrated circuit에 속하지만, 정말로 무접점 릴레이solid-state relay와 비교기comparator에 포함시켜야 할까? 결론을 말하자면 어레이 저항을 저항resistor 섹션에 포함시켰다. 그 편이 더 유용하다고 판단했기 때문이다.

일부 부품은 복합적인 기능이 있다. 2권 IC 장의 하위 범주에서 아날로그 IC와 디지털 IC를 구분한다. 그렇다면 아날로그 디지털 변환기analog-digital converter(ADC)는 어디에 포함시켜야 할까? 이 부품은 아날로그 항목에 속하게 했다. 왜냐하면 ADC의 일차적인 기능이 아날로그 항목의 내용에 부합하며, 사람들도 이 부품을 이 항목에서 찾을 가능성이 더 많기 때문이다.

포함된 내용과 포함되지 않은 내용

또 무엇이 부품이고 부품이 아닌지에 관한 문제가 있다. 전선은 부품인가? 본 백과사전의 목적에 맞는 정의에 따르면, 아니다. DC-DC 컨버터는 어떨까? 현재 컨버터는 부품 공급업체들이 작은 패키지로 판매하기 때문에 부품으로 포함시켰다.

이와 비슷한 수많은 사례들에 대해 개별적으로 결정을 내려야 했다. 물론 그 결과에 동의하지 않는 독자도 있겠지만, 모든 이의 불만을 다 만족시킬 수는 없었다. 내가 할 수 있는 것은 만일 내가 이 책을 사용한다면 뭐가 최선일지 생각하며 책을 쓰는 것이었다.

일러두기

이 책 전체에 걸쳐 부품 이름과 부품이 속해 있는 분류는 모두 소문자로 표현했으며, 예외적으로 용어가 약어나 상표인 경우에는 대문자로 표시했다. 예를 들면 트림 포트Trimpot는 본스Bourns 사의 상표지만, 트리머trimmer는 그렇지 않다. LED는 약어지만 캡cap(커패시터의 축약어)은 아니다.

수식의 경우는 컴퓨터 프로그래머들이 흔히 쓰는 기호를 사용하기에 일반인들은 낯설 수 있다. 곱하기 부호로는 *(애스터리스크)를, 나누기 부호로는 /(슬래시)를 사용했다. 여러 쌍의 괄호가 중첩되어 있는 경우, 가장 안쪽 괄호에 있는 연산부터 먼저 처리해야 한다.

각 권의 내용

책의 실용성 측면에서 부피를 고민한 후에, 《짜릿짜릿 전자부품 백과사전》을 세 권으로 나누기로 했다. 각 권에서는 다음과 같은 주제를 폭넓게 다룬다.

1권

전력, 전자기 부품, 개별 반도체 소자
전력power 부문에서는 전원, 전원의 분배, 저장, 전력 차단, 변환 등의 내용을 다룬다. 전자기 부품electromagnetism 부문에서는 전력을 선형적으로 처리하는 부품과 회전력을 만들어내는 부품을 다룬다. 개별 반도체 소자discrete semiconductors에서는 다이오드와 트랜지스터의 주요 유형을 다룬다.

2권

집적회로, 광원, 음원, 열원, 고주파 발생기

집적회로integrated circuits는 아날로그와 디지털 부품으로 나뉜다. 광원light sources은 백열전구에서부터 LED와 소형 디스플레이 화면까지 다룬다. LCD나 e-잉크 같은 일부 재귀 반사성 소자도 포함되어 있다. 음원sound sources은 일차적으로 전자기 부품이다.

3권

감지 장치

센서 분야가 대단히 넓어짐에 따라 3권에서 센서를 단독으로 다뤘다. 감지 장치sensing devices에는 빛, 소리, 열, 동작, 압력, 가스, 습도, 방향, 전기, 거리, 힘, 방사능을 감지하는 장치들이 포함된다.

연락처

본 책에 관한 웹사이트가 개설되어 있다. 이 사이트에서는 정오표, 예제, 추가 정보를 담고 있다. 웹사이트의 주소는 아래와 같다.

http://oreil.ly/encyc_electronic_comp_v1

본 책의 기술 관련 문제에 대해 의견을 주거나 문의하려면, 다음 주소로 메일을 보내 주기 바란다.

bookquestions@oreilly.com

우리의 책, 강좌, 컨퍼런스, 새 소식에 관한 더 많은 정보는 홈페이지 *http://www.oreilly.com*에서 찾을 수 있다.

2장

배터리

이번 장에서는 전기화학적 전원을 다룬다. 전기는 주로 전자기적으로 발생하지만, 이를 이용한 전원은 부품으로 분류할 수 없으며 본 백과사전의 범위를 벗어난다. 정전기를 이용한 전원 역시 비슷한 이유로 제외한다.

배터리는 셀cell 또는 파워 셀power cell 등으로 불리기도 하지만, 실제로는 셀 하나가 아니라 여러 개의 셀multiple cells로 만들어진다. 배터리를 accumulator(축전지) 또는 pile(파일)이라 부르기도 하는데, 요즘은 잘 사용하지 않는 영문 용어.

관련 부품

· 커패시터(12장 참조)

역할

배터리에는 화학 전지electrochemical cells가 하나 이상 포함되며, 전지 안에서 일어나는 화학 반응이 침지된 두 터미널 사이에 전위차를 생성한다(침지는 물속에 담가 적신다는 뜻이다 – 옮긴이). 이 전위차는 전류current가 부하load를 통과하면서 줄어든다.

화학 전지를 전해 전지electrolytic cell와 혼동하면 안 된다. 전해 전지는 외부 전원으로부터 전력을 공급받아 전기 분해electrolysis를 촉진하고, 이에 따라 화합물이 각각의 구성 성분으로 분해된다. 그러므로 전해 전지는 전기를 소모하고, 화학 전지는 전기를 생산한다.

배터리의 크기는 단추형 전지button cells 같은 소형부터, 전력망이 구축되지 않은 지역에서 태양광 패널이나 풍력 발전기로 만든 전기를 저장하는 납 축전지lead-acid units 같은 대형에 이르기까지 다양하다. 대형 배터리를 여럿 연결하면 전력 수급이 불안정한 작은 마을이나 상업 시설에서 이용할 수 있는 브리지 전력bridging power을 구성할 수 있다.

다음 페이지 [그림 2-1]은 기업의 데이터 센터에 설치된 60KW, 480VDC 규모의 자가 충전이 가능한 배터리 어레이battery array로, 풍력 및 태양광으로 발전된 전원을 저장, 보충하며 에너지 사용 피크 시간대에 사용해 에너지 비용을 절감할 수 있다. 어레이를 구성하는 납 축전지 각각의 크기는 약 $28'' \times 24'' \times 12''$(70cm×60cm×30cm)이며, 무게는 약 453kg이다.

배터리에 대한 회로 기호는 [그림 2-2]에 표시했다. 두 줄 중 더 긴 줄이 배터리의 양극(+극)을

그림 2-1 480VDC에서 60KW를 제공하는 기업 데이터 센터의 백업용 배터리 어레이(Hybridyne Power Systems, Canada, Inc.와 Hydridyne group of companies 사의 허가를 받은 사진. 저작권은 Hybridyne Power Systems Canada Inc.에 있으며, Hybridyne의 승인 없이 복제 불가).

나타낸다. 길이가 더 긴 줄을 반으로 잘랐을 때 두 도막이 + 기호를 만들 수 있다는 사실을 생각하면 쉽게 기억할 수 있다. 보통 여러 개의 배터리를 연결한 기호(---)는 배터리 안에 여러 개의 셀이 들어 있음을 나타내는 것이다. 따라서 [그림 2-2]의 가운데 그림은 3V 배터리를 나타내며, 오른쪽 그림은 3V 이상의 전압을 나타낸다. 실제 회로도에서는 이러한 표시법을 충실히 따르는 것은 아니다.

작동 원리

배터리의 기본 원리를 설명하는 도면을 보면, 전극electrode 역할을 하는 구리 도막의 일부분이 황

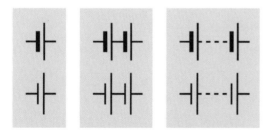

그림 2-2 배터리의 회로 기호. 푸른색 사각형 안에 그려진 기호 쌍은 기능적으로 동일하다.

산구리 용액에 잠겨 있다. 두 번째 전극인 아연 도막은 황산아연 용액에 일부가 잠겨 있다. 황산구리 용액과 황산아연 용액을 전해액electrolyte이라고 하며, 전극과 전해액으로 이루어진 완전한 전지를 셀cell이라고 한다. 그리고 셀의 절반을 반전지half-cell라고 한다.

[그림 2-3]은 전지의 구조를 단순화한 단면도이다. 그림에서 파란색 화살표는 전자의 움직임을 나타낸다. 전자는 아연 전극anode(아노드)에서 출발해 외부 부하를 거쳐 구리 전극cathode(캐소드)으로 흘러간다. 분리막membrane separator은 전자를

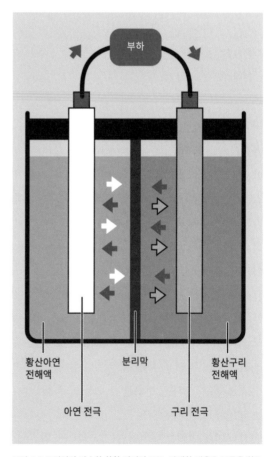

그림 2-3 고전적인 단순한 화학 전지의 구조. 자세한 내용은 본문을 참조한다.

통과시켜 전지 전체를 순환하도록 하지만 전해액이 섞이지 않도록 막는다.

주황색 화살표는 구리의 양이온을, 흰 화살표는 아연의 양이온을 표시한다(원자에서 전자가 떨어져 나가거나 외부에서 전자를 얻으면 이온이 된다). 아연 이온은 황산아연 전해액으로 끌려들어가고, 그 결과 아연 전극에서는 질량 손실이 일어난다.

한편, 구리 전극으로 흘러들어 온 전자는 구리 양이온을 끌어당기는 성질이 있는데, 이를 그림의 주황색 화살표로 표시했다. 황산구리 전해액에 녹아 있던 구리 이온을 구리 전극이 끌어당기면서 전극에는 구리 원자가 축적된다.

아연이 구리보다 좀 더 쉽게 전자를 잃는 경향이 있어 이 과정에서 부분적으로 동력을 얻게 된다. 가전제품에서 사용하는 배터리는 일반적으로 액체 대신 고형 페이스트paste를 전해액으로 사용한다. 이러한 제품을 흔히 dry cell(건전지)이라고 부르는데, 영문 용어는 점점 구식이 되고 있다. 두 개의 반전지가 하나의 중심을 공유하며 결합되어 있는데, 일반적으로 1.5V의 C, D, AA, AAA 알칼라인 배터리가 있다(그림 2-4 참조).

전극 용어

셀의 전극을 흔히 아노드anode와 캐소드cathode라고 한다. 이 용어들은 조금 혼란스럽다. 아노드를 기준으로 전자는 셀 내부에서 아노드로 들어가 셀 외부에서 아노드를 떠나고, 반대로 캐소드를 기준으로 보면 전자는 셀 외부에서 캐소드로 들어가 셀 내부에서 캐소드를 떠난다. 따라서 외부에서 볼 때 아노드가 전자를 방출하지만, 내부에서 볼

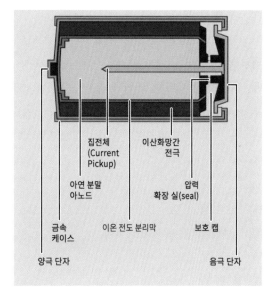

그림 2-4 일반적인 1.5V 알칼라인 배터리의 단면도

집전체 (Current Pickup)
이산화망간 전극
아연 분말 아노드
압력 확장 실(seal)
금속 케이스
이온 전도 분리막
보호 캡
양극 단자
음극 단자

때는 전자를 방출하는 쪽은 캐소드다.

통상적으로 전류는 전자와 반대 방향으로 이동한다고 생각한다. 따라서 셀 바깥에서 보면 전류는 아노드에서 캐소드로 흐르며, 이러한 관점에 따라 캐소드가 아노드보다 "더 양positive의 것으로" 생각할 수 있다. 캐소드cathode의 t를 + 기호, 즉 ca+hode로 생각하면 이 내용을 쉽게 기억할 수 있다. 큰 배터리에서 캐소드는 흔히 붉은색으로 표시되고 아노드는 검정 또는 파란색으로 표시된다.

충전이 가능한 2차전지reusable battery를 충전하면 전자가 흐르는 방향은 반대가 되고 아노드와 캐소드는 효과적으로 자리를 바꾼다. 이 사실을 바탕으로 2차전지 제조업자들은 더 양positive인 단자를 아노드로 부르기도 한다. 이 때문에 혼란이 더 가중되는데, 전자제품 제조업자들은 캐소드(음극)라는 용어를 다이오드diode의 극 중에서 반대쪽에 비해 '더욱 음negative'인 부분, 즉 전위가 낮

은 부분을 지칭할 때 사용하고 있기 때문이다.

실수를 저지르는 위험을 줄이기 위해, 배터리에서는 '아노드'와 '캐소드' 대신 '양극'과 '음극'이라는 용어를 사용하는 게 가장 좋은 방법이다. 단본 백과사전에서는 다이오드에서 '더 음negative인' 단자를 가리킬 때 '캐소드'라는 용어를 쓰도록 하겠다.

다양한 유형

배터리에는 크게 세 종류가 있다.

일회용 배터리

일회용 배터리disposable batteries는 일반적이지는 않지만 1차 셀primary cells(1차전지)이라고도 한다. 일회용 배터리 내부의 화학 반응은 역반응이 쉽게 일어나지 않기 때문에 충전이 불가능하다.

충전식 배터리

충전식 배터리rechargeable batteries는 2차 셀secondary cells(2차전지)이라고도 한다. 충전식 배터리는 충전기battary chargers 형태의 외부 전원을 양 단자에 연결해 전압을 가하면 충전이 가능하다. 충전을 반복하면서 전극이 화학적으로 서서히 분해되는데, 분해 속도는 배터리의 원료와 관리 방식에 영향을 받는다. 그러나 어떤 경우든 충전/방전 사이클 횟수는 제한적이다.

연료 전지

연료 전지fuel cells는 활성가스(예를 들어 수소)를 주입하여 전기화학적 반응을 오랜 기간 유지한다. 이러한 유형의 전지는 본 백과사전의 범위를 벗어

난다.

일부 작업에서 대형 커패시터가 배터리를 대체할 수 있으나, 에너지 밀도가 낮고 전력 용량이 같은 배터리에 비해 제조 단가도 비싸다. 커패시터는 화학 반응이 일어나지 않아 배터리보다 충전과 방전이 더 빠르게 진행되지만, 배터리는 방전 사이클에서 전압을 대체로 잘 유지한다. [그림 2-5]를 참조한다.

대량의 에너지를 저장할 수 있는 커패시터는 흔히 초고용량 커패시터supercapacitors라고 한다.

일회용 배터리

일회용 배터리는 충전식 배터리보다 에너지 밀도가 높고, 보관하는 동안 용량이 줄어드는 속도가 느려(이러한 현상을 자체 방전율self-discharge rate이라고 한다) 보관 기간도 훨씬 길다. 일회용 배터리는 5년 이상 사용이 가능하기 때문에 연기 감지

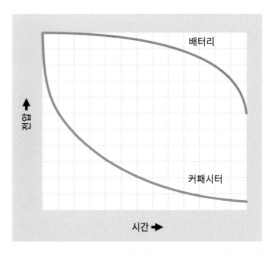

그림 2-5 방전되는 커패시터의 전압 강하 곡선은 배터리에 비해 초기에 더 가파르게 떨어진다. 이러한 이유로 커패시터로 배터리를 대체하는 것은 대부분 적절하지 않다. 그러나 높은 전류에서 매우 빠르게 방전하는 커패시터의 특성은 때로는 특별한 장점이 될 수 있다.

기, 가전제품을 위한 휴대용 리모컨, 비상용 플래시 등에 적합하다.

일회용 배터리는 부하가 75Ω 미만인 고방전 애플리케이션에는 적합하지 않다. 이런 경우에는 충전식 배터리가 더 적합하다. [그림 2-6]의 막대 그래프는 배터리에 1시간 내에 완전 방전이 될 정도의 낮은 저항을 연결하는 조건에서, 시중에서 많이 이용되는 3개의 충전식 배터리와 알칼라인 배터리의 정격 용량과 실제 용량을 비교한 것이다.

제조업체의 와트시 퍼 킬로그램watt hours per kilo 규격은 일반적으로 저항이 큰 부하를 배터리에 연결하여 느린 속도로 방전시키며 측정하여 정한다. 이 규격을 충방전율C-rate 1, 즉 1시간 동안 완전 방전되는 속도로 측정하면 실제 상황과 잘 맞지 않을 수 있다.

일반적으로 일회용 배터리는 탄소아연 셀zinc-

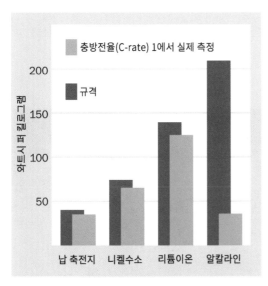

그림 2-6 알칼라인 배터리는 상대적으로 내부 저항이 크기 때문에 고속 방전에 적합하지 않으며, 소량의 전류를 장기간 사용하는 작업에 알맞다. (그래프 출처: *http://batteryuniversity.com*)

그림 2-7 왼쪽은 저가형 탄소아연 배터리. 오른쪽은 도난 경보기용 12V 알칼라인 배터리. 자세한 내용은 본문 참조.

carbon cells과 알칼라인 셀alkaline cells이다. 탄소아연 셀의 음극은 아연으로, 양극은 탄소로 만들어져 있다. 탄소아연 셀 배터리는 용량에 제한이 있어 인기가 떨어지지만, 제조 단가가 가장 저렴하기 때문에 '건전지가 포함된' 제품을 제조하는 업체에서 많이 사용한다. 전해액은 흔히 염화암모늄이나 염화아연을 사용한다. [그림 2-7]에서 9V 배터리는 탄소아연 전지이고, 옆의 작은 전지는 도난 경보 장치에 사용되는 12V 알칼라인 배터리다. 그림을 보면 배터리의 겉모양만 대충 봐서는 정확하게 판단할 수 없다는 사실을 알 수 있다.

알칼라인 배터리의 음극은 아연 분말, 양극은 이산화망간으로 만들어져 있고, 전해액은 수산화칼륨이다. 알칼라인 배터리는 같은 크기의 탄소아연 배터리에 비해 용량이 3~5배가량 크며, 방전 사이클 동안의 전압 강하에 덜 민감하다.

일부 군사용 작업에서 사용하는 배터리는 보관 수명이 길어야 한다. 이런 경우에는 주액 전지reserve battery를 사용한다. 주액 전지는 내부 화학 화합물을 분리했다가 사용 직전에 다시 결합할 수 있다.

충전식 배터리

보편적으로 이용되는 종류로는 납 축전지lead-ac-id, 니켈카드뮴nickel cadmium(줄여서 NiCad 또는 NiCd), 니켈수소nickel-metal hydride(줄여서 NiMH), 리튬이온lithium-ion(줄여서 Li-ion), 리튬이온 폴리머lithium-ion polymer 배터리 등이 있다.

납 축전지는 100년 이상 사용되어 왔으며, 지금도 차량, 도난 방지기, 비상구 표시등, 대용량 전원 백업 시스템 등에서 널리 이용되고 있다. 초기의 납 축전지는 침수형flooded으로, (일반적으로 전지액battery acid이라고 불리는) 황산 용액을 전해액으로 사용했으며, 주기적으로 증류수를 채워 넣고 가스를 빼 주어야 했다. 가스를 빼는 작업을 하는 동안 배터리가 넘어지면 산성 용액이 쏟아지기도 했다.

현재는 물을 채울 필요가 없는 밸브 조절식 납 축전지valve-regulated lead-acid battery(이하 VRLA)의 사용이 점차 늘고 있다. 이 모델에는 압력 방출 밸브가 포함되어 있어 배터리가 어떻게 놓여 있어도 전해액이 샐 염려가 없다. VRLA 전지는 데이터 처리 장비를 위한 무정전 전원 장치uninterruptible power supply(이하 UPS)에서 주로 이용되며, 가스 방출량이 적고 전해액이 샐 위험이 없는 등 안전하기 때문에 자동차나 전기 휠체어에서 많이 사용된다.

VRLA 전지는 AGMabsorbed glass mat과 젤 전지gel battery 두 유형으로 나눌 수 있다. AGM의 전해액은 섬유 유리판fiber glass mat 분리막에 흡수되어 있다. 젤 셀gel cell에서는 전해액이 실리카 가루와 섞여 고형 상태의 젤을 형성한다.

딥 사이클 배터리deep cycle battery(또는 심방전 전지)라는 용어는 납 축전지에 적용할 수 있다. 이 말은 낮은 수준까지 방전되는 것을 허용한다는 의미이며, 그 수준은 대략 완전 충전 수준의 20% 정도다(보통 제조업체에서 제시하는 수치는 이보다 낮다). 표준형 납 축전지의 판은 스펀지 납lead sponge으로 구성되어 있어 배터리 내부 산acid 용액의 표면적을 최대화하지만, 물리적으로는 심방전deep discharge으로 인해 마모될 수 있다. 딥 사이클 배터리의 판은 고체로 되어 있어 더 견고하지만 높은 전류를 공급하는 능력은 떨어진다. 내연 엔진 시동 기관에 딥 사이클 배터리를 사용한다면, 같은 용도의 일반 납 축전지보다 크기가 더 커야 한다.

[그림 2-8]은 밀폐형 납 축전지로 동작 감지기로 활성화되는 외부 조명기구의 전원 공급용이다. 이 전지는 무게가 수 킬로그램 가량으로 낮 동안 15cm×15cm 크기의 태양광 패널로 세류 충전trickle charge된다.

니켈-카드뮴NiCad 배터리는 대단히 높은 전류를 견딜 수 있지만 유럽에서는 금속성 카드뮴의 독성 때문에 사용이 금지되어 있다. 미국에서는 니켈-카드뮴 배터리를 메모리 효과memory effect가

그림 2-8 동작 감지기로 활성화되는 외부 조명기구용 납 축전지

없는 니켈-수소 배터리nickel-metal hydride(NiMH)로 대체하고 있다. 니켈-카드뮴 배터리는 메모리 효과로 인해 일부 방전된 상태에서 수 주 또는 수 개월 동안 방치되면 완전히 충전되지 않는다.

리튬이온 배터리와 리튬이온 폴리머 배터리는 에너지 질량 비energy-to-mass ratio가 니켈-수소 배터리보다 좋기 때문에 노트북 컴퓨터, 미디어 플레이어, 디지털 카메라, 휴대전화 등에 널리 이용된다. 리튬 배터리의 대형 어레이 역시 일부 전기 자동차에서 사용되고 있다.

[그림 2-9]에서는 다양한 소형 충전식 배터리를 보여 주고 있다. 위 왼쪽의 NiCad 팩은 무선 전화기용으로 제조된 것으로 점차 구형이 되고 있다. 위 오른쪽의 3V 리튬 배터리는 디지털 카메라용이다. 아래 세 개의 배터리는 각각 9V, AA, AAA 건전지를 대체하는 충전식 니켈수소 전지다. 니켈

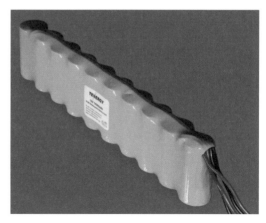

그림 2-10 이 니켈수소 배터리 팩의 용량은 10Ah이며, 직렬로 연결된 열 개의 D 사이즈 셀로 구성되어 12V를 발생시킨다.

수소의 화학 반응으로 인해 AA와 AAA의 단일 셀 배터리는 1.5V가 아닌 1.2V로 나오지만, 제조업체들은 니켈수소 배터리가 정격 전압을 오랫동안 일정하게 유지하기 때문에 1.5V 알칼라인 셀을 대체할 수 있다고 주장한다. 따라서 아직 사용하지 않은 니켈수소 배터리의 출력 전압은 방전 사이클 중간의 알칼라인 배터리의 출력 전압과 비교할 만하다.

니켈수소 배터리 팩은 같은 용량의 납 축전지에 비해 크기가 더 작고 가볍지만 꽤 많은 에너지를 낼 수 있다. [그림 2-10]의 니켈수소 패키지의 용량은 10Ah이며, 직렬로 연결된 열 개의 D 사이즈 니켈수소 배터리로 구성되어 12VDC를 발생시킨다. 배터리 팩은 로봇 공학 등에서 소형 모터로 구동되면서도 자유롭게 움직여야 하는 장치에 유용하다.

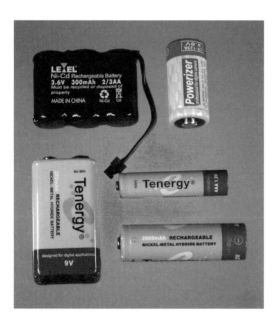

그림 2-9 위 왼쪽은 무선 전화기용 NiCad 배터리 팩. 위 오른쪽은 디지털 카메라용 리튬 배터리. 나머지 배터리들은 충전식 니켈수소 전지로 일상생활용 알칼라인 셀의 대체품이다.

부품값

전류

배터리에서 발생하는 전류는 단자 사이에 위치한 외부 부하의 저항에 따라 크게 좌우된다. 그러나 회로를 완성하면 배터리 내부에서 이온 이동이 일어나기 때문에, 전류는 배터리의 내부 저항internal resistance으로도 제한을 받는다. 이는 회로 동작의 일부로 생각해야 한다.

배터리에 부하가 걸리지 않으면 전류가 흐르지 않으므로, 부하를 연결하고 나서 측정해야 한다. 측정기만으로는 전류를 측정할 수 없다. 측정기를 배터리의 양 극단에 직렬로 연결하거나 부하와 병렬로 연결하면 즉시 과부하가 걸려 치명적인 결과가 발생한다. 전류는 항상 부하와 직렬로 연결해서 측정해야 하며, 측정기의 극성은 배터리의 극성과 맞추어야 한다. [그림 2-11]을 참조한다.

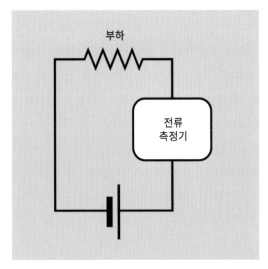

그림 2-11 전류계(또는 멀티미터에서 전류 측정 선택)로 전류를 측정할 때, 측정기는 배터리 그리고 부하와 직렬로 연결해야 한다. 측정기의 손상을 막으려면 배터리 단자에 직접 연결하거나 부하와 병렬로 연결해서는 안 된다. 측정기의 극성도 주의 깊게 관찰하도록 하자.

용량

배터리의 전기 용량electrical capacity은 암페어시amp-hours(기호는 Ah, AH, 드물게 A/H)로 측정한다. 더 작은 값은 밀리암페어시milliamp-hours로 측정하며, 기호는 mAh이다. I를 배터리에서 흐르게 하는 전류(단위는 amps)라 하고 그 전류가 흐르는 시간을 T라고 할 때(단위는 시간), Ah는 다음 공식으로 측정한다.

$$Ah = I * T$$

만일 배터리 제조업체가 정한 Ah 규격을 알고 있다면, 이 공식을 뒤집어 배터리가 특정 전류를 흐르게 하는 시간을 계산할 수 있다.

$$T = Ah / I$$

이론적으로 Ah는 배터리 상수다. 따라서 규격이 4Ah인 배터리는 1암페어의 전류를 4시간, 4암페어의 전류를 1시간, 5암페어의 전류를 0.8시간(48분) 동안 흐르게 할 수 있다.

현실에서는 이렇게 편리한 선형 등식은 존재하지 않는다. 전류가 치솟으면 이 관계는 곧바로 깨지는데, 특히 성능이 썩 좋지 않은 납 축전지를 이용해 높은 전류를 전송할 때 이 공식은 거의 성립하지 않는다. 전류의 일부는 열로 손실되기에, 배터리는 전기화학적으로 공식과 정확히 일치하지 않는다.

포이케르트 계수Peukert number(1897년 최초 독일인 고안자의 이름에서 딴 것이다)는 높은 전류에서 보다 현실적인 T를 구하기 위한 계수다. 배터리의 포이케르트 계수를 n이라고 하면, 이전 공식은 다음과 같이 수정될 수 있다.

$$T = Ah / I^n$$

모든 제조업체가 다 그런 것은 아니지만 일반적으로 배터리 사양에 포이케르트 계수를 표시한다. 따라서 어느 배터리의 전기 용량이 4Ah라고 하고, 포이케르트 계수가 1.2(납 축전지의 일반적인 값), I를 5라고 한다면(다른 말로, 배터리가 5A의 전류를 얼마나 오랜 시간(T) 동안 전달할 수 있는지 알고 싶다는 뜻이다) 다음과 같이 구할 수 있다.

$$T = 4 / 5^{1.2} = 약\ 4 / 6.9$$

이 값은 약 0.58 시간, 즉 35분이 된다. 원 공식의 결과인 48분보다 훨씬 짧은 시간이다.

불행하게도 이 계산에는 중대한 문제가 있다. 포이케르트 시대의 배터리 제조업체들은 배터리의 Ah 규격을 정할 때 배터리에서 1A를 흐르게 하고, 이 전류가 얼마나 흐를 수 있는지 시간을 측정했다. 만일 이 시간이 4시간이면 배터리의 용량은 4Ah인 것이다.

오늘날은 이 측정 과정이 반대가 되었다. 배터리에서 흐르는 전류를 정하는 대신, 제조업체는 테스트가 진행되는 시간을 먼저 정하고, 그동안 배터리가 전달할 수 있는 최대 전류를 구한다. 보통 테스트는 20시간 동안 진행된다. 따라서 오늘날 어떤 배터리가 4Ah 규격이라면, 포이케르트 시대처럼 전류를 4시간 동안 1A를 흐르게 한 것이 아니라, 20시간 동안 0.2A를 흐르게 했다는 뜻이 된다.

이 차이는 매우 중요하다. 왜냐하면 20시간 동안 0.2A를 전달하는 배터리가 4시간 동안 1A를 전달하는 더 높은 수요를 충족할 수는 없기 때문이다. 따라서 구식 Ah 규격과 현대식 Ah 규격은 의미가 서로 다르며 양립할 수 없다. 위의 경우와 같이 현대식 Ah 규격에 예전 방식의 포이케르트 공식을 대입하면 그 결과는 지나치게 좋게 나온다. 불행하게도 이 같은 사실이 많이 간과되고 있다. 포이케르트 공식은 여전히 사용되고 있고, 수많은 배터리의 성능은 부정확하게 산출되고 있다.

이 공식은 오늘날 Ah 규격의 산정 방식을 고려하도록 수정되고 있다(최초로 시작한 사람은 스마트게이지 일렉트로닉스SmartGauge Electronics 사의 크리스 깁슨Chris Gibson이다). 예를 들어 AhM이 현대식 배터리 용량이라고 하고(단위는 Ah), H는 제조업체에서 테스트한 시간, n을 앞에서와 같이 제조업체가 제공한 포이케르트 계수라고 하자. 그리고 I는 배터리에서 얻고 싶은 전류라고 하자. 다음은 T를 결정하기 위해 수정된 공식이다.

$$T = H * (AhM / (I * H)^n)$$

H는 어떻게 알 수 있는가? 전부는 아니지만 대다수 제조업체들은 자사 배터리 사양에서 이 값을 제공한다. 조금 혼란스럽지만 다른 방법으로 제조업체에서 충방전율C-rate이라는 데이터를 사용하는데, 이 값은 H의 역수, 즉 1/H이다. 이 말은 충방전율을 알면 H를 쉽게 구할 수 있다는 뜻이다.

$$H = 1 / C\text{-rate}$$

이제 수정된 공식을 사용해 원래의 공식을 손볼 수 있게 되었다. 처음 예제로 돌아가서, 만일 배터리가 현대적 시스템, 즉 20시간 동안 지속된 방전 테스트를 통해 4Ah의 규격으로 정해졌고(충방전율은 0.05), 제조업체에서는 여전히 포이케르트 계수를 1.2라 한다고 하자. 그리고 5A의 전류를 얼마나 오랫동안 쓸 수 있는지 알고 싶다. 공식은 다음과 같다.

$$T = 20 * (4 / (5 * 20^{1.2})) = 약 20 * 0.021$$

이 값은 약 0.42시간, 즉 25분이다. 앞서의 공식을 사용해 얻은 35분과 상당히 큰 차이가 있다. 따라서 현대식 Ah 규격에 기반을 둔 방전 시간을 계산할 때는 이전 공식을 절대 사용해서는 안 된다. 난해한 문제지만, 전기 자동차처럼 배터리로 구동되는 장비의 성능을 평가할 때는 대단히 중요한 문제다.

[그림 2-12]는 포이케르트 계수가 1.1, 1.2, 1.3인 배터리들의 가능한 성능을 보여 준다. 곡선은 새로 수정된 포이케르트 공식에서 유도된 것으로, 각 배터리의 경우 기대하는 Ah 값이 전류가 증가함에 따라 어떻게 감소하는지 보여 준다. 예를 들어, 제조업체가 포이케르트 계수를 1.2라고 지정한 배터리가 현대적 방식의 20시간 테스트를 통해 100Ah로 정해졌지만, 우리가 30A를 끌어 쓴다고 한다면, 배터리는 실질적으로 70Ah밖에 내지 못한다.

한 가지 덧붙여서 충전식 배터리는 시간이 경과해 배터리가 화학적으로 성능이 저하되면 포이케르트 계수는 증가한다.

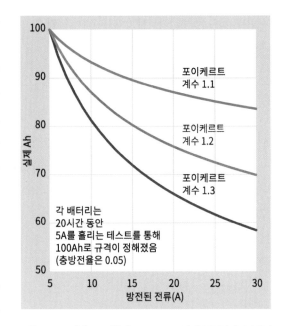

그림 2-12 포이케르트 계수가 1.1, 1.2, 1.3인 세 종류의 배터리에서 5~30A를 방전할 때 기대할 수 있는 실제 Ah 성능. 20시간 테스트를 이용한 현대적인 방식으로 각 배터리의 규격을 100Ah로 정했다고 가정한다(충방전율은 0.05).

전압

완전 충전된 배터리의 정격 전압rated voltage은 개방 회로 전압open circuit voltage(줄여서 OCV 또는 V_{OC})이라고 하며, 양 극단 사이에 부하가 없을 때 존재하는 전위차로 정의된다. 전압계(또는 멀티미터의 DC 전압 측정 옵션을 사용할 경우)는 내부 저항이 매우 높아 다른 부하 없이도 배터리의 양 극단에 직접 연결할 수 있으며, 손상될 위험 없이 OCV를 대단히 정확하게 읽을 수 있다. 완전히 충전된 12V 차량용 배터리의 OCV는 대략 12.6V 가량이며, 사용하지 않은 9V 알칼라인 배터리의 OCV는 일반적으로 9.5V 정도이다. 배터리 양 극단에 전압계를 연결하여 DC 전압을 측정할 때는 각별한 주의를 기울여야 한다. 전압을 측정할 때는 빨간색 탐침probe 도선을 정확하게 전압(암페어가 아니라) 측정용 소켓에 꽂았는지 꼭 확인해야 한다.

배터리에 부하가 걸리면 전압은 눈에 띄게 떨어지며, 방전 주기 동안 시간이 경과함에 따라 계속해서 떨어진다. 이러한 이유로 배터리를 이용해 디지털 집적회로digital integrated circuit 칩 같은 부품에 전력을 공급할 때에는 전압 조정기voltage regulator가 필요하다. 디지털 IC 칩에서는 전압이 요동치면 안 되기 때문이다.

배터리에 부하를 연결한 상태에서 전압을 측정하려면 전압계를 부하와 병렬로 연결해야 한다([그림 2-13] 참조). 전압을 측정할 때 부하의 저항이 측정기 내부 저항보다 상대적으로 낮을 때 부하에 걸리는 전위차를 상당히 정확한 수준으로 읽을 수 있다.

[그림 2-14]는 일반적으로 사용되는 알칼라인 배터리 5개의 성능을 나타낸 것이다. 본 도표의 규격은 상대적으로 저항이 높은 부하에 오랜 시

배터리 유형	규격(Ah)	최종 전압	부하(Ω)	전류(mA)
AAA	1.15	0.8	75	20
AA	2.87	0.8	75	20
C	7.8	0.8	39	40
D	17	0.8	39	40
9V	0.57	4.8	620	14

그림 2-14 제조업체에서 정격 전류를 측정하는 동안 배터리에 전달되는 전압은 떨어질 수 있다. 도표의 전류 데이터는 추정 평균치로 계산한 것이며, 대략적인 값으로 봐야 한다(파나소닉 발행 도표에서 산출).

간(배터리 종류에 따라 40~400시간) 동안 약한 전류를 흘리는 양호한 환경에서 측정한 것이다. 테스트는 1.5V 배터리의 경우 최종 전압이 0.8V, 9V 배터리는 최종 전압이 4.8V에 이를 때까지 진행되었다. 제조업체가 배터리의 Ah 규격을 계산했을 때는 이 정도 수준의 최종 전압은 받아들일 만하다고 여겼겠지만, 현실에서 9V 배터리의 최종 전압이 4.8V라고 하면 실제 사용에서는 받아들일 수 없는 수치다.

수행 작업에서 큰 폭의 전압 강하를 용인하지 않을 경우, 경험적으로 봤을 때 제조업체의 배터리 Ah 규격을 2로 나누면 보다 현실적인 수치를 얻을 수 있다.

사용법

회로의 전원 공급용으로 배터리를 선택할 때 고려할 사항은 보관 기간, 최대 전류 누출current drain과 통상적인 전류 누출, 배터리의 무게 등이다. 제품을 선택할 때 배터리의 Ah 규격을 절대적인 기준으로 삼지 않는 것이 좋다. 누출이 100mA 또는 그 이하인 5V 회로는 9V 배터리를 이용하는 것이 일반적이고, 그렇지 않으면 1.5V 배터리를 여섯 개 직렬로 연결한 뒤 LM7805 같은 전압 조정기voltage

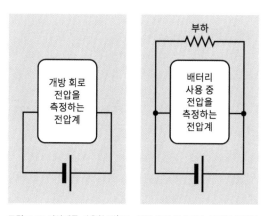

그림 2-13 전압계를 사용할 때(또는 전압 측정 옵션으로 설정된 멀티미터) 배터리의 양단 사이에 직접 연결하여 개방 회로 전압(OCV)을 측정하거나, 부하와 병렬로 연결하여 회로 가동 중 실제로 공급되는 전압을 측정한다. 멀티미터는 배터리에 연결하기 전 DC 전압 측정 단자로 설정해야 한다. 이렇게 하지 않으면 측정기가 손상될 수 있다.

regulator를 추가적으로 연결한다. 전압 조정기가 동작하려면 전원이 필요하기 때문에 전압 강하가 일어나고 소실된 전압은 열 에너지로 사라지게 된다는 점에 주목하자. 최소 전압 강하는 사용하는 전압 조정기의 유형에 따라 다르다.

배터리나 셀은 직렬 또는 병렬로 사용할 수 있다. 모든 셀이 동일하다고 가정할 때, 직렬 연결된 셀의 총전압은 각 셀 전압의 합이며, 반면 Ah 규격은 셀 하나의 값과 같다. 마찬가지로 모든 셀이 동일한 경우 병렬 연결된 셀의 총전압은 하나의 셀 전압값과 같고, 반면 전체 Ah 규격은 각 Ah 규격의 총합과 같다. [그림 2-15]를 참조한다.

보통 배터리는 휴대가 간편하다는 점 외에도 민감한 부품의 오작동을 일으키는 전압 스파이크나 소음이 발생하지 않는다는 장점이 있다. 그러므로 회로 내 다른 부품에서 발생할 수 있는 소음에 따라 평탄화가 필요할지 여부가 결정된다.

모터나 기타 유도성 부하는 가동하기 시작한 후, 사용하는 전류의 몇 배에 이르는 초기 서지initial surge를 일으킬 수 있다. 따라서 이러한 서지를 손상 없이 견딜 수 있는 배터리를 선택해야 한다.

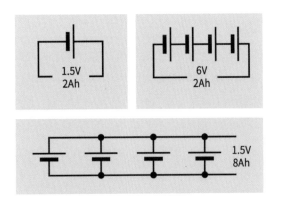

그림 2-15 1.5V 셀을 직렬 또는 병렬로 사용할 때의 이론적 결과. 셀 하나당 2Ah 규격으로 가정할 경우.

화재 위험 때문에, 미국 항공 규정은 기내 수하물 또는 승객의 화물에 들어가는 전자제품의 리튬이온 배터리의 Ah 용량을 제한한다. 만일 항공 화물로 자주 운송하는 제품이라면(예, 비상용 의료 장비) NiMH 배터리가 적합하다.

주의 사항

회로 단락: 과열과 화재

상당한 전류를 전달할 수 있는 배터리는 단락될 경우 과열되거나 화재 발생 위험이 있으며, 심지어 폭발할 가능성도 있다. 차량용 배터리의 양극에 스패너를 떨어뜨려 닿기만 해도 밝은 섬광과 엄청난 소음이 발생하며 일부 금속은 녹기도 한다. 1.5V 알칼라인 AA 배터리만 해도 양 극단이 단락될 경우 손을 댈 수 없을 만큼 뜨거워진다(충전식 배터리에서는 절대 시험해 보지 말 것. 충전식 배터리는 내부 저항이 훨씬 낮아서 더 높은 전류가 발생한다). 리튬이온 배터리는 특히 위험하기 때문에 전류를 제한하는 부품이 거의 언제나 제품 안에 들어 있다(이 부품은 절대로 손상되어서는 안 된다). 리튬 배터리를 단락시키면 폭발할 수 있다.

저렴하고 간편한 DC 전원 공급 장치로 배터리 팩을 사용한다면, 회로를 구성할 때 퓨즈fuse나 회로 차단기circuit breaker를 포함해야 한다. 배터리 전원을 많이 이용하는 제품은 모두 퓨즈를 이용해야 한다.

부적절한 충전으로 인한 성능 저하

배터리는 정확하게 측정된 충전 전압과 완전히 충

전되었을 때 자동으로 종료되는 사이클이 필요하다. 이 프로토콜을 모니터링하지 못하면 회복이 불가능한 화학적 손상이 발생한다. 충전기는 배터리 유형에 맞는 제품으로 정확히 사용해야 한다. 충전기와 배터리의 상세 비교는 본 백과사전의 범위를 벗어난다.

납 축전지의 완전한 방전

딥 사이클deep-cycle용으로 특별히 설계된 경우가 아니라면, 납 축전지를 완전 방전 또는 완전에 가깝게 방전하면 수명이 대폭 감소한다. 딥 사이클 배터리라도 80% 이상의 방전은 일반적으로 권하지 않는다.

불충분한 전류

배터리 내의 화학 반응은 온도가 낮을 때 더 느리게 일어난다. 따라서 차가운 배터리는 따뜻한 배터리만큼 전류를 전달하지 못한다. 이런 까닭에 자동차 배터리는 겨울철에 높은 전류를 전달하지 못한다. 이와 동시에 온도가 떨어지면 엔진 오일의 점성이 높아지므로, 시동 모터는 엔진을 돌리기 위해 더 높은 전류가 필요하다. 이러한 요소들이 결합하여 겨울 아침에는 자동차 배터리가 잘 동작하지 않는다.

부정확한 극성

배터리 충전기 또는 발전기를 배터리와 연결할 때 극성이 틀리면, 배터리는 영구 손상을 입는다. 충전기 내의 퓨즈나 차단기가 이러한 상황이 발생하는 것을 막고 충전기의 손상을 방지해 주지만 결과를 보장할 수는 없다.

고용량 배터리 두 개를 반대 극으로 연결하면 (멈춘 자동차의 시동을 걸기 위해 점퍼 케이블을 가지고 어설픈 시도를 할 때 이런 일이 생길 수 있다), 그 결과는 폭발로 이어진다. 케이블로 연결할 때는 절대로 자동차 배터리 위로 몸을 굽히지 말고, 가급적 눈 보호 장치를 착용하는 것이 좋다.

역충전

역충전reverse charging은 직렬로 연결된 두 배터리 중 하나는 완전히 방전되고 다른 하나는 아직 전류를 공급하고 있을 때 발생할 수 있다. [그림 2-16]의 위 그림에서 두 개의 정상 배터리가 직렬로 연결되어 부하에 전원을 공급하고 있다. 왼쪽 배터리는 오른쪽 배터리에 6V의 전위차를 더하고, 두 배터리 전압의 합인 12V가 부하에 걸리게

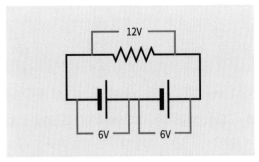

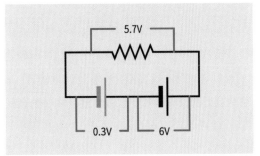

그림 2-16 직렬로 연결된 6V 배터리 한 쌍이 저항성 부하에 전원을 공급할 때, 배터리 중 하나가 완전히 방전되면 전원 공급원이 아니라 부하가 된다. 따라서 역충전이 일어나면서 영구적인 손상을 입을 수 있다.

된다. 빨간색과 파란색 선은 전압계의 도선을 나타내며, 숫자는 전압계에서 읽을 수 있는 수치를 의미한다.

두 번째 그림에서, 왼쪽 배터리는 거의 다 소진되어 이제 회로에서 기능을 상실했다. 이를 회색으로 표시했다. 오른쪽 배터리는 여전히 6V의 전위차를 유지하고 있다. 만일 죽은 배터리의 내부 저항이 약 1Ω이고 부하의 저항이 약 20Ω이라고 하면, 죽은 배터리에 걸리는 전위차는 약 0.3V가 되며 방향은 일반적으로 충전되는 전압의 반대 방향이다. 따라서 역충전이 일어나면서 배터리에 손상을 입힌다. 이런 문제가 발생하지 않도록 여러 셀을 포함하는 배터리 팩은 완전히 방전되어서는 결코 안 된다.

황화 작용

납 축전지가 부분 또는 완전 방전되고 있는데 그 상태로 그대로 두면 금속판에 황이 쌓인다. 황은 서서히 굳으면서 배터리를 충전하는 데 필요한 전기화학 반응을 막는 방해물을 형성한다. 이런 이유로 납 축전지는 방전 상태에서 오랫동안 방치해서는 안 된다. 입증되지는 않았지만 미세한 세류 충전 전류로 황화 작용sulfurization을 막을 수 있다고 하는데, 사람들이 장기간 사용하지 않는 납 축전지에 작은 태양광 패널을 부착하라고 권하는 이유도 여기에 있다. 예를 들어 돛을 단 보트 위에서, 바람이 없을 때 보조 엔진의 시동을 걸 때만 납 축전지를 사용한다고 하면 이런 경우에 해당된다.

병렬 배터리 사이의 높은 전류

두 배터리가 정확한 극성으로 병렬로 연결되어 있으나 그중 하나가 완전 충전되어 있고 다른 하나는 그렇지 않다면, 충전된 배터리가 다른 배터리를 충전한다. 배터리들이 서로 직접 연결되어 있기 때문에, 전류를 제한하는 것은 두 배터리의 내부 저항과 둘을 연결하는 도선의 저항밖에 없다. 그 결과 과열과 손상으로 이어지게 되는데, 연결된 배터리들의 Ah 규격이 높으면 이 위험은 더욱 커진다. 되도록 고압 전류용 퓨즈high-current fuse를 이용해 보호하는 것이 이상적이다.

3장

점퍼

점퍼는 점퍼 소켓 또는 분류기shunt라고도 한다. 점퍼는 점퍼선과 혼동해서는 안 된다. 본 백과사전에서 점퍼선은 부품으로 간주하지 않는다.

관련 부품

- 스위치(6장 참조)

역할

점퍼는 제품을 사용하는 동안 임시로 연결하거나 단락할 때 스위치switch를 대체할 수 있는 저렴한 부품이다. 점퍼는 보통 제품 제조 과정에서 회로 기판을 설계할 때, 회로가 의도된 기능을 수행하도록 임시로 사용하는 부품이다. 딥 스위치DIP switch를 이용하면 동일한 기능을 점퍼보다 좀 더 편리하게 수행할 수 있다. 딥DIP 섹션을 참고한다(47쪽 참조).

회로도에서 점퍼를 표시하는 표준화된 기호는 없다.

작동 원리

점퍼는 아주 작은 직사각형 모양의 플라스틱 탭으로, 내부에 금속 소켓을 2개(또는 그 이상) 포함하고 있다. 소켓 간의 거리는 보통 0.1″ 또는 2mm이다. 소켓은 탭 내부에서 전기적으로 연결되어 있어, 회로 기판 위에 장착된 두 개 이상의 핀 위에 눌러 꽂으면 점퍼를 통해 핀들이 서로 연결된다. 핀 사이즈는 일반적으로 0.025″(0.6mm^2)이며, 흔히 헤더header의 일부로 기판에 납땜으로 부착된다. 부품 카탈로그에서 점퍼를 찾으려면 '헤더와 도선 케이스' 또는 이와 비슷한 섹션에서 찾으면 된다.

다음 페이지 [그림 3-1]에서 세 종류의 점퍼를 보여 주고 있다. 파란색 점퍼는 간격 0.1″(0.25cm)의 소켓 두 개가 들어 있는데, 핀이 전부 들어가기에 충분할 정도로 깊다. 빨간색 점퍼는 2mm 간격으로 소켓 두 개가 들어 있는데 핀 끝이 반대쪽으로 나올 수 있게 되어 있다. 검은색 점퍼에는 소켓이 4개 들어 있으며, 각 쌍은 0.1″(0.25cm) 간격으로 떨어져 있다.

점퍼를 이용해 연결하는 핀의 집합을 헤더라고 한다. 헤더는 종류에 따라 핀이 한 줄 또는 두 줄

그림 3-1 3가지 유형의 점퍼. 왼쪽 점퍼의 두 소켓 간 간격은 2mm, 위 오른쪽 점퍼의 두 소켓 간 간격은 0.1″(0.25cm)이다. 검은색 점퍼에는 4 개의 소켓이 있고, 각 쌍 사이의 간격은 0.1″(0.25cm)이다(아래 오른쪽).

로 나열되어 있다. 어떤 헤더는 원하는 핀 수만큼 떼어 내도록 제작된 것도 있다. [그림 3-2]는 듀얼 28핀 헤더로, 가운데 핀 두 개에 검은색 점퍼가 꽂혀 있다.

다양한 유형

점퍼 어셈블리jumper assembly는 점퍼뿐만 아니라 사용하려는 핀 어레이까지 포함하는 키트이다. 정확히 무엇이 포함되어 있는지 검색하려면 제조업

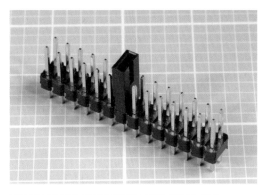

그림 3-2 듀얼 28핀 헤더의 중앙 지점 두 핀에 꽂혀 있는 점퍼

체의 데이터시트를 확인해야 한다.

가장 일반적인 점퍼는 소켓이 두 개지만, 변형으로 12개의 소켓이 한 줄 또는 두 줄로 배열된 모델도 있다. 헤더 소켓header sockets은 완제품 형태의 점퍼를 대체해 사용되는데, 이 제품은 긴 띠 형태로 판매되어 필요한 소켓 수만큼 잘라서 쓸 수 있다는 장점이 있다. 그러나 헤더 소켓에 붙어 있는 핀들은 짧은 전선을 납땜하여 수작업으로 연결해 주어야 한다.

점퍼 중에는 플라스틱 탭을 위쪽 방향으로 반인치 정도(1.5cm 정도) 손잡이처럼 들어 올릴 수 있게 되어 있어 삽입이나 제거가 간편한 제품도 있다. 여유 공간이 있으면 이런 특징은 상당히 괜찮은 기능이다.

점퍼 내부의 소켓은 인청동, 구리-니켈 합금, 주석 합금, 황동 합금을 이용해 제작한다. 보통 금도금을 하지만 때로 주석 도금을 하는 경우도 있다.

드물게 나사 단자와 결합할 수 있도록 점퍼에

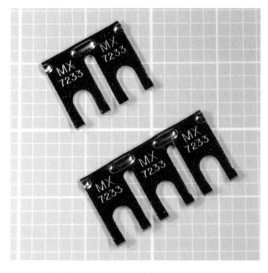

그림 3-3 이 점퍼들은 두 개 또는 세 개의 나사 단자와 연결하기 위해 제작된 것이다.

U자 형태의 금속 조각이 포함되기도 한다. 이 같은 유형의 점퍼 두 개를 [그림 3-3]에서 보여 주고 있다. 겉으로 봐서는 고압 전류용 퓨즈high-amperage fuse와 비슷하지만 혼동해서는 안 된다.

부품값

점퍼 내부 소켓 사이의 간격을 피치pitch라고 한다. 앞에서 말했듯, 0.1″와 2mm가 가장 널리 사용되는 피치다.

일반적으로 0.1″ 피치 점퍼의 최대 규격은 250V에서 2A 또는 2.5A이다.

사용법

점퍼는 회로에 설치하면 그 이상의 관리가 필요 없다. 115VAC 또는 230VAC 전원으로 가동되는 제품 생산 공장의 환경 설정이 그 예가 될 수 있다. 1980년대에 판매되었던 일부 컴퓨터 장비는 최종 사용자가 점퍼를 직접 설정했지만, 이제는 상황이 많이 바뀌었다.

주의 사항

점퍼는 쉽게 빠져 잃어버리거나 잘못 꽂기도 한다. 점퍼를 구입할 때는 파손과 분실을 대비해 넉넉히 사두는 편이 좋다.

점퍼를 꽂은 곳은 각각의 세팅 기능을 알 수 있도록 라벨로 명확히 표시해야 한다.

값싸고 품질이 조악한 점퍼는 핀에서 제거할 때 기계적 스트레스로 부서질 수 있다. 플라스틱 케이스가 떨어지면서 노출된 소켓이 핀에 매달려 회로판에 돌출된 채 남을 수도 있다. 이를 대비해 비상용으로 여분의 점퍼를 가지고 있는 것이 좋다.

점퍼 내부의 접촉 부위가 금도금 또는 은도금이 아니면 산화가 일어날 수 있는데, 이로 인해 저항이 형성되거나 연결이 제대로 되지 않을 수 있다.

4장

퓨즈

간혹 '휴즈'라고 쓰기도 한다.

관련 부품

없음.

역할

퓨즈는 개방 회로를 만들 때, 과도한 전류가 흐르면 내부의 금속 엘리먼트를 녹여서 끊어내 회로와 장치를 보호한다. 리셋 가능 퓨즈resettable fuses를 제외하고(리셋 가능 퓨즈(27쪽 참조)는 따로 논의한다), 퓨즈는 제 역할을 다하면 폐기하고 새것으로 교체해야 한다.

높은 전류가 퓨즈의 금속 부품을 녹이는 경우를 '퓨즈가 나갔다blown fuse' 또는 '퓨즈가 끊어졌다'라고 한다(리셋 가능 퓨즈는 '끊어졌다'라는 용어만 사용한다).

퓨즈는 AC 또는 DC 전압에서 모두 사용할 수 있으며, 거의 모든 전류에 대응할 수 있도록 설계된다. 가정용 또는 상업용 건물에서는 일반적으로 회로 차단기circuit breaker를 이용하지만, 노출된 외부 전선에 벼락 등으로 단락 또는 과전류가 발생하는 일로부터 전체 시스템을 보호하기 위한 대형 카트리지 퓨즈cartridge fuse도 여전히 사용된다.

전자기기 중에서 전원 공급 장치는 거의 대부분 퓨즈가 장착되어 있다.

퓨즈의 회로 기호는 [그림 4-1]과 같다. 맨 오른쪽과 오른쪽에서 두 번째 기호가 가장 흔하게 사용된다. 가운데 기호는 ANSI, IEC, IEEE에서 승인되었으나 거의 사용하지 않는다. 그 왼쪽 기호는 건축 설계에서 전기 기술자들이 주로 사용한다. 가장 왼쪽 기호는 예전에는 많이 사용했지만 사용 빈도가 차츰 줄고 있다.

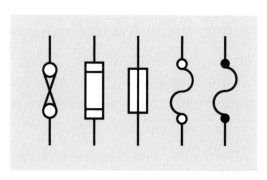

그림 4-1 퓨즈를 회로도에 표시하는 여러 기호. 자세한 설명은 본문을 참조한다.

작동 원리

퓨즈의 엘리먼트element는 일반적으로 도선이나 가는 금속 띠로 이루어졌으며, 두 단자 사이에 연결되어 있다. 카트리지 퓨즈는 엘리먼트와 양 끝 단자를 유리나 세라믹 재질, 또는 작은 금속 원통으로 둘러싼 것이다(크기가 큰 구형 고암페어 퓨즈에서는 종이나 판지 케이스를 이용하는 것도 있다). 유리 카트리지는 퓨즈가 끊어졌는지 눈으로 확인할 수 있다.

퓨즈는 전류에만 반응하고 전압에는 반응하지 않는다. 안정적인 전류 소비 조건에 맞는 퓨즈를 선택하려면 모든 부품이 정상적으로 작동할 때의 최대 전류를 계산한 후 거기에 50%를 더하는 것이 가장 안전하다. 그러나 서지 전류나 스파이크가 일어날 가능성이 있다면 그 지속 시간도 함께 고려해야 한다. I를 서지 전류(단위는 A)라 하고 t를 지속 시간(단위는 초)이라고 할 때, 흔히 I2t라고 하는 퓨즈의 서지 감도surge sensitivity는 다음 공식과 같다.

$$I2t = I^2 * t$$

일부 반도체 역시 I2t 값이 있으며, 이 값과 비슷한 퓨즈를 이용해 보호해야 한다.

모든 퓨즈는 흐르는 전류에 대하여 저항을 가지고 있다. 저항이 없다면 열이 발생하지 않아 퓨즈가 끊어지지 않을 것이다. 퓨즈의 내부 저항으로 인해 회로에서 발생하는 전압 강하에 관한 내용은 제조업체의 데이터시트에 명시되어 있다.

부품값

퓨즈의 정격 전류current rating 또는 rated current는 일반적으로 퓨즈 케이스에 인쇄되거나 새겨져 있다. 이 값은 제조업체에서 정의한 주위 온도(일반적으로 섭씨 25℃)에서 퓨즈가 연속적으로 견딜 수 있는 최대 전룻값이다. 주위 온도는 퓨즈에 근접한 위치의 온도로, 퓨즈가 설치된 공간의 온도를 말하는 것은 아니다. 다른 부품이 주변에 배치되어 있다면 퓨즈의 주위 온도는 외부 온도보다 일반적으로 매우 높다는 점에 주의한다.

퓨즈는 최대 정격 전류에서 안정적이면서도 무한하게 작동해야 하지만, 전류가 최대 정격 전류의 약 20% 이상으로 오를 때 안정적으로 끊어지는 게 가장 이상적이다. 현실적으로 제조업체들은 퓨즈에 연속으로 걸리는 부하가 섭씨 25도에서 정격 전류의 75%를 넘지 않도록 권고한다.

퓨즈의 정격 전압voltage rating 또는 rated voltage은 엘리먼트에 과도 전류가 걸릴 때 안전하고 예측 가능한 방식으로 녹을 수 있는 최대 전압으로 정의된다. 이 값을 차단 용량breaking capacity이라고도 한다. 이 값을 넘는 경우 퓨즈 엘리먼트의 파편이 아크arc를 형성하면서 전기 전도성을 일부 유지할 수 있다.

퓨즈는 정격 전압 이하의 전압에서는 언제나 사용 가능하다. 차단 용량이 250V인 퓨즈라면 5V에서 사용한다고 해도 같은 보호 효과를 기대할 수 있다.

[그림 4-2]의 퓨즈들은 다양한 규격의 유리 카트리지 퓨즈다. 맨 위의 퓨즈는 지연형slow blowing이며, 정격 전류는 15A이다. 이 퓨즈의 엘리먼트는 녹기 전 열을 흡수하도록 설계되어 있다. 그 아래는 0.5A 퓨즈인데 이에 걸맞게 엘리먼트가 더 가늘다. 그 아래 작은 퓨즈 두 개는 정격 전류가

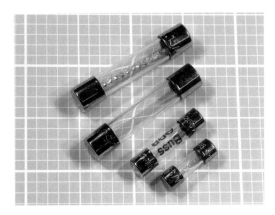

그림 4-2 유리형 카트리지 퓨즈 4개. 자세한 내용은 본문 참조.

퓨즈 형태	반경(인치)	반경(미터)	길이(인치)	길이(미터)
1AG	1/4"	6mm	5/8"	16mm
2AG	0.177"	4.5mm	0.588"	15mm
3AG	1/4"	6mm	1-1/4"	32mm
4AG	9/32"	7mm	1-1/4"	32mm
5AG	13/32"	10mm	1-1/2"	38mm
6AG	1/4"	6mm	7/8"	22mm
7AG	1/4"	6mm	1"	25mm

그림 4-3 보편적으로 이용되는 소형 유리 또는 도자기 카트리지 퓨즈의 대략적인 크기. 고유 코드와 함께 표시했다.

각각 5A이다. 중앙의 두 퓨즈는 최대 정격 전압이 250V이며, 맨 위의 것은 32V, 맨 아래 것은 350V이다. 이를 통해 퓨즈의 크기로 규격을 판단해서는 안 된다는 것을 명확히 알 수 있다.

다양한 유형

주거용 건물에서 사용했던 초기 퓨즈는 도자기 케이스 안에 니크롬 선을 넣어 만든 제품이었다. 1890년대에 에디슨이 개발한 플러그 퓨즈plug fuses는 도자기 케이스 안에 나사로 연결된 선을 넣은 것으로, 백열전구의 기본 개념과 유사하다. 이 퓨즈는 일부 미국 도시 지역에서 70년 이상 사용했고, 오래된 건물에서는 아직 사용하고 있으며, 현재도 생산하고 있다.

소형 카트리지 퓨즈

가전제품용 소형 카트리지 퓨즈는([그림 4-2] 참조) 다양한 크기의 제품으로 출시되어 있다. 퓨즈의 크기를 [그림 4-3]에서 정리했다. 반경 4.5mm의 퓨즈(유럽형)를 제외하고, 나머지 퓨즈의 크기는 원래 인치로 측정한 것이다. 오늘날 이 값들은

미터법으로 환산되어 사용된다. 모든 카트리지 퓨즈는 일반적으로 양쪽 끝에 단자가 붙어 있는 형태로 되어 있어 스루홀through-hole 부품으로 사용할 수 있다.

퓨즈는 속단형, 중간형, 지연형이 있으며, 지연형은 딜레이 퓨즈delay fuse라고도 한다. 초속단형 퓨즈는 일부 제조업체에서 생산하고 있다. 지연형을 일컫는 Slo-Blo라는 용어도 있지만 이는 리틀퓨즈Littelfuse 사의 고유 상표이다. 특정 시간이나 기간으로 퓨즈의 동작 속도를 묘사하는 표준화된 명칭은 아직 마련되지 않았다.

일부 카트리지 퓨즈는 보편적으로 많이 쓰는 유리관 대신 세라믹을 이용한다. 만일 회로에서 우연히 과다 전류가 발생할 가능성이 있다면(예를 들어 멀티미터를 전류 측정으로 설정해 놓은 상태에서 실수로 아주 강한 배터리에 병렬로 연결했을 때), 세라믹 카트리지 퓨즈를 이용하는 것이 더 낫다. 세라믹 카트리지에는 아크 형성을 방지하는 충전제가 들어 있기 때문이다. 또한 매우 높은 전류로 인해 퓨즈가 물리적으로 손상된다고 해도 세라믹 파편이 유리 파편보다 비교적 더 안전하다.

그림 4-4 자동차용 퓨즈. 모두 같은 규격을 가지고 있다.

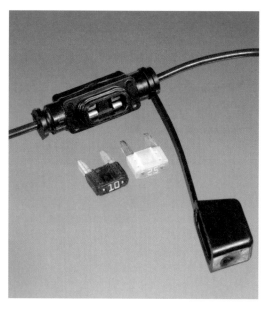

그림 4-6 플러그 타입의 퓨즈. 보통은 자동차에 많이 사용된다. 검은색 케이스는 인라인 퓨즈 홀더인데, 홀더에 퓨즈를 삽입한 후 오른쪽 플라스틱 덮개로 덮는다.

자동차용 퓨즈

자동차용 퓨즈는 다른 퓨즈와 달리 소켓에 꽂을 수 있는 플러그가 부착되어 있으며, 소켓에 꽂아 사용하면 진동이나 온도 변화에도 접촉이 헐거워지지 않는다. 자동차용 퓨즈는 크기가 다양하며,

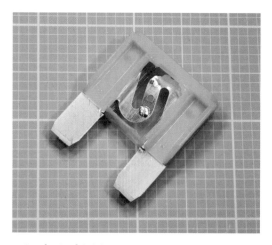

그림 4-5 [그림 4-4]의 가장 큰 퓨즈의 구성 부품을 보기 위해 자른 것이다.

균일한 색깔 코드로 쉽게 구분할 수 있다.

[그림 4-4]에서 다양한 자동차용 퓨즈를 보여 주고 있다. 맨 위의 퓨즈는 '맥시 퓨즈', 아래 왼쪽은 '미니 퓨즈'라고 불린다. 여기에서 다시 한번, 크기는 기능과 무관하다. 사진의 세 퓨즈 모두 정격 전압 32V, 정격 전류 30A인 제품이다.

[그림 4-5]는 [그림 4-4]의 가장 큰 퓨즈의 단면을 보여 준다.

일반적으로 자동차용 퓨즈는 블록 안에 함께 꽂혀 있지만, 여기에 추가로 시판되는 퓨즈를 장착할 때는 두 도선 사이에 퓨즈를 삽입할 수 있는 케이스를 이용해야 한다. [그림 4-6]에서 두 개의 샘플 퓨즈를 사용한 연결 예를 보여 준다. 다른 유형의 퓨즈에 사용할 수 있는 유사한 인라인in-line 퓨즈 홀더도 생산되고 있다.

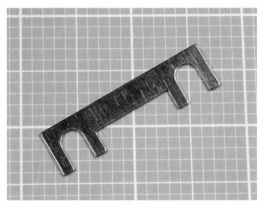

그림 4-7 스트립 퓨즈는 디젤 차량에서 사용한다. 본 제품은 정격 전압 36V, 정격 전류 100A이다.

스트립 퓨즈

차량용 고압 전류 퓨즈는 '스트립 퓨즈'라는 형태로 판매되고 있으며, 가용성 링크fusible link라고도 한다. 이 제품은 양쪽 단자에 나사를 조여 연결하도록 되어 있다. 점퍼jumpers 중에서 이와 모양이 비슷한 제품이 있는데, 이 둘을 잘 구분해야 한다. 스트립 퓨즈의 모양은 [그림 4-7]을 참조한다.

스루홀 퓨즈

방사형 모양(또는 원통 모양) 본체에 단자가 달린

그림 4-8 도선형 단자가 달린 초소형(subminiature) 퓨즈, 왼쪽부터 10A/250V, 2.5A/250V, 5A/250V

소형 퓨즈는 PCB 구멍에 삽입하는 부품과 비슷한 형태로, 타입에 맞는 소켓과 함께 사용할 수 있어 쉽게 교체할 수 있다. 이러한 퓨즈는 카탈로그에서 '초소형 퓨즈'로 분류되며, 흔히 랩톱 컴퓨터 내부 및 그 전원, 텔레비전, 배터리 충전기, 에어컨 등에 사용된다. [그림 4-8]은 스루홀 퓨즈의 예다. 이 세 제품은 모두 지연형 특성을 가지고 있다.

리셋 가능 퓨즈

리셋 가능 퓨즈resettable fuse는 폴리 스위치(PTC 또는 PPTCpolymeric positive temperature coefficient) 퓨즈라고도 하는데, 캡슐에 싸인 고체 소자로 과전류가 발생하면 저항이 큰 폭으로 증가하지만 전류의 흐름이 끊어지면 서서히 원상태로 복구된다. 이 퓨즈는 비선형으로 반응하는 서미스터thermistor라고 볼 수 있다. [그림 4-9]는 스루홀 타입의 리셋 가능 퓨즈이다. 카트리지 퓨즈는 크기가 달라도 규격이 같았던 반면, 리셋 가능 퓨즈는 규격이 달라

그림 4-9 스루홀 타입의 리셋 가능 퓨즈. 자세한 내용은 본문 참조.

도 크기가 동일할 수 있다. 그림에서 맨 왼쪽의 퓨즈는 40A/30V이며, 오른쪽 퓨즈는 2.5A/30V이다 (퓨즈에 인쇄된 코드는 제조업체의 파트 번호처럼 일관적이지는 않다는 점에 주의할 것). 맨 위의 퓨즈는 1A/135V이다.

퓨즈에 최대 허용치 이상의 전류가 흐르면, 내부 저항은 수 Ω에서 수십만 Ω까지 급격히 증가한다. 이러한 현상을 퓨즈가 '작동된다tripping'라고 한다. 이때 불가피하게 약간의 지체가 있을 수 있지만, 지연형 퓨즈의 반응에 소요되는 시간과는 비교가 되지 않는다.

리셋 가능 퓨즈는 전도성을 지닌 흑연 입자로 구성된 결정 구조 폴리머polymer를 포함하고 있다. 전류가 퓨즈를 통과하여 흐르면서 열이 발생하면, 폴리머는 무정형 상태로 전이되며 흑연 입자들이 분리되면서 전류가 흐르는 채널이 차단된다. 전원이 끊어질 때까지는 폴리머의 무정형 상태를 유지하기에 충분한 약간의 전류가 여전히 부품에 흐를 수 있다.

리셋 가능 퓨즈가 냉각되고 난 후, 퓨즈는 서서히 재결정화된다. 그러나 저항이 원래의 값으로 완전히 돌아오는 데에는 한 시간 이상 걸린다.

리셋 가능 퓨즈의 최대 허용 전류를 유지 전류hold current라고 하고, 반응을 촉발하는 전류는 트립 전류trip current라고 한다. 리셋 가능 퓨즈는 정격 트립 전류가 20mA에서 100A 사이에 있을 때 사용할 수 있다. 기존 가전제품에서 사용하는 퓨즈의 정격 전압이 600V 이상인 반면, 리셋 가능 퓨즈에서 정격 전압이 100V를 넘는 제품은 흔치 않다.

일반적인 카트리지 퓨즈는 온도의 영향력이 미

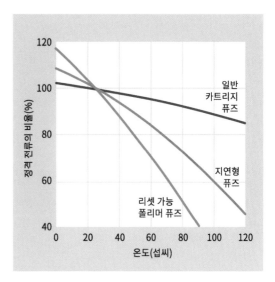

그림 4-10 이 3개의 곡선으로 전자기기 보호용으로 널리 사용되는 세 퓨즈 유형의 온도 감도를 대략 이해할 수 있다. 왼쪽 세로축은 퓨즈가 가동되는 전류의 근삿값이다.

미하다. 그러나 리셋 가능 퓨즈의 정격 전류는 섭씨 50도에서 75%, 섭씨 80도에서는 50%까지 떨어진다. 다른 말로 하면, 섭씨 25도에서 정격 전류가 4A인 제품은 온도가 섭씨 50도가 되었을 때 3A밖에 되지 않는다는 뜻이다. [그림 4-10]을 참조한다.

지연형slow-blowing 퓨즈도 온도에 민감하지만 리셋 가능 퓨즈보다는 그 정도가 덜하다.

리셋 가능 퓨즈는 컴퓨터 전원 공급 장치, USB 전원에서 사용되며, 또한 확성기 케이스에도 부착되어 스피커 코일이 오버드라이브overdrive되는 것을 막는다. 리셋 가능 퓨즈는 상대적으로 퓨즈가 자주 가동되거나 사용자가 기술적인 내용을 잘 몰라 퓨즈 교체나 회로 차단기를 리셋하는 데 어려움을 느끼는 경우에 사용하는 것이 좋다.

리셋 가능 퓨즈의 제품명으로는 폴리스위치PolySwitch, 옵티리셋OptiReset, 에버퓨즈Everfuse, 폴리퓨즈Polyfuse, 멀티퓨즈MultiFuse 등이 있다. 리셋

그림 4-11 표면 장착형 리셋 가능 퓨즈. 자세한 내용은 본문 참조.

가능 퓨즈는 표면 창착형surface-mount 패키지 또는 스루홀through-hole 부품 형태로 출시되어 있지만, 카트리지 형태는 없다.

표면 장착형 퓨즈

표면 장착형 퓨즈는 기판에 납땜한 후에는 교체가 어렵거나 불가능하므로, 리셋이 가능한 형태를 많이 사용한다.

[그림 4-11]의 표면 장착형 퓨즈는 크기가 대략 $0.3'' \times 0.3'' (0.6cm^2)$이다. 정격 전압은 230V이고 내부 저항은 50Ω이다. 유지 전류는 0.09A이며 트립 전류는 0.19A이다.

사용법

벽 콘센트에 연결하는 모든 제품은 퓨즈를 장착해야 한다. 이는 제품 보호를 위한 것뿐만 아니라 제품 케이스를 열고 드라이버로 내부를 조사하는 사용자를 보호하기 위해서이기도 하다.

모터, 펌프, 기타 유도성 부하를 포함하는 제품에서는 스위치를 켤 때 초기 서지 전류가 퓨즈의 정격 전류 이상으로 오를 가능성이 있으므로 지연

형 퓨즈를 사용해야 한다. 지연형 퓨즈는 서지 전류를 2, 3초 정도 잡을 수 있지만 다른 퓨즈는 그렇지 않다.

이와 반대로 속단형 퓨즈는 빠르고 쉽게 손상을 입는 집적회로와 같은 전자부품에 사용해야 한다.

에너지가 큰 배터리 전원을 이용하는 장치에서도 퓨즈를 사용해야 한다. 그 이유는 제품이 단락되었을 때 배터리가 예기치 않은 오작동을 일으키기 때문이다. 여러 개의 대형 배터리를 병렬로 연결할 경우, 과충전된 배터리가 이웃 배터리를 충전할 가능성을 피하기 위해 퓨즈를 사용해야 한다. 태양광 발전에서는 엄청난 규모의 납 축전지를 사용하는데, 여기에는 일반적으로 정격 전류가 125A~450A 가량의 'J 사이즈' 퓨즈를 많이 사용한다. 이런 퓨즈는 양 끝에 두꺼운 황동 탭이 있으며, 제 위치에 고정하기 위해 드릴로 박거나 적절한 퓨즈 홀더fuseholder에 끼워 넣기도 한다.

단자가 부착되어 있지 않은 반경 1/4"(0.6cm) 이하의 카트리지 퓨즈의 경우에는 다음과 같은 여러 형태의 퓨즈 홀더가 출시되어 있다.

패널 장착형 퓨즈 케이스는 아마도 가장 널리 사용되는 형태일 것이다. 이 제품은 플라스틱으로 제작된 원통형 관에 스프링이 달려 있어 퓨즈를 끼워 넣으면 내부의 플라스틱 캡에 접촉하도록 되어 있다. 이 캡은 퓨즈의 관에 나사로 고정하거나 아래로 누른 후 돌려 고정하도록 되어 있다. 드릴로 뚫은 패널 구멍에 삽입한 후, 퓨즈 홀더fuseholders를 고정하기 위해 나사를 이용한다. 퓨즈는 관 안에 들어가고, 캡이 덮인다. 이러한 유형의 홀더는 퓨즈의 길이 전체를 덮거나 그보다 짧은 '높이가 낮은 구조'형으로 사용 가능하다. '높이가 낮

그림 4-12 높이가 낮은 패널 장착형 퓨즈 홀더. 분해된 부품들(왼쪽)과 조립된 형태(오른쪽).

은 구조'의 퓨즈 홀더는 [그림 4-12]에서 보여 주고 있다. 오른쪽은 조립이 끝난 상태이며, 그 왼쪽은 분해했을 때의 구성 부품들이다.

기판 장착형 퓨즈 케이스는 기본적으로 패널 장착형과 동일하지만, 납땜할 수 있는 스루홀 핀이 부착되어 있다.

퓨즈 블록은 소형 플라스틱 블록으로, 위 덮개에 두 개의 클립이 있어 카트리지 퓨즈를 삽입하도록 되어 있다.

퓨즈 클립은 낱개로 구매가 가능하며, 스루홀에 장착할 수 있도록 납땜용 핀이 부착되어 있다.

인라인 퓨즈 홀더는 적정 길이의 도선에 퓨즈를 삽입하도록 설계되어 있다. 일반적으로 플라스틱 재질이며, 도선의 연결 중간에 들어가거나 금속 부착면에 접촉시키거나 양 끝을 가열해 납땜하여 사용한다. [그림 4-6]을 참조한다.

스루홀 퓨즈 홀더는 초소형 퓨즈용으로 사용 가능하다.

주의 사항

오작동 반복

회로의 퓨즈가 끊어지는blow 일이 자주 발생할 때는 회로 전반을 점검해야 한다. 예를 들면 전원 공급 장치를 켤 때, 장치 내의 대형 필터링 커패시터가 대규모 서지 전류를 일으키지 않는지 점검한다. 공식적으로 알려진 바로는, 흔히 돌입 전류 peak inrush current라고 알려져 있는 서지 전원을 오실로스코프로 측정하여 I^2*t를 파형으로 계산하고, 이 값의 최소 5배 규격을 갖는 퓨즈를 선택하는 것이 가장 정확한 프로세스다.

퓨즈를 동일한 길이의 도선이나 기타 컨덕터 conductor로 교체해서는 절대로 안 된다.

납땜으로 인한 손상

스루홀 타입이나 표면 장착형 퓨즈는 원하는 위치에 납땜을 하는데, 이때 인두 열로 인해 퓨즈 내부의 약한 금속 부품이 부분적으로 녹았다가 다시 연결되는 문제가 발생할 수 있다. 이런 일이 발생하면 퓨즈의 규격이 변하게 된다. 일반적으로 납땜으로 퓨즈를 원하는 위치에 고정할 때는 반도체를 다룰 때처럼 세심한 주의를 기울여야 한다.

배치

퓨즈는 회로의 전원 또는 전력이 유입되는 곳 가까이에 배치하여 최대한 회로를 보호하도록 한다.

5장

푸시 버튼

누름 단추 스위치 또는 순간 스위치momentary switch라고도 한다. 본 백과사전에서는 푸시 버튼을 스위치와 분리해 다룬다. 스위치는 일반적으로 버튼형보다는 지렛대 형태에 가까우며, 최소 하나의 극pole과 접촉한다. 푸시 버튼은 일반적으로 두 접점을 구분하지 않는다.

관련 부품

스위치(6장 참조)

로터리 스위치(7장 참조)

역할

푸시 버튼에는 최소 2개의 접점two-contact이 포함되어 있으며, 버튼을 눌렀을 때 개방되거나 폐쇄된다. 내부에는 스프링이 들어 있어 외부 압력이

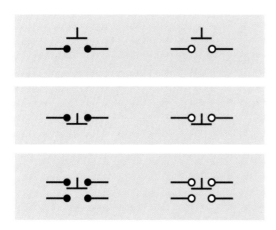

그림 5-1 단순한 푸시 버튼을 표현하기 위해 일반적으로 사용하는 회로 기호. 자세한 내용은 본문 참조.

풀리면 버튼을 압력이 가해지기 이전의 위치로 되돌린다. [그림 5-1]은 회로도에서 푸시 버튼을 표현하는 기호다. 파란 사각형 안 각각의 기호들은 기능적으로 동일하다. 맨 위는 상시 열림 단접점형 푸시 버튼normally-open single-throw pushbutton, 중간은 상시 닫힘 단접점형 푸시 버튼normally-closed single-throw pushbutton이다. 맨 아래는 쌍접점형 푸시 버튼double-throw pushbutton이다.

스위치와 달리 기본적인 푸시 버튼은 극pole이라는 기본 접점이 없다. 하나의 푸시 버튼으로 분리된 두 쌍의 접점을 동시에 열거나 닫는 모델을 쌍극형 푸시 버튼double-pole pushbutton으로 부르는 경우가 있는데, 이 용어는 약간 혼란의 여지가 있다([그림 5-2] 참조). 여러 개의 접점 쌍을 가지는 슬라이드형 푸시 버튼은 다른 기호를 사용한다.

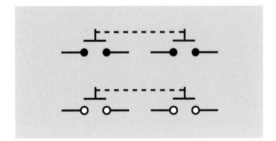

그림 5-2 흔히 사용되는 쌍극형 푸시 버튼의 회로 기호

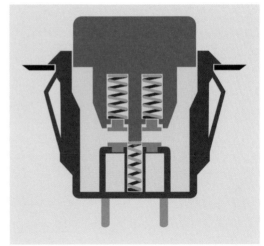

그림 5-4 푸시 버튼의 단면도. 접점 위의 스프링 두 개와 아래의 리턴 스프링이 보인다.

그림 5-3 가장 단순하고 일반적인 형태의 푸시 버튼. 버튼을 누르면 두 접점이 연결된다.

이에 대해서는 '슬라이더'(33쪽 참조)를 참고한다.

[그림 5-3]은 접점이 두 개인 일반적인 형태의 푸시 버튼이다.

작동 원리

[그림 5-4]는 푸시 버튼의 단면도다. 그림을 보면 버튼에 가해지는 아래 방향의 힘에 저항을 생성하는 리턴 스프링이 하나, 그리고 버튼을 눌렀을 때 각각의 접촉을 유지하고 연결을 단단히 하기 위한 한 쌍의 스프링이 각각의 접점 위에 하나씩 있다. 위 두 접점은 전기적으로 연결되지만, 이 특성이 그림에서는 보이지 않는다.

다양한 유형

극과 접점

푸시 버튼 내부의 극과 접점 개수를 나타내는 약어는 스위치의 속성을 나타내는 약어와 동일하다. 몇 가지 예를 보면 분명하게 이해될 것이다.

- SPST, 또는 1P1T
  단극 단접점형
- DPST, 또는 2P1T
  쌍극 단접점형
- SPDT, 또는 1P2T
  단극 쌍접점형
- 3PST, 또는 3P1T
  삼극 단접점형

스위치는 중앙에 추가 위치position가 있는 반면, 푸시 버튼은 이런 위치가 일반적으로 없다.

개폐 동작

푸시 버튼을 누른 순간의 상태를 괄호로 표시했다. 누른 버튼을 풀면 괄호를 표기하지 않은 상태로 되돌아간다.

- OFF-(ON) 또는 (ON)-OFF

  정상 상태에서 접점이 열려 있으며, 버튼을 누를 때만 닫힌다. 이는 때로 make-to-make 연결, 또는 A형Form A 푸시 버튼이라고 한다.

- ON-(OFF) 또는 (OFF)-ON

  정상 상태에서 접점이 닫혀 있으며, 버튼을 눌러야만 열린다. 이는 때로 make-to-break 연결, 또는 B형Form B 푸시 버튼이라고 한다.

- ON-(ON) 또는 (ON)-ON

  이는 쌍접점 푸시 버튼으로 두 접점이 정상 상태에서는 닫혀 있는 형태이다. 버튼을 누르면 첫 번째 세트의 접점이 열리고 다른 세트의 접점은 닫혀 있는데, 이 상태는 누른 버튼을 풀 때까지 유지된다. 이는 때로 C형Form C 푸시 버튼이라고 한다.

단접점 푸시 버튼은 상시 닫힘normally closed 또는 상시 열림normally open을 줄인 NC 또는 NO라고도 한다.

슬라이더

슬라이더는 슬라이드 푸시 버튼이라고도 하며, 길고 좁은 케이스 안을 가느다란 막대기가 움직이며 동작한다. 막대의 접점은 케이스 내부에 있는 다른 접점 위로 움직이며 접촉된다. 슬라이더 스위치와 매우 흡사한 이 부품은 가격이 저렴하고 소

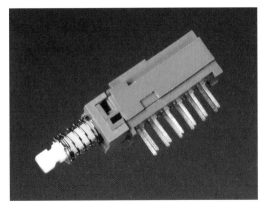

그림 5-5 4PDT 슬라이더 푸시 버튼. 보통은 작동기 끝에 캡이 끼워져 있으나 내부를 보기 위해 제거했다.

형이며 여러 접점을 잘 연결한다(일부 모델은 극의 개수가 최대 8개나 된다). 그러나 이 슬라이더는 낮은 전류에서만 사용할 수 있으며 내구성에 제한이 있다. 또한 오염에도 취약하다.

[그림 5-5]는 4극, 쌍접점 푸시 버튼이다. 흰색 나일론 작동기actuator의 끝에는 다양한 플라스틱 캡을 씌울 수 있다.

[그림 5-6]은 두 종류의 슬라이드 푸시 버튼을 회로 기호로 표현한 것이다. 케이스 내부에서 움직이는 접점은 검정색 직사각형으로 표시했다. 극으로 기능하는 주요 단자는 P로 표시했다. 슬라이드

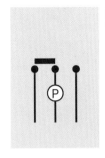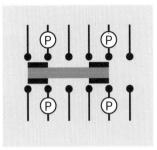

그림 5-6 왼쪽은 단순한 SPDT 슬라이드 푸시 버튼의 회로 기호. 가동 접점이 고정 접점의 왼쪽 한 쌍 또는 오른쪽 한 쌍을 연결한다. 오른쪽은 같은 원리를 응용한 4PDT 푸시 버튼. 가동 접점이 절연체를 통해 각 접점을 기계적으로 접촉시킨다. 각 극의 단자는 P로 표시했다.

푸시 버튼의 회로 기호는 표준이 없지만, 여기에서 보여 주는 기호를 가장 널리 사용한다. 내부적으로 슬라이딩 접점을 연결하는 절연부는 회색 직사각형으로 표시했는데, 일부 데이터시트에서는 직선이나 개방된 직사각형으로 표시하기도 한다.

슬라이드 푸시 버튼 기호와 슬라이드 스위치 기호가 동일할 수 있으므로, 도면을 볼 때는 어떤 부품이 사용된 것인지 특히 주의해서 확인해야 한다.

스타일

푸시 버튼은 대부분 캡이 달리지 않은 채 판매된다. 따라서 사용자는 캡의 스타일과 색상을 선택할 수 있다. 보통 작동기 끝에 부착되는 캡은 밀어 끼워 맞추는 푸시 핏push-fit형이다. [그림 5-7]에서 DPDT 푸시 버튼과 캡의 예를 함께 보여 주고 있다. 모든 캡은 작동기 위에 스냅 핏snap-fit으로 결합된다.

발광 푸시 버튼illuminated pushbutton에는 백열 전구incandescent bulb나 네온전구neon bulb, 또는 LEDlight-emitting diode가 들어 있다. 광원은 대부분 자체 단자를 2개 가지고 있다. 각 단자는 버튼 케이스에서 서로 분리되어 있으며, 버튼이 눌릴 때와 풀릴 때 또는 기본 상태일 때 회로에 연결되어 빛을 낼 수 있게 되어 있다. LED가 들어 있는 푸시 버튼은 일반적으로 외부 직렬 저항을 달아 주어야 하며, 저항값은 사용 전압에 따라 선택해야 한다. 적절한 직렬 저항에 관해서는 2권 LED 장을 참조한다. [그림 5-8]은 발광 푸시 버튼의 예로, DPDT 형이며 회로 기판에 부착하도록 설계된 것이다. 각 끝에 추가로 단자가 보이는데, 이는 내부 LED를 연결하기 위한 것이다. 반투명한 흰색 버튼 아래로 LED가 장착되어 있다.

단자와 접점의 플레이팅/도금

이 옵션은 스위치와 동일하므로 스위치 장에서 설명한다.

그림 5-7 푸시 버튼 액세서리로 따로 판매되는 캡(버튼 또는 손잡이). 나란히 푸시 버튼과 비교해 진열했다.

그림 5-8 이 푸시 버튼은 반투명 흰색 버튼 아래에 LED가 들어 있다.

설치 방식

전형적인 패널 장착형 버튼은 패널 구멍에 끼운 후, 푸시 버튼의 부싱bushing에 있는 나사산에 너트를 조여 고정하도록 되어 있다. 또는 푸시 버튼 케이스 양쪽에 유연한 플라스틱 돌출부가 있어 패널을 적절한 크기로 잘라낸 후 끼워 넣을 수 있는 형태도 있다. 이 유형은 [그림 5-4]에서 볼 수 있다.

PC 푸시 버튼(인쇄 회로 기판, 즉 PCB에 장착된 푸시 버튼)도 흔히 사용되는 모델이다. PC 푸시 버튼은 PCB에 장착한 후에는 두 가지 방법으로 고정한다. 하나는 제품을 조립할 때 케이스 앞면의 잘라낸 부분과 위치를 잘 맞춰 버튼을 노출하는 방법이고, 다른 하나는 제품 케이스에 (전기와 무관한) 외부 버튼이 달려 있는 경우 이 버튼의 위치와 푸시 버튼 작동기의 위치를 잘 맞춰 조립하는 방법이다.

손가락으로 직접 조작할 수 있는 표면 장착형 푸시 버튼은 흔치 않다. 그러나 이 책을 저술하는 시점에서 촉각 스위치의 4분의 1가량은 표면 장착형이다. 이 스위치는 사용자가 누르는 얇은 막이나 케이스 아래에 자리하고 있다. 전자제품의 리모컨이 이러한 예에 해당된다.

밀폐형

밀폐형 푸시 버튼은 약간의 추가 비용이 들지만 물, 먼지, 흙, 기타 환경 오염물질로부터 효과적으로 부품을 보호한다.

래칭 푸시 버튼

이 유형은 푸시푸시 래치press-twice pushbutton라고도 하는데, 내부에 기계식 래칫(한쪽 방향으로만

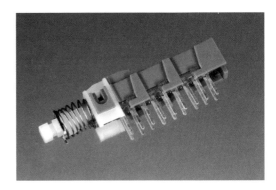

그림 5-9 이 6PDT 푸시 버튼은 버튼을 누를 때마다 래치 상태와 래치가 걸리지 않은 상태를 반복한다.

회전하는 톱니바퀴-옮긴이)이 들어 있어 버튼을 한 번 누를 때마다 회전한다. 처음 버튼을 누르면 접점은 닫힌 상태로 걸리게 된다. 두 번째 누를 때 접점은 개방 상태로 돌아가고, 그 후 이 과정은 반복된다. 버튼을 두 번 누르는 설계는 일반적으로 플래시 전등, 오디오 기기, 자동차의 여러 동작에 응용된다. 래칭latching이라는 용어가 가장 널리 쓰이긴 하지만, 푸시푸시, 푸시 락, 푸시 온, 푸시 오프 등 여러 이름으로도 불린다.

래칭 푸시 버튼이 잠김 상태lockdown일 경우, 래치가 걸린 버튼은 걸리지 않은 상태보다 눈으로 봐도 더 낮게 들어가 있음을 알 수 있다. 그러나 제조사에서 이 같은 특성을 데이터시트에 항상 기재하지는 않는다.

[그림 5-9]는 6극 쌍접점 푸시 버튼으로, 한 번 누를 때마다 래치 상태와 래치가 걸리지 않은 상태를 반복한다.

다음 페이지 [그림 5-10]에서 두 가지 푸시 버튼을 보여 준다. 오른쪽은 단순한 DPDT 래칭 푸시 버튼으로 잠금 기능이 있다. 왼쪽은 4개의 상태로 회전하는 래칭 푸시 버튼으로, 하나의 '오프' 상태

그림 5-10 오른쪽은 잠금 기능이 있는 단순한 DPDT다. 왼쪽의 푸시 버튼은 4개의 상태를 순환하는데, 'off' 상태에서 시작해 버튼을 누를 때마다 순서대로 서로 다른 도선 쌍들을 연결한다.

에서 시작해 순서대로 나머지 세 개의 다른 접점과 접촉한다.

단순한 OFF-(ON) 버튼에서 마이크로컨트롤러 microcontroller로 펄스를 보냈을 때 마이크로컨트롤러의 소프트웨어가 두 상태 중 하나의 출력 신호를 토글하면, 래칭 출력과 비슷한 결과를 얻을 수 있다. 마이크로컨트롤러는 각각의 버튼을 누를 때마다 숫자에 제한 없이 단계를 옮길 수 있다. 이러한 예는 휴대전화나 휴대용 미디어 플레이어에서 찾을 수 있다.

기계식 래칭 푸시 버튼은 내부 기계 구조 때문에 단순한 OFF-(ON) 버튼보다 고장률이 높다. 그러나 출력을 만들어야 하는 마이크로컨트롤러가 필요하지 않다는 장점이 있다. 마이크로컨트롤러는 2권에서 다룬다.

페달

페달 푸시 버튼은 일반적으로 손을 사용하는 것보다 작동에 힘이 더 많이 든다. 페달은 튼튼한 구조

를 가지고 있어, 진공 청소기, 오디오 전사 도구, 뮤지션들이 사용하는 스톰 박스stomp boxes 등에서 찾아볼 수 있다.

키패드

키패드는 12개에서 16개의 OFF-(ON) 버튼으로 구성된 사각형 어레이다. 키패드의 접점은 헤더 header를 통해 접촉되며, 헤더는 리본 케이블과 연결하거나 PCB에 삽입하기에 적합하게 되어 있다. 키패드 모델의 일부는 각 버튼이 헤더 내의 분리된 접점과 연결되어 있으며, 모든 버튼이 하나의 그라운드를 공유하는 경우도 있다. 이보다 더 흔한 종류는 버튼이 매트릭스 구조로 배열된 것인데, 이때 각각의 버튼은 매트릭스 내의 특별한 한 쌍의 전도체와 연결된다. [그림 5-11]은 16 버튼 매트릭스다. 이런 배치는 마이크로컨트롤러 폴링 polling하기에 적합하다. 마이크로컨트롤러는 4개의 수평 도선에 순서대로 출력 펄스를 보내도록

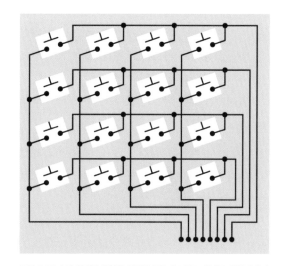

그림 5-11 숫자 키패드 버튼은 일반적으로 매트릭스 형태로 연결되어 있다. 각 버튼은 도선 사이에 오직 하나의 쌍 연결을 만든다. 이 시스템은 마이크로컨트롤러가 폴링하는 구조에 적합하다.

프로그램되어 있다. 각각의 펄스가 발생하는 동안 남은 4개의 수직 도선을 순서대로 확인하고, 어떤 도선에서 신호가 전달되는지 확인한다. 신호가 없을 때 마이크로컨트롤러의 입력 신호가 예상치 않게 동작하는 것을 방지하기 위해 풀업 저항pull-up resistor 또는 풀다운 저항pull-down resistor을 입력 도선에 추가해야 한다. 키패드의 외형은 [그림 5-12]에서 볼 수 있다.

그림 5-12 왼쪽 키패드는 매트릭스 구조이며 뒷면에 돌출된 7개의 스루홀 핀을 통해 폴링된다. 오른쪽 키패드는 각 버튼이 헤더 내의 분리된 접점과 연결되어 있다. 매트릭스 인코딩에 대해서는 본문을 참조한다.

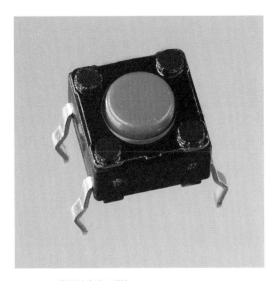

그림 5-13 전형적인 촉각 스위치

촉각 스위치

촉각 스위치는 스위치라 불리긴 하지만 실제로는 소형 푸시 버튼으로, 크기는 사방 0.4″(1cm) 이하다. 이 버튼은 PCB에 삽입하거나 브레드보드에 납땜 없이 사용하도록 설계되었다. 이 스위치는 대부분 SPST형이지만 핀은 4개며, 각 접점에 한 쌍의 핀이 연결되어 있다. 촉각 스위치는 PCB에 장착하고 그 위에 멤브레인 패드를 덮는 경우가 일반적이다. [그림 5-13]은 촉각 스위치의 예이다.

멤브레인 패드

멤브레인 패드membrane pad는 전자레인지 등에서 흔히 찾아볼 수 있는데, 접점이 밀폐되어 있어 먼지나 물로 인해 오염될 염려가 없다. 멤브레인 패드에 손가락으로 압력을 가하면 안에 숨어 있는 푸시 버튼이 눌린다. 이 형태의 버튼은 대부분 특정 제품으로 주문 제작하며, 기성품으로 판매되는 경우는 드물다. 일부 과잉 생산된 제품을 경매 사이트에서 찾아볼 수 있다.

라디오 버튼

라디오 버튼이라는 용어는 기계적으로 서로 연결되어 있는 푸시 버튼을 가리킬 때 사용한다. 이 푸시 버튼 가운데 하나만이 한 번에 하나의 전기 접촉을 만든다. 버튼 중 하나를 누르면 해당 접점이 연결된다. 이 상태에서 두 번째 버튼을 누르면, 해당 버튼이 래치에 걸리면서 첫 번째 버튼은 연결이 풀린다. 버튼은 순서와 상관없이 누를 수 있다. 이 시스템은 오디오에서 컴포넌트를 선택할 때, 즉 한 번에 단 하나의 입력만 허용하는 시스템에 적용하면 유용하다. 그러나 최근에는 라디오 버튼

그림 5-14 SPDT 스냅 동작 스위치 상부에 푸시 버튼이 장착되어 있다.

의 사용이 점점 줄고 있다.

스냅 동작 스위치

스냅 동작 스위치snap-action switch(본 백과사전의 스위치 장에서 더 자세히 설명한다)는 푸시 버튼과 함께 설치할 수 있다. 그 예가 [그림 5-14]이다. 이 스위치는 매우 정확한 동작과 높은 신뢰도를 제공하며, 약 5A 가량의 전류를 스위칭하는 능력이 있다. 그러나 스냅 동작 스위치는 대부분 단극 장치다.

비상용 스위치

비상용 스위치emergency switch는 상시 닫힘 장치이며, 대부분 대형 푸시 버튼이 달려 있다. 이 버튼은 한 번 누르면 'OFF' 위치에서 단단히 고정되고 원상복구되지 않는다. 가장자리가 버튼을 세게 고정하는 역할을 하고 있어, 바깥 방향으로 잡아당겨야 원래의 'ON' 상태로 돌아온다.

부품값

푸시 버튼의 정격 전류는 수 mA에서 20A 이상까지 다양하다. 대부분의 푸시 버튼에는 정격 전류가 인쇄되어 있으나 그렇지 않은 제품도 있다. 정격 전류는 일반적으로 특정 전압에서 정의되는데, AC 또는 DC에 따라 다를 수 있다.

사용법

푸시 버튼을 선택할 때는 전압, 전류, 내구성 등 기본적인 요구사항을 확인한 후에 모양, 접촉 느낌, 크기, 제품 조립의 용이성 등을 고려한다. 다른 전자부품과 마찬가지로 푸시 버튼 역시 먼지와 습기에 취약하다. 용도를 고려해 필요하다면 추가 비용이 들더라도 밀폐형 제품을 선택하는 것이 좋다.

푸시 버튼을 이용해 높은 유도성 부하를 포함하는 장치를 제어할 때는 아크 방전을 최소화하도록 스너버snubber를 추가할 수 있다. 본 백과사전의 스위치 장에서 '아크 방전'(53쪽 참조)에 관한 내용을 확인할 수 있다.

주의 사항

버튼이 없음

푸시 버튼 스위치를 주문할 때는 데이터시트를 꼼꼼히 읽고 캡이 포함되는지 확인한다. 캡은 따로 판매되는 경우가 많은데, 이 경우 다른 제조업체의 스위치와 호환되지 않을 때가 있다.

장착상의 문제

너트로 조이는 패널 장착형 푸시 버튼은 사용 중 너트가 느슨해진 것을 모르고 버튼을 누르다가 버틀이 제품 케이스 안쪽으로 떨어져 버리는 일이 발생할 수 있다. 이와는 반대로 너트를 너무 꽉 조이면 푸시 버튼 부싱의 나사산이 뭉개질 수 있다. 특히 값싼 부품은 플라스틱을 몰딩하여 나사산을 만드는 경우가 많아 이런 일이 빈번히 발생한다. 이럴 때는 너트를 완전히 조이기 전에 순간 접착제 등을 한 방울 바르는 것을 생각해 볼 수 있다. 너트의 크기는 매우 다양하므로 대체용 너트를 찾는 데 시간이 많이 걸릴 수 있다.

LED 문제

LED가 포함된 푸시 버튼을 사용할 때는 스위치의 단자와 LED의 전력 단자를 구분하는 데 주의해야 한다. 제조업체의 데이터시트에서는 이를 구분하는 방법이 명료하게 나와 있지만, LED 단자의 극성이 명확히 표시되지 않는 경우도 있다. 다이오드 측정기diode-testing meter를 사용할 수 없다면, 스위치 샘플을 이용해 3~5VDC와 2K 직렬 저항으로 먼저 테스트해야 한다. 저항을 연결한 후 LED 단자에 약한 전류를 흘렸을 때, 극성이 바르다면 LED에 희미하게 불이 들어올 것이다. 극성이 틀렸다 해도 저항이 LED를 보호하므로 LED가 손상될 정도는 아니다.

기타 문제

아크 방전, 과부하, 회로 단락, 단자 유형이 잘못된 경우, 접점 반동contact bounce 등 푸시 버튼에서 발생할 수 있는 여러 문제는 일반적으로 스위치에서 발견되는 문제와 동일하다. 본 백과사전에서는 이 문제들을 스위치 장에 요약했다.

6장

스위치

스위치라는 용어는 물리적으로 작동하는 기계 스위치를 지칭하며, 레버를 젖히거나 손잡이를 밀어서 제어하는 부품이다. 기능에서 중복이 있기는 하지만 로터리 스위치와 푸시 버튼은 각각의 독립된 장으로 다룬다. 반도체를 이용한 스위칭 부품은 양극성 트랜지스터, 단접합 트랜지스터, 전계 효과 트랜지스터에서 다룬다. 집적회로 스위칭 부품은 2권에서 다루도록 하겠다. 동축 스위치coaxial switches는 고주파 신호용으로 사용되는데, 본 백과사전에서는 다루지 않는다. 다방향 스위치multidirectional switches는 위, 아래, 왼쪽, 오른쪽, 대각선 방향, 원형, 기타 손가락 입력을 구분하는 스위치인데, 본 백과사전에서는 포함하지 않았다.

관련 부품

- 푸시 버튼(5장 참조)
- 로터리 스위치(7장 참조)

역할

스위치는 접점을 최소 두 개 가지고 있으며, 외부의 레버를 젖히거나 손잡이를 움직이면 열리거나 닫힌다. [그림 6-1]은 가장 기본적인 형태의 온-오프 스위치를 회로 기호로 표현한 것이다.

스위치의 가장 기본적인 형태는 [그림 6-2]의

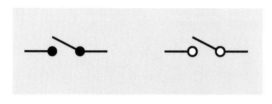

그림 6-1 가장 널리 사용되는 SPST 스위치를 표현하는 회로 기호. SPST 스위치는 온-오프 스위치라고도 한다. 두 기호는 기능적으로 동일하다.

그림 6-2 DPST 나이프 스위치. 교육용으로 많이 사용한다.

나이프 스위치knife switch이다. 전기를 발견한 초기에는 나이프 스위치가 널리 사용되었지만, 오늘날에는 학교에서 교육용으로 제한적으로 사용하며, (보다 견고한 형태로 제작해) AC 전기 공급 패널에서 사용하기도 한다. 이 스위치는 접촉 부위가 넓어 높은 전류를 통과시키기에 적절하며 상당한 크기의 부하를 스위칭하는 데도 사용할 수 있다.

작동 원리

일반적으로 스위치의 극pole은 가동 접점에 연결되어 있으며, 이 접점은 2차 접점과 연결되거나 끊어진다. 극이 하나뿐인 경우 단극single-pole 스위치라고 한다. 첫 번째 극과 전기적으로 절연되어 있는 다른 극이 더 있고, 각 극에 해당 접점이 하나 이상 있으면, 이것을 쌍극two-pole 또는 double-pole 스위치라고 한다. 4극 이상 스위치는 흔하지 않다.

극 하나당 2차 접점이 하나밖에 없으면 이를 단접점single-throw 또는 ST 스위치라고 하는데, 온-오프on-off 또는 오프-온off-on 스위치라고도 한다. 극 하나에 2차 접점이 더 있고, 극이 첫 번째 접점과 연결이 끊어질 때 두 번째 접점과 연결된다면, 이는 쌍접점double-throw 또는 DT 스위치라고 한다. 이로two-way 스위치라고도 한다.

쌍접점 스위치에 중앙 위치가 있을 수 있다. 이 위치는 연결되어 있지 않을 때는 오프 위치가 되는데, 세 번째 접점과 연결되어 있는 경우도 있다.

스프링이 내부에 있어 외부에서 압력이 가해지면 원래 위치로 돌아가는 스위치도 있는데, 겉보기에는 여느 스위치와 별 차이가 없어 보여도 기능은 푸시 버튼과 상당히 유사하다.

다양한 유형

플로트 스위치float switch, 수은 스위치mercury switch, 리드 스위치reed switch, 압력 스위치pressure switch, 홀 효과 스위치hall-effect switch는 센서 장치로 분류해 3권에서 다룬다.

용어

스위치의 종류는 다양하지만, 스위치에 포함된 부품들은 공통적인 기능을 수행한다. 작동기actuator는 레버, 손잡이, 토글 등의 형태로 사용자가 돌리거나 누를 수 있다. 부싱bushing은 토글형 스위치의 작동기 주위를 감싸는 부품이다. 스위치 내부의 공통 접점common contact은 스위치의 극과 연결되어 있다. 일반적으로 가동 접점movable contact은 내부에 부착되어 있으며, 가동 접점이 앞이나 뒤로 젖혀질 때 2차 접점, 또는 고정 접점stationary contact과 접촉한다.

극과 접점

약어로 스위치 내부의 극과 접점의 개수를 나타낼 수 있다. 몇 가지 예를 보면 분명하게 이해가 될 것이다.

- SPST, 또는 1P1T
  단극 단접점형
- DPST, 또는 2P1T
  쌍극 단접점형
- SPDT, 또는 1P2T
  단극 쌍접점형
- 3PST, 또는 3P1T
  삼극 단접점형

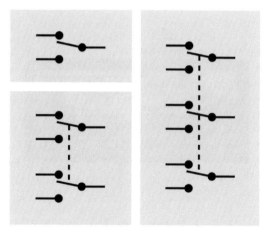

그림 6-3 3가지 유형의 쌍접점 스위치를 나타낸 회로 기호. 왼쪽 위는 단극, 왼쪽 아래는 쌍극, 오른쪽은 3극.

이밖에 다른 조합도 가능하다.

[그림 6-3]에서 쌍접점 스위치의 극이 1개, 2개, 3개인 경우를 회로 기호로 표시했다. 점선은 기계적 연결을 나타내는 것으로, 스위치가 움직일 때 모든 레버가 함께 움직인다. 극 사이에 전기적 연결은 존재하지 않는다.

온-오프 동작

ON과 OFF는 스위치의 상태를 표시하는 용어다. 스위치에 중앙 위치가 없을 때는 NONE이라는 용어를 쓸 때도 있다. 일부 제조업체는 NONE이라는 용어를 쓰지 않고, NONE이 없으면 중앙 위치가 없는 것으로 간주한다.

- ON-OFF 또는 ON-NONE-OFF
  중앙 위치가 없는 기본적인 ON-OFF SPST 스위치

- ON-ON 또는 ON-NONE-ON
  중앙 위치가 없는 기본 SPDT 스위치

- ON-OFF-ON
  쌍접점 스위치로 중앙에 OFF 위치가 있다(스위치가 중앙에 위치할 때는 어디에도 연결되어 있지 않다).

- ON-ON-ON
  삼접점 스위치로 중앙 위치에도 자체의 단자가 연결되어 있다.

스프링이 있는 스위치에서는 작동기에 외부 압력이 가해지는 순간적인 상태를 설명하기 위해 괄호를 사용했다.

- (ON)-OFF 또는 OFF-(ON)
  스프링이 들어 있으며 정상 상태에서 OFF 상태인 스위치. 스프링의 압력이 풀리면 OFF 상태로 되돌아간다. 이 스위치는 일반적으로 NO(상시 열림)라고 하며, A형Form A이라고도 부른다. 스위치의 기능은 푸시 버튼과 유사하며 가끔 make-to-make 연결이라고도 한다.

- ON-(OFF) 또는 (OFF)-ON
  스프링이 들어 있으며 정상 상태에서 ON 상태인 스위치. 스프링의 압력이 풀리면 ON 상태로 되돌아간다. 이 스위치는 make-to-break 연결, NC(상시 닫힘) 또는 B형Form B이라 부른다.

- (ON)-OFF-(ON)
  스프링이 들어 있는 쌍접점 스위치로, 작동기의 압력이 풀리면 연결이 없는 중앙 위치로 되돌아간다.

이 밖의 다른 조합도 가능하다.

대부분의 쌍접점 스위치는 두 번째 접점(또는

여러 개의 접점)과 연결되기 전에 첫 연결(또는 여러 연결)을 끊는다. 이를 break before make 스위치라고 한다. make before break 스위치, 또는 단락 스위치shorting switch라 불리는 스위치는 상당히 드문 제품으로, 첫 번째 연결이 끊어지기 직전에 두 번째 접점과 연결된다. 단락 스위치를 사용하면 스위치를 작동할 때 짧게나마 양 접점이 연결되므로 스위치와 연결된 전자부품에 뜻밖의 결과를 초래할 수 있다.

스냅 동작

스냅 동작 스위치snap-action switch는 제한 스위치limit switch라고 하며, 간혹 마이크로 스위치micro-switch 또는 기본 스위치basic switch라고도 한다. 스냅 동작 스위치는 손가락의 압력보다는 기계식으로 동작되도록 상당히 실용적으로 설계되었으며, 3D 프린터에서 사용 예를 찾을 수 있다. 스냅 동작 스위치는 가격이 저렴하면서도 신뢰도가 높다.

[그림 6-4]는 두 가지 유형의 스냅 동작 스위치이며, [그림 6-5]는 스냅 동작 ON-(ON) 제한 스위치의 단면을 그린 것이다. 극 접점에는 스위치의 중앙에서 위아래로 움직일 수 있는 휘어지는 금속

그림 6-4 SPDT 스냅 동작 스위치. 제한 스위치라고도 한다. 오른쪽 것은 일반적인 제품의 크기이다. 왼쪽은 소형이며, 작동기의 암(arm)이 지렛대 역할을 한다. 암은 필요한 길이만큼 잘라서 쓸 수 있다.

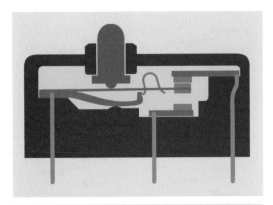

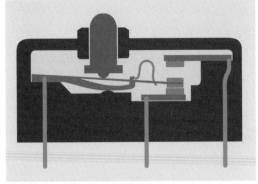

그림 6-5 위 그림은 제한 스위치 내부의 두 접점이 연결되어 있는 기본 상태. 아래 그림에서 외부의 버튼을 누르면, 버튼으로 인해 금속 띠가 아래로 눌리면서 아래의 접점과 연결된다. 뒤집어진 U 모양의 부품이 스프링 역할을 하면서 금속 띠의 잘라낸 부분 안으로 들어가 외부 동작에 저항한다.

띠가 장착되어 있다. 금속 띠에는 도려낸 부분이 있어 뒤집어진 U 모양의 스프링이 앞뒤로 젖혀질 수 있다. 이 금속 띠는 스위치 상태에 따라 접점들을 눌러 주는 역할을 한다.

스냅 동작snap action이라는 용어는 스프링이 부착된 내부 메커니즘을 가리키는 것으로 두 위치 사이에서 앞뒤로 스냅을 하는 동작을 말한다. 스냅 동작 스위치는 SPDT형이 일반적이며 순간적으로 동작한다. 다른 말로 하면, 스냅 동작 스위치는 ON-(ON) 방식으로 동작하며, OFF-(ON)과 (매우 드물지만) ON-(OFF)로도 동작한다. 스위치의

케이스는 밀봉되어 있으며, 작은 버튼이 구멍을 통해 튀어나와 있다. 여기에 가는 금속 암arm이 있어 버튼을 누를 때 지렛대 작용을 더한다. 금속 암 끝에는 롤러가 들어 있어, 롤러가 캠cam이나 휠wheel처럼 움직이는 기계 부품으로 인해 미끄러질 때 스위치가 동작한다. 스위치는 보통 이 같은 부품의 이동이나 회전을 제한하기 위해 사용된다. 문자 그대로 수천 개의 다양한 변종이 가능하며, 크기에 따라 가동을 위해 가하는 힘의 크기도 달라진다. 소형 스냅 동작 스위치는 수 그램의 압력으로도 작동할 수 있다.

로커

[그림 6-6]은 세 종류의 로커 스위치이며, [그림 6-7]은 로커 스위치의 단면도이다. 이 디자인에서는 스위치가 움직이면, 중앙의 로커 암arm 끝에 스프링이 부착된 볼 베어링이 구른다. 로커 스위치는 흔히 전원의 온-오프 스위치로 사용된다.

그림 6-6 세 종류의 로커 스위치. 위의 두 스위치는 맞는 크기로 잘라낸 패널의 직사각형 구멍에 밀어 넣도록 설계되었다. 중앙의 스위치는 나사로 고정하도록 만들어진 것으로, 제작된 지 20년 이상 되었다. 재료의 선택은 달라질 수 있으나 기본 디자인은 변하지 않음을 보여 준다.

그림 6-7 로커 스위치의 단면도. 스프링이 부착된 볼 베어링은 로커의 팔을 따라 앞뒤로 구르면서 스위치를 누를 때마다 각 쌍의 접점을 연결한다.

슬라이더

슬라이더 스위치(슬라이드 스위치slide switch라고도 한다)는 저렴하면서도 용도가 다양해, 라디오부터 오디오까지 각종 소형 전자기기에서 널리 사용된다. 슬라이더 스위치는 보통 회로 기판에 장착되며, 손잡이 또는 캡이 패널의 틈 안쪽으로 들어가 있다. 이러한 디자인은 다른 유형에 비해 먼지나 습기에 더 취약하다. 슬라이더 스위치는 토글 스위치보다 저렴하지만 높은 전류에 사용하도록 설계된 경우는 드물다.

대다수 슬라이드 스위치는 두 개의 위치가 있고, SPDT 또는 DPDT 스위치의 역할을 한다. 이보다 극과 위치의 수가 더 많은 경우는 찾기 힘들다. 초소형subminiature 슬라이드 스위치를 다음 페이지 [그림 6-8]에서, 회로 기호는 [그림 6-9]에서 표시했다. [그림 6-9]에서 검은색 직사각형이 슬라이딩을 통한 내부 접촉을 표현한 것이며, 극으로서의 기능을 하는 단자는 각각 P를 써 표시했다. 위 오른쪽은 4PDT 슬라이드 스위치다. 아래 왼쪽

그림 6-8 이 초소형 슬라이드 스위치는 길이가 1cm 정도밖에 되지 않는다. 규격은 0.3A/30VDC이다. 이보다 크기가 더 크면서 모양은 거의 똑같은 모델도 있는데, 전류를 조금 더 처리할 수 있을 뿐이다.

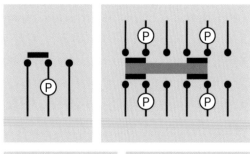

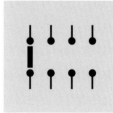

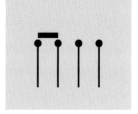

그림 6-9 슬라이드 스위치의 회로도. 각각의 검은색 직사각형이 이동 가능한 접점을 나타낸다. 이동 가능한 접점은 고정된 접점 한 쌍을 동시에 연결한다. 자세한 내용은 본문에서 다룬다. 제조업체들의 데이터시트에서는 다양한 기호를 사용한다(예를 들어 오른쪽 위의 회색 직사각형은 절연되어 움직이는 접점을 표시하는데, 이 기호는 단순한 직선이나 검은색 테두리를 두른 흰색 직사각형으로 표현할 수도 있다).

스위치에는 엄밀한 의미로 극이 없다. 슬라이드는 4쌍의 접점 중 어떤 연결이든 만들 수 있다. 아래 오른쪽의 슬라이더는 4개의 접점 중 3쌍의 접촉을 만들 수 있다. 다시 말하지만, 극은 없다.

슬라이드 스위치의 회로 기호는 슬라이드 푸시

버튼과 동일하다. 따라서 회로도를 주의 깊게 살펴 어떤 부품을 필요로 하는지 정확히 확인해야 한다.

슬라이더의 회로 기호는 아직 표준화되지 않았지만 이 책에서 보여 주는 예가 일반적으로 많이 쓰인다.

토글

토글 스위치toggle switch는 레버(토글)를 이용해 견고하면서도 정확하게 작동한다. 토글은 보통 물방울 모양으로 생겼고 니켈 도금이 되어 있는데, 플라스틱으로 제작된 값싼 모델도 흔하다. 이전에는 초기 컴퓨터를 포함해 거의 모든 전자부품 제어에 토글 스위치가 사용되었다. 현재는 예전처럼 널리 이용되지는 않으나, 자동차 액세서리 키트, 모터보트 계기판, 산업용 제어 부품 등으로 여전히 사용되고 있다.

[그림 6-10]은 소형 DPDT 토글 스위치 세 종류를 보여 주고 있다. [그림 6-11]은 높은 전류를 감당할 수 있는 일반 크기의 토글 스위치다. [그림 6-12]는 4극 쌍접점에 높은 전류를 감당할 수 있는

그림 6-10 소형 토글 스위치. 규격은 0.3A~6A/125VAC. 배경의 눈금 하나는 0.1인치이다.

그림 6-11 일반 크기의 토글 스위치. 상당히 높은 전류도 처리할 수 있다. 왼쪽은 간편하게 연결할 수 있는 단자를 가지고 있다. 오른쪽은 납땜용 단자가 있다(이 중 일부는 납땜 잔여물이 있을 수 있다).

그림 6-12 4PDT 일반 크기의 토글 스위치. 납땜용 단자가 있으며 규격은 25A/125VAC이다. 4극 스위치는 상대적으로 드문 편이다.

토글 스위치다. 이보다 극이 더 많은 토글 스위치는 극히 드물다.

자동차용 토글 스위치는 [그림 6-13]에 나와 있다. 이 스위치의 플라스틱 토글은 작동 오류를 최

그림 6-13 자동차 액세서리 제어용 토글 스위치

그림 6-14 고무나 비닐로 제작한 케이스를 이용해 외부 먼지나 물로 인한 오염으로부터 토글 스위치를 보호한다. 케이스에는 나사산이 있어 토글 스위치의 나사산에 맞물려 조일 수 있는 너트가 포함되어 있다(사진의 왼쪽 참조).

소화하기 위해 길이를 늘린 것이다.

고급 토글 스위치는 내구성이 대단히 강하며, 토글 위에 고무나 비닐로 제작된 얇은 케이스boot를 덧씌워 외부 오염물질을 방지한다. [그림 6-14]를 참조한다.

잠금 장치가 있는 토글 스위치locking toggle switch는 토글을 고정하는 스프링이 부착되어 있다. 이러한 스위치는 움직이기 전에 위로 잡아당겨 뽑아서 사용한다. 그러면 토글이 스위치의 부싱 안에 있는 작은 공간으로 올라온다.

딥

딥dual-inline package(DIP) 스위치는 초소형 스위치를 나열한 어레이array로, 각각의 스위치는 분리되어 있으며 회로 기판 스루홀에 직접 꽂거나 표면 장착형으로 설치하도록 제작되었다. 스루홀 딥 스위치는 0.1″(0.25cm) 피치의 핀 두 줄로 되어 있으며, 각 열은 0.3″ 간격으로 떨어져 있어 표준 DIP 소켓이나 보드에 있는 비슷한 규격의 구멍과 맞게 되어 있다. 표면 장착형 딥 스위치는 0.1″

(0.25cm) 또는 0.05″(0.125cm) 피치다.

딥 스위치 어레이에 들어 있는 스위치는 대부분 SPST형이며, 각각의 스위치는 스위치 몸체 양 끝에 달려 있는 두 핀 사이의 연결을 잇거나 끊을 수 있다. 스위치의 위치는 대개 ON과 OFF로 표시되어 있다. [그림 6-15]는 딥 스위치의 예이다. [그림 6-16]은 딥 스위치의 내부 구조를 보여 준다.

딥 스위치 어레이에서 '위치'의 개수라고 말하는 것은 보통 어레이에 포함된 스위치의 개수를 뜻한다. 이 용어를 각각의 물리적 스위치 레버의 ON-OFF 위치와 혼동해서는 안 된다. SPST 딥 스위치는 1, 2, 3, 4, 5, 6, 7, 8, 9, 10, 12, 16 위치로 제작된다.

초기 IBM 호환 컴퓨터는 디스크 드라이브 추가

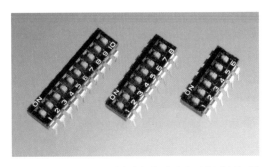

그림 6-15 딥 스위치는 스위치의 상태 개수가 아닌 스위치 개수를 다양하게 정해 사용할 수 있다.

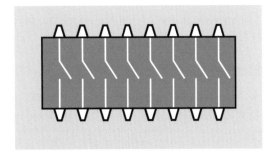

그림 6-16 16핀 딥 스위치의 내부 연결

설치와 같은 일반적인 업그레이드를 할 때 사용자가 수시로 내부 딥 스위치의 위치를 설정해 주어야 했다. 이런 기능은 최근에는 구식이 되었지만, 딥 스위치는 과학 장비에서 여전히 사용되고 있다. 과학 장비는 사용자가 장비의 케이스를 열고 내부를 들여다 볼 능력이 충분하기 때문이다. 스위치 공간이 0.1″(0.25cm) 정도밖에 되지 않으므로, 레버를 움직일 때는 손가락보다 소형 스크루드라이버나 볼펜 끝을 이용하는 것이 적절하다.

딥 스위치는 다양한 모드로 회로를 편리하게 테스트할 수 있기 때문에 프로토타입 개발에 사용될 수 있다.

대다수 딥 스위치는 도선으로 된 단자가 있고, 길이는 표준 브레드보드에 삽입하기에 적절하다.

딥 스위치 패키지의 옵션은 표준, 낮은 프로파일, 직각(회로 기판에 대하여 90도로 서 있음), 피아노형(스위치 레버가 앞뒤로 젖혀지는 것이 아니라 작은 로커 스위치처럼 누를 수 있게 되어 있음) 등이 있다.

일부 SPDT, DPST, DPDT, 3PST, 4PST의 변형이 있지만, 일반적이지는 않다. 외부 핀 여러 개가 내부 스위치 접점과 연결되어 있는데, 내부 연결 패턴을 알려면 제조업체의 데이터시트를 확인해야 한다. [그림 6-17]은 표면 장착형, 0.1″(0.25 cm) 피치, DPST 딥 스위치다. 이 스위치는 플라스틱 커버를 씌워 웨이브 납땜wave soldering 시 스위치를 외부 오염물질로부터 보호한다(왼쪽). 오른쪽은 커버를 벗긴 모습이다.

SIP

SIPsingle-inline package 스위치는 분리된 소형 스위

그림 6-17 SPDT 표면 장착형 쌍접점 딥 스위치. 플라스틱 커버와 함께 판매되어 웨이브 납땜을 할 때는 플라스틱 커버를 씌워(왼쪽) 스위치를 보호한다. 오른쪽은 커버를 벗긴 모습이다.

치들의 어레이로, 개념적으로는 딥 스위치와 동일하다. 그러나 2열이 아닌 하나의 열로 이루어진 핀들만 사용한다. SIP 스위치의 사용법은 딥 스위치와 동일하다. 딥 스위치와 가장 큰 차이는 SIP 스위치가 공간을 덜 차지하는 반면 사용이 조금 불편하다는 점이다.

각각의 스위치에는 하나의 단자가 있으며 공통의 버스를 공유한다. 전형적인 8핀 SIP 스위치의 내부 연결은 [그림 6-18]과 같다. 핀 사이의 간격은 0.1″(0.25 cm)이며, 전형적인 딥 스위치의 간격과 같다.

패들

패들 스위치paddle switch는 평평한 면과 탭 모양을

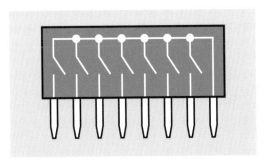

그림 6-18 8핀 SIP 스위치의 내부 구조. 공통의 버스를 공유한다.

그림 6-19 소형 패들 스위치. 정상 크기의 스위치는 보통 전원 스위치로 사용된다.

한 플라스틱 작동기로, 상대적으로 크기가 큰 편이라 단단하게 고정되고 오류가 잘 발생하지 않는다. 내부적으로는 로커 스위치와 유사하며 보통 AC 전원에서 많이 사용한다. 일부 토글 스위치의 몸체가 패들형 작동기 형태로 판매된다. [그림 6-19]는 소형 패들 스위치다.

파손 방지 스위치

이 스위치는 특별히 스테인리스강으로 제조되어, 각종 형태의 훼손을 견디며 외부 기후로부터 보호할 수 있다. 신호등을 켜는 보행자용 푸시 버튼이 파손 방지vandal resistant 스위치의 한 형태이다.

촉각 스위치

이 스위치는 푸시 버튼으로 분류되며 푸시 버튼 장에서 설명한다. '촉각 스위치'를 참고하라(37쪽 참조).

장착 옵션

패널 장착형

패널 장착형panel mount은 일반적으로 나사산이 있는 부싱이 있으며 적절한 크기로 뚫린 구멍을 통해 제품의 전면 패널 뒤쪽에서부터 삽입된다. 이 스위치는 잠금 와셔lockwasher와 스위치 부싱의 나사산과 맞는 너트(보통의 경우 2개)가 함께 제공된다.

전면 패널 장착형

전면 패널 장착형front panel mount은 패널 뒷면의 스위치를 고정하는 조임쇠를 패널 앞면에서 보이는 나사로 고정한다. 패널의 잘라낸 구멍을 통해 스위치의 작동기에 접근할 수 있다. 이런 장착 형식은 대부분 로커 스위치에서 많이 사용되는데, 간혹 슬라이드 스위치에서 사용하는 경우도 있다.

서브 패널 장착형

서브 패널 장착형subpanel mount은 스위치가 제어판 뒤에 따로 분리된 판이나 섀시에 부착되어 있는 형태다. 스위치의 작동기는 잘라낸 구멍으로 접근 가능하다.

스냅인 장착형

스냅인 장착형snap-in mount은 양 옆에 유연한 플라스틱이나 금속 탭이 달린 스위치가 있고, 이러한 스위치를 패널의 구멍을 통해 누르도록 설계되어 있다. 스위치의 탭이 튀어나와 스위치를 지지한다.

PC 장착형

PC 장착형PC mount은 핀이 있어 회로 기판에 끼운 후 납땜할 수 있다. 추가적인 납땜용 돌출부solder lug가 있어 기계적으로 지지하기도 한다.

표면 장착형

표면 장착형surface mount은 다른 표면 장착형 부품과 같은 방식으로 기판 위에 부착한다.

단자

스위치와 푸시 버튼에서는 다양한 단자를 사용할 수 있다.

납땜용 돌출부

납땜용 돌출부는 구멍이 나 있는 작은 탭이다. 구멍 안으로 단자의 끝을 삽입한 후 납땜할 수 있다.

PC 단자

PC 단자는 스위치 아랫부분에 튀어나온 핀으로, 인쇄 회로 기판에 삽입하기에 적합하다. 이러한 유형을 스루홀through-hole이라고도 한다. PC 단자는 직각으로 구부러져 있어 부품이 기판과 평행하게 장착되면서 스위치 작동기는 기판 외부로 돌출되도록 한다. 이러한 단자 유형은 직각형 PC 장착right-angle PC이라고 알려져 있다. 많은 제조업체에서 직선 또는 굽은 형태의 핀 단자 옵션을 제공하고 있으나, 카탈로그에는 이런 옵션 중 하나만 기재하고 다른 옵션의 존재는 표시하지 않는 경우가 많다. 제조업체의 데이터시트를 주의 깊게 확인해야 한다.

빠른 연결 단자

빠른 연결 단자quick connect terminals는 창 모양 spade-shaped으로 생긴 단자로, 푸시 온 커넥터 push-on connector에 결합할 수 있다. 보통 자동차 부품으로 사용된다. 납땜이 가능한 하이브리드형 빠른 연결 단자가 옵션으로 제공되는 경우도 간혹 있다.

나사형 단자

나사형 단자screw terminals는 평평한 모양의 단자에 이미 나사가 장착되어 있어 납땜 없이 단자를 부착할 수 있다.

도선 단자

도선 단자wire leads는 휘어질 수 있는 절연 도선으로, 끝을 벗긴 후 납을 묻혀 사용할 수 있다. 부품 본체로부터 최소 1″(3cm)가량 튀어나와 있다. 이 옵션은 점점 사용이 줄고 있다.

접점의 도금 옵션

스위치의 내부 전기 접점은 일반적으로 은이나 금으로 도금한다. 니켈, 주석, 은 합금은 저렴하지만 사용이 줄고 있다. 다른 유형도 상대적으로 드물다.

부품값

전자기기용 스위치는 용도에 따라 전력 용량이 크게 변한다. 보통 로커 스위치, 패들 스위치, 토글 스위치 등은 전원을 켜고 끄는 용도로 많이 사용하며, 일반적인 규격은 10A/125VAC이다. 다만 일부 토글 스위치는 정격 전류가 30A까지도 올라간

다. 스냅 동작 스위치나 제한 스위치도 규격이 비슷하지만, 소형은 용량이 작다. 슬라이드 스위치는 고용량을 견디지 못하며, 보통은 0.5A(또는 그 이하)/30VDC 정도다. 딥 스위치와 SIP 스위치의 규격은 최대 100mA/50V이며 빈번하게 사용하는 경우는 설계에 고려되어 있지 않다. 일반적으로 딥 스위치와 SIP 스위치는 전자기기의 전원이 꺼져 있을 때에만 사용한다.

사용법

전원 스위치

DC 전원을 켜고 끄는 용도로 단순한 SPST 스위치를 사용한다면, 통상적으로 전원 공급 장치에서 전압이 걸리는 상태를 스위치의 ON 상태로 한다. 이런 규칙을 따르는 가장 큰 이유는 이 규칙이 널리 사용되기 때문이다. 따라서 이를 따르면 혼란을 줄일 수 있다.

특히 AC 전원 공급 장치의 온-오프 스위치는 활성선live line에 사용해야 하며 중성선neutral line에 사용해서는 안 된다. 이는 본 백과사전의 범위를 벗어나는 내용이므로, 이 내용에 의문이 든다면 관련 서적을 참고하기 바란다. DPST 스위치를 AC 전원의 중성선과 활성선을 스위치하는 데 사용하려면 일부 동작에서 주의를 기울일 필요가 있다. AC 전원의 접지선ground wire은 절대로 스위치에 연결해서는 안 된다. 이유는 장비가 벽의 전원 콘센트와 연결되어 있을 때는 항상 접지되어 있어야 하기 때문이다.

제한 스위치

[그림 6-20]에서는 DC 모터와 정류 다이오드 2개로 구성된 회로에서 제한 스위치 두 개를 이용한 응용을 보여 주고 있다. 이 회로도는 모터의 아래쪽 단자가 양일 때 시계 방향으로 회전하고, 위쪽 단자가 양일 때 반시계 방향으로 회전한다고 가정한다. 각각의 제한 스위치에서는 외부에서 보이는 두 개의 단자만 사용한다. 스위치들은 상시 닫힘형이다. 스위치 내부에 상시 열림을 위한 다른 단자가 존재할 수 있지만, 이는 무시할 수 있다.

모터는 이중 코일, 즉 DPDT 래칭 릴레이latching relay로 구동된다. 릴레이는 외부에서 전원이 공급되지 않으면 계속해서 위치를 유지한다. 릴레이의 위쪽 코일이 푸시 버튼이나 기타 장치로부터 펄스 신호를 받으면 릴레이는 위쪽으로 젖혀지고, 아래쪽 제한 스위치를 통해 모터의 아래쪽 단자로 전류가 흘러간다. 모터가 시계 방향으로 회전하면서

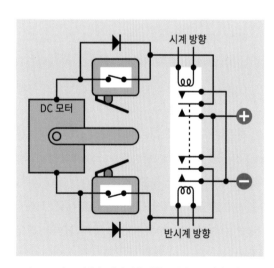

그림 6-20 이 도면에서, 상시 닫힘 제한 스위치는 모터에 부착된 암(arm)의 압력으로 개방된다. 따라서 암이 회전하는 반경 내에서 전원을 끔으로써 과부하와 과열로 인한 파손을 방지할 수 있다. 모터는 이중 코일 래칭 릴레이로 구동된다. 정류 다이오드는 제한 스위치가 열려 있을 때 전원이 모터로 흘러들도록 해 회전 방향을 바꾼다.

암arm이 아래쪽 제한 스위치를 건드려 개방된다. 전류는 아래쪽 다이오드로 차단되고, 모터는 회전을 멈춘다.

릴레이 아래쪽 코일이 신호를 받으면, 릴레이는 아래쪽으로 젖혀진다. 이번에는 전류가 위쪽 제한 스위치를 통해 모터의 위쪽 단자로 흐른다. 모터는 반시계 방향으로 회전하면서 암이 위쪽의 제한 스위치를 개방하고, 이 시점에서 모터는 다시 회전을 멈춘다. 이 단순한 시스템은 일정 시간 동안 버튼을 눌러 DC 모터를 원하는 방향으로 회전시킬 수 있다. 모터가 마지막 동작에 이르더라도 과열로 인한 파손의 위험이 없다. 이 시스템은 자동차의 창문을 올리거나 내리는 파워 윈도우 시스템에서 응용되고 있다.

DPDT 푸시 버튼은 수동 제어가 허용되는 경우에 한해 래칭 릴레이로 대체할 수 있다. 그러나 이 시나리오에서는 모터의 암을 반대쪽 끝으로 이동시키기 위해서는 푸시 버튼을 계속해서 누르고 있어야 한다. DPDT 스위치가 푸시 버튼보다 더 적합할 수 있다.

논리 회로

논리 회로를 구성할 때 순수하게 스위치에만 의존하도록 구성할 수도 있지만(예, 이진수를 적용하여), 이런 회로는 드물고 실용적이지도 않다. 수동으로 스위치하는 논리 회로 중 가장 익숙하면서도 단순한 회로는 한 쌍의 SPDT 스위치를 이용하는 가정집 배선으로, 스위치 하나는 계단 위쪽에, 다른 하나는 계단 아래에 설치한 것이다. 이를 [그림 6-21]에 나타냈다. 현재 불이 꺼져 있다면 둘 중 어떤 스위치로든 불을 켤 수 있고, 불이 켜져 있을

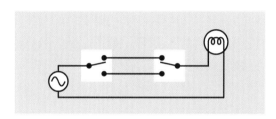

그림 6-21 SPDT 스위치는 가정집 배선으로 널리 사용되고 있다. 불이 꺼져 있으면 둘 중 어떤 스위치로도 불을 켤 수 있고, 불이 켜져 있다면 끌 수 있다.

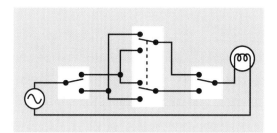

그림 6-22 전구 하나의 on-off 상태를 제어하는 데 스위치 세 개가 동일한 기능을 수행하도록 하려면 DPDT 스위치를 추가해야 한다.

때도 이와 마찬가지이다. 이 회로에 다른 두 스위치와 동일한 기능을 가진 제 3의 스위치를 추가해 확장하려면 DPDT 스위치를 추가해야 한다. [그림 6-22]를 참조한다.

대체 방법

마이크로컨트롤러의 가격이 저렴해지고 쉽게 사용할 수 있게 되면서, 전자제품에서 기존에 스위치가 하던 역할을 마이크로컨트롤러가 맡게 되었다. 예를 들어 카 스테레오 같은 전자제품의 메뉴를 설정할 때, 예전에는 여러 개의 스위치와 포텐셔미터potentiometers를 이용해 기능을 선택하고 조정했던 것과는 달리, 마이크로컨트롤러를 이용한 메뉴 시스템에서는 로터리 인코더rotational encoder 한 개와 SPST 푸시 버튼 하나만 있으면 여러 기능을 손쉽게 선택하거나 조정할 수 있다. 로터리 인

코더는 공간을 많이 차지하지 않으면서도 설치 비용이 저렴하고(마이크로컨트롤러가 다른 용도로 이미 장치 내에서 사용되고 있다고 가정할 때), 전기기계 부품의 수를 줄이면서 신뢰도를 더 높일 수 있다. 사용의 편리성 여부는 취향 문제다. 스위치를 어디에서 어떻게 사용할지 결정할 때 우선 고려해야 하는 요소는 비용과 사용자 편의다.

주의 사항

아크 방전

아크 방전arcing이 일어나면 스위치 내부의 접점은 급속도로 부식된다. 아크는 스파크의 일종으로 열린 스위치에 높은 전류 또는 전압이 흐를 때 형성되는 경향이 있다(보통은 10A 이상 그리고 100V 이상). 가장 흔한 원인으로는 스위치를 켤 때 유도성 부하로 인해 역기전력이 발생하거나, 스위치를 끌 때 순기전력이 발생하는 경우이다. 회로의 연속 동작에서 서지surge가 부하에 걸리는 전류보다 몇 배 높아질 수 있다. DC 회로는 정류 다이오드를 부하에 병렬로 연결하면 아크 방전을 줄일 수 있다(다이오드의 극성이 일반 전류의 흐름을 막기 때문이다). 이러한 역할을 하는 다이오드를 플라이백 다이오드flyback diode 또는 프리휠링 다이오드freewheeling diode라고 한다. 다이오드를 이런 식으로 쓸 수 없는 AC 회로에서는, 스너버snubber(커패시터와 저항의 단순 조합)를 부하 근처에 배치할 수 있다. 스너버는 DC 회로의 스위치 근처에서도 사용할 수 있다. '스너버' 항목을 참조한다(120쪽 참조).

유도성 부하inductive loads를 스위칭할 때는 일반

적으로 정격 전류가 회로에 흐르는 전류의 2배 이상인 스위치를 사용하는 것이 안전하다.

무전압

높은 전류를 제어하는 스위치의 단자는 상당히 튼튼한데, 이러한 단자들은 굵은 도선에 연결한다. 이런 단자와 도선을 납땜으로 연결할 때, 도선과 단자의 열 용량이 합쳐져 회로의 작은 부품들이 견딜 수 있는 열보다 더 많은 열을 흡수하게 된다. 이 경우 최소 30W 이상의 납땜용 인두를 사용해야 한다. 이보다 낮은 전력의 인두를 사용하면 겉보기에는 납이 완전히 녹은 것처럼 보여도 충분히 녹지 않게 되고, 그 결과 '무전압dry joint 또는 dry contact'이 발생한다. 그렇게 되면 상대적으로 높은 저항을 갖게 되며 기계적으로 약해져서, 이후 부서질 위험이 커진다. 좋은 납땜 결합은 붙어 있는 도선이 유연하게 움직이는 것을 견딜 수 있어야 한다.

회로 단락

스위치를 단자, 나사 단자, 또는 빠른 연결 단자에 연결할 때 도선을 이용하는 경우가 많기 때문에, 도선 연결이 우연히 끊어지면 대단히 위험한 요소로 작용한다. 이 경우를 대비하기 위해 열 수축 튜브 등을 이용해 전원 스위치 뒤의 도선과 단자를 절연시키는 등 예방 조치를 취해야 한다. 전원 스위치는 언제나 퓨즈와 함께 사용해야 한다.

접점의 오염

먼지나 물이 존재하는 환경이라면 밀봉된 스위치를 사용해야 한다. 슬라이드 스위치는 특히 오염에 취약하며 밀봉도 어렵다. 오디오 컴포넌트에서 사용하는 스위치는 접점이 훼손될 경우 '긁는 듯한' 소리를 만든다.

잘못된 단자 유형

스위치에는 다양한 단자 유형이 있기 때문에 주문할 때 엉뚱한 유형을 주문하기 쉽다. 스위치 단자 유형으로는 회로 기판에 사용하는 스루홀용 단자, 나사형 단자, 빠른 분리 단자, 납땜용 돌출부 등이 있다. 표면 장착형 옵션도 가능하다. 예를 들어 현재 진행 중인 작업에서 회로 기판에 핀을 삽입해야 하는데 스위치에는 납땜용 돌출부가 달려 있다면 그 스위치는 사용할 수 없다. 보통은 부품 번호에 단자 유형을 나타내는 코드가 포함되어 있다. 부품 번호를 주의 깊게 살피도록 한다.

접점 반동

두 접점이 아주 빠르게 서로 맞부딪히면 미세한 진동이 발생하면서 두 접점이 정확하게 결합하기 전에 순간적으로 개방되는 현상이 발생한다. 이러한 현상은 인간의 감각으로는 감지할 수 없지만, 논리 칩logic chip에서는 여러 개의 연속적인 펄스로 감지한다. 이런 이유로 스위치가 논리 입력을 만들 때 접점 반동을 제거debounce하기 위한 다양한 전략이 활용되고 있다. 이 문제는 본 백과사전 2권의 논리 칩 장에서 자세히 다룬다.

기계적 마모

토글 스위치나 로커 스위치는 기계적인 중심점pivot을 가지고 있는데, 거친 환경에서는 마모되는 경향이 있다. 마찰 역시 문제가 되므로 스위치를 설계할 때 보통 가동 접점의 중앙에서 앞뒤로 움직이는 레버의 끝을 둥글게 만들곤 한다.

스냅 스위치나 제한 스위치 내부에 들어 있는 스프링은 드물긴 하지만 금속 피로의 결과로 오작동을 일으킬 수 있다. 슬라이드 스위치는 스위치가 위치를 바꿀 때마다 접점들이 서로 마찰을 일으키기 때문에 내구성이 현저히 떨어진다.

스위칭 동작이 많거나 스위치의 오작동이 심각한 영향을 끼치는 작업에서는 값이 싼 스위치를 사용하지 않는 것이 가장 좋은 방법이다.

장착상의 문제

너트로 고정하는 패널 장착형 스위치는 사용하다 보면 너트가 느슨해져 부품이 장비 안쪽으로 떨어질 수 있다. 반대로 너트를 너무 세게 조이면 스위치 몸체의 나사산이 뭉개질 수 있다. 특히 저렴한 스위치는 플라스틱을 성형/몰딩해 나사산을 만들기 때문에 이런 일이 자주 발생한다. 이럴 때는 너트를 적당히 조인 후, 순간 접착제 등을 한 방울 바르는 것을 생각해 볼 수 있다. 너트의 크기는 대단히 다양하여 대체용 너트를 찾는 데 시간이 많이 걸릴 수 있다.

아리송한 도면

일부 회로 도면에서는 극이 여러 개인 스위치의 극이 서로 분리된 것으로 보일 때가 있다. 심지어 편의를 위해 도면을 두 페이지에 걸쳐 그리는 경우도 있다. 항상 그런 것은 아니지만 이런 경우에는 대부분 점선을 이용해 극을 연결한다. 점선이 없을 때는 같은 스위치임을 알 수 있도록 부호로 표시한다. 예를 들어 SW1(a)와 SW1(b)는 하나의 스위치에 포함되는 두 극을 표시한 것으로 이 극은 서로 연결되어 있음을 의미한다.

7장

로터리 스위치

로터리 인코더와 혼동하지 않도록 한다. 로터리 인코더는 본 백과사전의 다른 장에서 따로 다룬다.

관련 부품

- 스위치(6장 참조)
- 로터리 인코더(8장 참조)

역할

로터리 스위치는 손잡이로 회전시키는 샤프트 shaft 위에 올려진 회전자rotor와 두 개 이상의 고정 접점 중 하나를 전기적으로 연결하는 장치다. 로터리 스위치는 라디오 주파수 선택, 텔레비전의 채널 결정 또는 오디오의 프리앰프 입력을 선택하는 부품으로 이용되어 왔다. 1990년대 이후로 로터리 스위치는 로터리 인코더로 대체되고 있으나, 군사 장비, 현장 장비, 산업용 제어 시스템, 그밖에 빈번한 사용과 거친 환경을 견디는 튼튼한 부품을 요구하는 응용 분야에서 여전히 사용되고 있다. 로터리 인코더의 출력 신호는 마이크로컨트롤러 등으로 디코딩을 거쳐 해석해야 하지만, 로터리 스위치는 완전한 수동 소자로서 따로 전자부품을 추가할 필요가 없다는 장점이 있다.

[그림 7-1]에서는 로터리 스위치의 일반 회로 기호를 나타냈다. 이 둘은 기능적으로 완전히 동일하다. 다음 페이지 [그림 7-2]는 전형적인 로터리 스위치의 내부를 단순화한 그림이다. 회전자에는 별도의 접점이 연결되어 있으며(그림에서는 보이지 않는다), 회전자가 회전하며 고정 접점과 순서대로 연결된다. 색상은 스위치의 부품들을 구분할 수 있게 임의로 선택한 것으로, 실제 스위치의 색깔과 일치하지 않는다.

[그림 7-3]은 여러 가지 로터리 스위치다. 위 왼쪽은 개방형open frame 스위치로, 접점이 개방되어 있어 오염으로부터 보호되지 않는다. 이런 유형의

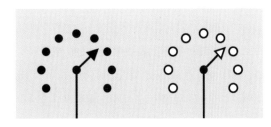

그림 7-1 로터리 스위치의 일반적인 회로 기호. 두 기호는 기능적으로 완전히 동일하다. 접점의 개수는 스위치의 종류에 따라 다르다.

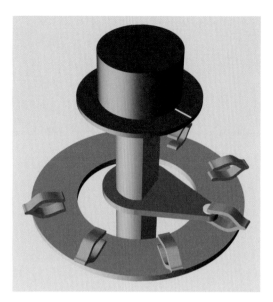

그림 7-2 기본 SP6T 로터리 스위치의 내부 구조를 단순화한 그림. 개념을 명확히 보여 주기 위해 색상은 임의로 선택했다.

그림 7-3 여러 가지 로터리 스위치. 자세한 내용은 본문 참조.

부품은 지금은 매우 드물다. 위 오른쪽은 위치가 12개인 단극 스위치로 규격은 2.5A/125VAC이다. 아래 왼쪽은 위치가 4개인 단극 스위치이며 규격은 0.3A/16VDC 또는 100VAC이다. 아래 오른쪽은 위치가 2개인 쌍극 스위치로 규격은 옆의 것과 동일하다. 밀봉 스위치는 모두 패널 장착형으로 설치하거나 기판에 스루홀로 연결할 수 있다.

작동 원리

하나의 스위치에는 극이 여러 개 있고, 극은 각각 회전자와 연결되어 있다. 보통은 회전자 하나가 스위치 내부의 와이퍼deck(국내에서는 데크 대신 주로 와이퍼로 부른다-옮긴이) 하나에 부착되지만, 위치 개수가 적은 스위치라면 하나의 와이퍼 위에 각기 다른 방향을 가리키는 회전자가 2~4개가량 부착되는 경우도 있다.

보통 로터리 스위치의 위치는 최대 12개까지

제작되며, 위치의 개수 제한을 위해 스톱stop이 들어 있다. 스톱은 보통 핀 형태로 되어 있는데, 스위치의 부싱 둘레에 끼우는 와셔washer에 붙어 있다. 핀을 선택한 구멍 안에 끼워 넣으면 스위치가 그 지점 이상으로 회전하는 것을 막는다. 예를 들어 위치가 8개인 로터리 스위치에서는 최소 2개, 최대 7개 사이에서 위치의 개수를 설정할 수 있다.

로터리 스위치의 사양에는 한 위치에서 다음 위치로 넘어갈 때의 각도도 포함되어 있다. 위치가 12개인 스위치의 회전각은 30도이다.

다양한 유형

일반형

일반형 로터리 스위치는 패널 장착형으로 설계되었으며, 몸체의 반경은 1″에서 1.5″가량 (2.5~3.8cm)이다. 와이퍼가 두 개 이상이면, 와이

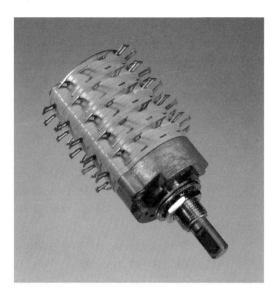

그림 7-4 5극 12 위치 로터리 스위치

퍼 사이의 간격은 약 0.5″(1.3cm)이다. 하나의 위치에서 다음 위치로 스위치를 회전시킬 때는 '딸깍' 소리가 나고 뭔가 걸리는 느낌도 든다.

[그림 7-4]는 겉이 밀봉된 로터리 스위치로, 와이퍼가 5개 달려있다. 이 스위치는 극이 5개이고(와이퍼 하나당 하나씩), 위치의 최대 개수는 12개다. 접점 규격은 0.5A/28VDC이다. 이러한 유형의 튼튼한heavy duty 부품은 최근에는 상대적으로 찾아보기 힘들다.

회전자가 이전 접점과의 연결을 끊기 전에 순간적으로 다음 접점과 연결되는 스위치를 단락 스위치shorting switch라고 하며, make-before-break라고도 한다. 비단락 스위치nonshorting switch 또는 break-before-make 스위치에서는 하나의 연결에서 다음으로 넘어갈 때 두 연결 사이에 아주 짧은 시간 간격이 있다. 이러한 특성은 스위치에 연결되는 부품에 따라 대단히 중요한 의미를 갖는다.

샤프트의 단면은 원형, 판 모양, 또는 D 모양이다. 손잡이는 거의 제공되지 않으며, 사용자가 샤프트에 맞는 것으로 선택해야 한다. 샤프트의 치수는 미터법 또는 인치로 표시하는데, 가장 오래된 표준은 반경 1/4″(0.6cm)이다. 단면이 판 모양인 일부 모델은 D자 모양의 내부 단면용 손잡이와 호환되는 플러그를 제공하기도 한다. 이 호환 플러그는 12개 이상의 위치 중 하나에 있는 샤프트에 밀어 넣어 끼울 수 있다. 스위치 자체의 위치를 잡는 불편함을 최소화하기 위해서는 손잡이를 패널 전면에 인쇄된 위치와 정확히 일치시켜야 한다.

소형 로터리 스위치는 반경이 0.5″(1.3cm) 정도로 작고, 핀 단자는 기판에 스루홀 방식으로 장착할 수 있게 되어 있다. 소형 로터리 스위치는 일반 크기 스위치보다 정격 전류가 낮다.

로터리 스위치는 사용자가 돌리는 힘을 버티도록 단단히 고정되어 있어야 한다. 패널 장착형 모델은 스위치의 부싱 나사산 주위로 너트를 강하게 조인다. 스루홀 타입은 패널의 잘라낸 부분으로 샤프트가 나오도록 해서 고정한다. 회로 기판의 기계적 피로를 최소화하려고 보통 소형 로터리 스위치의 멈춤쇠detent를 일반 크기 스위치보다 약하게 제작한다. 손잡이도 더 작기 때문에 회전력이 작다.

로터리 딥 스위치

일반적인 딥 스위치DIP switch는 소형 SPST 스위치를 일렬로 늘어놓은 어레이로, 표준화된 회로 기판의 DIPdual-inline package(이중 정렬 패키지) 레이아웃에 맞게 설계되어 있다. 이 내용은 본 백과사전 스위치 장에 설명되어 있다. 로터리 딥 스위치

그림 7-5 로터리 딥 스위치. Encoded output rotary switch라고도 알려져 있다. 이 부품은 일부 작업에서 딥 스위치 대용으로 사용할 수 있다.

rotary DIP switch(encoded output rotary switch 또는 coded rotary switch라고도 한다)는 그 이름과는 달리 DIP 레이아웃에 맞지 않는다. 로터리 딥 스위치는 사방 0.4″(1cm) 정도이며 핀의 개수는 보통 다섯 개다. 그중 하나는 입력 또는 공용 핀으로 사용하며, 나머지 네 개는 출력 핀으로 기능한다. 핀 사이의 간격은 0.1″(0.25cm)이다. 핀 기능과 레이아웃은 표준화되어 있지 않다.

스위치 맨 위에 있는 다이얼은 위치가 10개(숫자 0에서 9까지)이거나 16개(숫자 0에서 9까지, 그 이후는 알파벳 A에서 F까지)이다. 각 유형의 스위치를 [그림 7-5]에서 보여 준다.

다이얼의 각 위치에서 접점 한 쌍이 연결되며, 출력 핀 4개를 이용해 위치가 10개인 스위치에서는 십진수를, 16개인 스위치에서는 16진수를 나타내는 이진 코드를 생성한다. 핀의 상태는 [그림 7-6]의 표를 이용해 표시했다. 로터리 딥 스위치는 상대적으로 견고성이 떨어지는 부품이므로, 자주 또는 거칠게 사용하는 환경에는 맞지 않는다. 이러한 특성 때문에 로터리 딥 스위치는 회로 기판에 설치할 때 위치를 정하면 그대로 사용하는, 즉

스위치 위치	핀 1	핀 2	핀 3	핀 4
0	○	○	○	○
1	○	○	○	●
2	○	○	●	○
3	○	○	●	●
4	○	●	○	○
5	○	●	○	●
6	○	●	●	○
7	○	●	●	●
8	●	○	○	○
9	●	○	○	●
A	●	○	●	○
B	●	○	●	●
C	●	●	○	○
D	●	●	○	●
E	●	●	●	○
F	●	●	●	●

그림 7-6 출력 핀이 4개인 실제 코드(real-coded) 16 위치 로터리 딥 스위치의 양과 음의 상태. 이때 스위치의 공용 핀은 전력 공급 장치의 + 단자와 연결되어 있다고 가정한다. 10 위치 로터리 딥 스위치에는 0에서 9까지의 상태가 있다. 보완 코드(complement-coded) 스위치는 +와 -의 상태가 반전된다.

'한 번 설정하고 관리하지 않는' 부품에 가깝다.

스위치의 위치를 고유의 이진 패턴으로 정의하기 때문에, 로터리 스위치는 절대 위치 인코딩 absolute encoding을 하는 부품에 속한다. 이와는 대조적으로, 로터리 인코더는 샤프트가 회전하면서 구분되지 않는 연속 펄스를 발생하는 상대 위치 인코딩relative encoding 방식을 이용한다.

실제 코드real coded 로터리 딥 스위치는 이진수 1이 존재하는 곳에서는 항상 입력 핀과 출력 핀을

연결한다. 보완 코드complement coded 로터리 딥 스위치는 출력이 반전된다. 로터리 딥 스위치는 일차적으로 마이크로컨트롤러와 함께 사용하는 것을 고려한 부품이다. 연결된 마이크로컨트롤러의 이진수 입력 핀 4개에서 신호를 받아 로터리 스위치의 16개 위치를 감지하는 것이다.

일부 제조업체에서는 6핀형 로터리 딥 스위치를 생산하고 있다. 이 제품은 핀 3개가 두 줄로 나열되어 있으며, 각 열의 중앙 핀 두 개는 내부적으로 서로 연결되어 있어 스위치의 극 역할을 한다.

로터리 딥 스위치 유형은 나사형 모델과 손잡이가 달린 모델이 출시되어 있다. 나사형 모델은 회로 기판이 여러 장 쌓여 있을 때, 부품의 높이를 최소화하는 데 적절하게 사용할 수 있다. 직각으로 부착할 수 있는 모델은 회로 기판에 대해 90도로 서 있으면서 핀이 차지하는 공간을 줄인다. [그림 7-5]의 왼쪽 스위치가 이러한 유형이다.

로터리 딥 스위치는 대부분 스루홀 타입이지만, 표면 장착형 모델도 출시되어 있다. 로터리 딥 스위치는 PCB에 웨이브 납땜을 하는 동안 내부 부품을 보호하기 위해 밀봉되어 있다.

그레이 코드

창시자 프랭크 그레이의 이름에서 딴 그레이 코드gray code는 스위치 출력에서 절대 위치 인코딩 방식을 이용하는 시스템이다. 이 시스템에서는 비순차적으로 연결된 1과 0을 이용하며, 데이터가 바뀔 때는 인접 코드가 단 1만큼 차이가 나도록 변경된다. 그레이 코드를 이용하면 스위치가 회전하면서 출력값이 바뀔 때, 변경되는 각 코드 간의 시간차로 인해 발생하는 해석의 오류를 줄일 수 있

그림 7-7 이 소형 스위치는 PCB에 삽입해 사용한다. 스위치를 포함하는 제품이 최종 사용자에게 가기 전에 제품의 옵션을 설정하는 데 사용된다.

다. 일부 로터리 스위치와 로터리 인코더에서 그레이 코드 출력을 지원한다. 마이크로컨트롤러에서 출력값을 스위치 위치의 회전각으로 변환하기 위해서는 색인표lookup table를 이용해야 한다.

PCB 로터리 스위치

인코딩하지 않은 신호를 출력하는 소형 스위치 중 PCB에 장착해 사용하는 제품이 있는데, 이 제품은 위치를 선택하기 위해 드라이버나 육각 렌치를 이용해야 한다. [그림 7-7]은 단일 극 8위치 소형 로터리 스위치다. 스위치 접점은 30VDC에서 0.5A를 전달할 수 있도록 규격이 정해져 있으나, 능동적으로 전류를 스위치하는 부품은 아니다.

기계식 인코더

기계식 인코더mechanical encoder는 로터리 딥 스위치와 기능이 비슷하나, 보다 거친 환경에서 사용

할 수 있다. 기계식 인코더의 출력은 샤프트의 위치에 따라 십진수를 이진수의 형태로 출력하며, 크기는 소형 로터리 스위치 정도로 패널 장착형으로 설계되어 있다. 그레이힐Grayhill 시리즈 51은 12위치를 지원하며, 각 위치에서는 4개의 단자로 코드를 생성한다. 본즈Bourns 사의 EAW 제품은 128위치를 제공하며, 각 위치는 8개의 단자로 코드를 생성한다.

푸시 휠과 섬 휠

푸시 휠 스위치pushwheel switch는 단순한 전기기계식 장치로, 사용자는 푸시 휠 스위치를 이용해 데이터 처리 장치에 숫자를 입력할 수 있다. 이 부품은 산업 공정 제어에 흔히 사용된다. 십진형 모델은 숫자가 인쇄된 바퀴 모양의 스위치로, 보통 검은 바탕에 흰색 숫자가 0에서 9까지 인쇄되어 있다. 스위치 앞면에는 창이 있어 스위치를 돌릴 때마다 사용자가 선택하는 숫자를 확인할 수 있다. 바퀴 아래쪽에는 마이너스(-) 기호가 새겨진 버튼이 있어, 버튼을 누르면 바퀴가 회전하면서 숫자가 1만큼 감소하고, 바퀴 위쪽의 플러스(+) 기호가 새겨진 버튼을 누르면 숫자가 1만큼 증가한다. 스위치 뒷면의 커넥터에는 공용(입력) 핀과 1, 2, 4, 8이라고 쓰인 출력 핀 4개가 있다. 여기에 추가로 1, 2, 3, 4의 값을 가지는 핀 세트가 제공된다. 출력 핀의 상태는 바퀴들이 현재 보여 주고 있는 값의 합이다. 보통 하나의 유닛에 푸시 휠이 2~4개 결합되지만(각각은 독립적인 커넥터 핀 세트를 가지고 있다), 푸시 휠 하나를 단독으로 사용할 수도 있고 여러 개를 일렬로 연결해 사용할 수도 있다.

섬 휠 스위치thumbwheel switch는 푸시 휠 스위치와 유사하지만, 숫자를 변경할 때 버튼 대신에 손가락으로 회전시키는 섬 휠을 이용한다. 소형 섬 휠 스위치는 PCB에 스루홀 형태로 장착할 수 있다.

16진수를 사용하는 모델도 출시되어 있다. 16진형은 0~9까지의 숫자와 A~F까지의 알파벳을 이용해 숫자를 표시하지만, 10진형에 비해 널리 사용되지는 않는다.

키록

키록 스위치keylock switch는 일반적으로 위치가 두 개인 로터리 스위치로, 이 스위치를 회전시키려면 샤프트 위에 있는 열쇠 구멍에 열쇠를 삽입해 돌려야 한다. 키록 스위치는 언제나 오프-(온) 설정만 가능하며 보통 전원 제어용으로 사용한다.

키록 스위치는 엘리베이터의 비상 제어 장치, 금전 등록기 같은 장치에서 찾아볼 수 있으며, 데이터 처리 장비에서 시스템 관리자에게 전원을 켜고 끄는 권한을 허용할 때에도 사용된다.

부품값

일반 사이즈의 로터리 스위치 규격은 용도에 따라 0.5A/30VDC부터 5A/125VAC에 이르기까지 다양하다. 이 가운데 극히 일부가 30A/125VAC의 규격을 갖기도 한다. 이 제품은 고성능으로 내구성이 강하며 가격이 비싸다.

일반적인 로터리 딥 스위치의 규격은 30mA/30VDC이며, 안전 전류 허용량(스위칭이 일어나지 않을 때 직류)은 100mA/50VDC를 넘지 않는다.

모드나 조건을 선택하는 기존 용도 외에도 로터리 스위치는 사용자가 편리하게 데이터 값을 입력할 수 있는 방법을 제공한다. 예를 들어 위치가 10개인 스위치를 세 개 사용하면 000부터 999까지의 십진수를 입력할 수 있다.

로터리 스위치를 마이크로컨트롤러와 함께 사용할 경우 접점 주위에 다접점 분압기voltage divider와 비슷한 저항 사다리resistor ladder가 형성된다. 이로 인해 회전자가 회전해 하나의 위치에 놓이면 양의 전압과 음의 그라운드 사이에 하나의 전위가 결정된다. 이러한 개념을 [그림 7-8]에서 설명하고 있다. 그림에서 저항들은 모두 같은 값이다. 이렇게 결정된 전압은 마이크로컨트롤러가 스위치와 같이 그라운드에 연결된 경우에 한해 마이크로컨트롤러의 입력으로 사용할 수 있다. 마이크로컨트롤러 내부의 아날로그-디지털 컨버터는 전압을 디지털 값으로 해석한다. 이러한 구조는 제어가 대

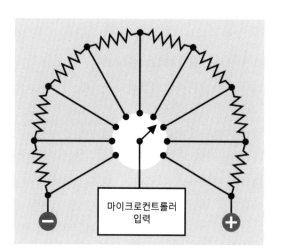

그림 7-8 로터리 스위치의 접점 주위에 저항 사다리가 형성되어 있고, 스위치의 극은 아날로그-디지털 컨버터가 내장된 마이크로컨트롤러에 연결되어 있다. 마이크로컨트롤러는 전압 입력값을 내부 디지털값으로 변환한다. 따라서 하나의 핀으로 12개의 입력 상태를 감지할 수 있다.

단히 빠르며, 마이크로컨트롤러 핀 하나만을 이용해 12개의 입력 상태를 감지할 수 있다는 장점이 있다.

그림과 같이 저항 8개가 포함된 저항 사다리에서 각각의 저항은 250Ω이다(특정 마이크로컨트롤러의 사양은 다른 값을 요구할 수 있다). 이때 입력값이 모호해지는 것을 피하기 위해 비단락 로터리 스위치를 사용해야 한다. 스위치의 회전자가 하나의 접점에서 다음 접점으로 넘어갈 때 '플로팅floating' 상태, 즉 어느 쪽에도 연결되지 않는 위험을 방지하기 위해 마이크로컨트롤러의 입력 핀에 대략 10K 정도 되는 풀업 저항pullup resistor을 추가할 수 있다. 또한 마이크로컨트롤러가 일정 시간 동안 스위치의 신호를 무시하도록 귀선 소거 시간blanking interval을 마이크로컨트롤러 프로그램에 포함할 수도 있다.

로터리 스위치는 전기기계식 부품이기 때문에 먼지와 습기에 특히 취약하다. 또한 로터리 인코더보다 크기가 크고 무거우며 가격도 더 비싸다. 일부 로터리 스위치는 마이크로컨트롤러와 병행해 사용하는 푸시 버튼으로 대체되어 왔는데, 디지털 알람 시계부터 휴대전화기에 이르기까지 다양하게 찾아볼 수 있다. 로터리 스위치를 대체하는 푸시 버튼은 저렴한 가격 말고도 사용 제품의 공간이 제한적일 때도 적절히 활용할 수 있다는 장점이 있다.

주의 사항

취약한 접점

최근 사용되는 대다수 로터리 스위치는 밀봉 제품

이 많지만, 그렇지 않은 제품도 있다. 접점이 노출된 스위치는 먼지와 습기에 취약해 제품의 신뢰도가 떨어진다. 구형 TV에서 이러한 약점이 문제가 되었기에 TV 채널 스위치의 접점을 주기적으로 닦아 주어야 했다.

또한 접점이 노출되면 온도 특성 시험(장비가 데워졌다 다시 냉각되는 경우)으로 발생하는 부작용에 취약하다.

접점의 과부하

값이 싼 로터리 스위치의 접점에서는 특히 아크 방전이 일어나기 쉽다. 잘 만든 토글 스위치는 사용자가 스위치를 천천히 돌릴 때에도 스냅 동작으로 움직이는 반면, 저가 스위치는 접점이 서서히 맞물리다 서서히 떨어진다. 만일 높은 전류나 전류 서지를 제어하기 위해 로터리 스위치를 사용한다면, 추가 비용이 들더라도 적합한 규격을 갖추어야 한다. 스위치에서 아크 방전을 방지하는 내용은 '아크 방전'(53쪽 참조)을 참고한다.

정렬 불량

로터리 스위치의 손잡이는 대부분 스위치의 위치를 표시하는 포인터나 흰 선을 새겨둔 경우가 많다. 이러한 포인터나 선이 패널의 인쇄 내용과 정확히 정렬되지 않으면 사용자에게 혼란을 줄 수 있다. 수작업으로 장비를 제작할 때는 스위치를 먼저 설치한 다음, 스위치의 위치 정보를 새긴 합판이나 플라스틱, 금속 조각을 제어판 위에 접착제나 나사로 고정하는 것이 좋다. 스위치가 견고하게 고정되지 않으면 반복되는 스트레스로 인해 스위치의 몸체가 살짝 틀어지게 되고, 그 결과 스

위치의 위치를 잘못 해석하게 된다.

확인되지 않은 단락 스위치

비단락 스위치를 사용해야 할 곳에 단락 스위치를 사용하면 스위치가 회전하는 동안 하나의 단자가 인접 단자와 가볍게 접촉하면서 상당히 위험한 결과를 낳을 수 있다. 회로의 여러 기능들이 동시에 활성화될 수도 있고, 최악의 경우 인접 단자들이 같은 전원의 반대 극과 연결될 수도 있다.

사용자의 남용

일반 크기의 로터리 스위치를 회전하기 위해 가하는 힘은 다른 패널 장착형 스위치에 가하는 힘보다 훨씬 더 강하다. 이로 인해 스위치에 과도한 힘을 가하게 되고, 과한 힘을 받은 스위치가 회전하면서 스위치를 고정하는 나사가 헐거워질 수 있다. 소형 로터리 스위치는 상대적으로 힘이 덜 들어가긴 하지만 그렇다고 해서 이 같은 문제가 없는 것은 아니다. 사용자가 구형 스위치에 익숙해져 소형 스위치를 사용할 때도 비슷한 크기의 힘을 가하려는 경향이 있기 때문이다.

로터리 스위치는 사용자가 거칠게 사용할 것을 예상하고 설치해야 한다. 순간 접착제나 비슷한 제품을 이용해 너트가 헐거워지는 것을 방지하는 것이 바람직하며, 스위치를 두께가 얇거나 조잡한 패널에 설치해서는 안 된다. 회로 기판에 스루홀 형식으로 장착한 소형 로터리 스위치를 사용할 때는 기판의 강도가 충분히 강한지 확인하고 적절한 방법으로 고정해야 한다.

8장

로터리 인코더

로터리 인코더rotational encoder라는 용어는 광학적 방법으로 높은 분해능을 구현하는(360도를 100등분 이상으로) 고사양 부품을 가리킬 때 사용된다. 저가의 단순한 전기기계식 장치는 컨트롤 샤프트 인코더control shaft encoder라고 한다. 그러나 최근에는 내부 접점 연결에 따라 샤프트의 회전 위치를 디지털 출력으로 변환하는 장치를 모두 로터리 인코더라 지칭하는 추세이다. 이 책에서 말하는 로터리 인코더도 이러한 개념이다. 간혹 기계식 로터리 인코더mechanical rotary encoder라고 해서 다른 방식의 로터리 인코더와 구분하는 경우가 있다. 기계식 스위치를 포함하지 않는 자기식 로터리 인코더와 광학식 로터리 인코더는 광optical 마우스 같은 장치에서 찾아볼 수 있으며, 센서로 분류해 3권에서 다룬다.

관련 부품

- 로터리 스위치(7장 참조)

역할

로터리 인코더에는 사용자가 돌릴 수 있는 손잡이가 달려 있다. 손잡이를 돌리면 LCD 화면으로 메시지를 띄우거나 스테레오 라디오 같은 장치의 입출력을 조정할 수 있다. 로터리 인코더는 대부분 마이크로컨트롤러 입력 핀에 연결하며, 일반적으로 멈춤쇠detent가 장착되어 있어 밀접한 위치를 알려 주는 촉각 피드백을 제공한다. 또한 로터리 인코더 손잡이에 순간 스위치momentary switch를 내장해, 이를 눌러 사용자가 선택하도록 하는 경우도 있다. 이 유형의 인코더는 푸시 버튼과 스위치 기능을 동시에 가지고 있다.

　로터리 인코더는 증분형incremental 소자로 상대 위치relative 인코딩 방식으로 동작한다. 즉 인코더가 회전하면서 스위치 내부의 접점이 연결되거나 끊어질 때 회전한 위치를 확인할 수 있는 데이터를 제공하지 않는다는 뜻이다. 절대 위치 인코더absolute encoder는 로터리 스위치 장에서 논의한다.

　회로도에서 로터리 인코더를 표시하는 표준화된 기호는 없다.

작동 원리

로터리 인코더 내부에는 두 쌍의 접점이 있어 샤프트가 회전할 때 한 쌍씩 연결되거나 연결이 끊어진다. 각각의 접점 쌍을 A, B라고 할 때, 시계 방향으로 회전하면 A쌍이 B쌍에 앞서 순간적으

로 연결된다. 반대로 반시계 방향으로 회전할 때
는 B쌍이 A쌍보다 먼저 연결된다(일부 인코더에
서는 위상차phase difference가 이와 반대다). 따라서
각 쌍의 접점 하나씩을 마이크로컨트롤러 입력 단
자 2개와 연결하고 각 쌍의 나머지 접점을 그라운
드와 연결하면, 마이크로컨트롤러는 연결이 먼저
끊어진 접점 쌍을 감지해 손잡이가 회전한 방향을
파악할 수 있게 된다. 이에 따라 접점이 연결될 때
마다 펄스의 수를 세고 이를 해석해 출력을 조정
하거나 화면을 업데이트할 수 있다.

[그림 8-1]은 로터리 인코더를 단순화한 도면이
다. 점선으로 그린 사각형 안의 버튼 두 개가 인
코더 내부의 두 접점 쌍이며, 칩은 마이크로컨트
롤러다. 회전 손잡이와 샤프트는 그림에 표시되
어 있지 않다. 도면에서 두 접점이 연결되었을 때
마이크로컨트롤러의 입력 상태는 0low state이 된
다. 마이크로컨트롤러의 입력 핀에는 풀업 저항을
추가해 접점 쌍의 연결이 끊어질 때 핀이 '플로팅
floating' 상태가 되는 것을 방지한다.

[그림 8-2]는 인코더가 시계 방향(위)으로 회전

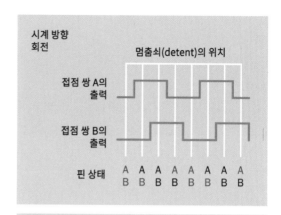

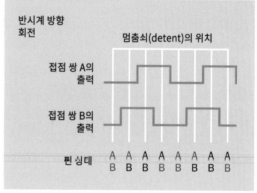

그림 8-2 각 접점 쌍의 접점 하나가 동시에 그라운드에 연결되어 있다고
가정했을 때 로터리 인코더의 가상 출력. 그림의 'high' 펄스는 접점 쌍이
접지되어 있음을 나타낸다. 인코더 종류에 따라 회전수당 펄스 개수에 대
한 멈춤쇠 개수는 달라진다.

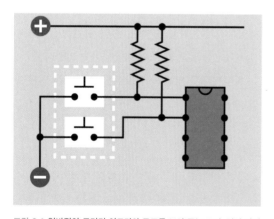

그림 8-1 일반적인 로터리 인코더의 구조를 보여 주는 도면. 점선 안의
푸시 버튼은 인코더 내부의 접점을 표시한 것이다. 칩은 마이크로컨트
롤러다.

한 후 반시계 방향(아래)으로 회전할 때 인코더의
출력을 그림으로 설명하고 있다. 일부 인코더는
이 위상 시퀀스phase sequence가 반대일 수 있다. 접
점 쌍 중 공통 단자가 그라운드와 연결되어 있다
고 가정할 때, 핀의 상태를 빨간색과 검정색으로
표시했다. 따라서 실제로 그림에서 'high' 펄스일
때 인코더의 출력은 접지 상태임을 뜻한다.

마이크로컨트롤러가 보편화되고 로터리 인코
더 가격이 저렴해지면서, 낮은 전류 스위칭에는
로터리 스위치를 대신해 마이크로컨트롤러와 로
터리 인코더를 조합해 사용하고 있다. 로터리 인

코더와 마이크로컨트롤러의 조합은 매우 다재다능하여, 거의 무제한에 가까운 메뉴를 표시하고 옵션으로 제어할 수 있게 해준다.

다양한 유형

기계식 접점을 포함하는 로터리 인코더에는 절대식과 상대식이 있다. 절대식 인코더는 각각의 특정한 회전 위치에 대응하는 코드를 생성하는데, 보통은 4개 이상의 핀을 이용해 이진수로 출력한다. 이에 관한 내용은 본 백과사전 로터리 스위치장의 기계식 인코더mechanical encoder에서 논의한다. 여기서는 상대식 인코더에 속하는 유형을 소개한다.

펄스와 멈춤쇠

현재 생산되는 로터리 인코더는 종류가 다양하며, 회전당 펄스의 수pulses per rotation(PPR)가 4에서 많게는 24에 이르며, 멈춤쇠는 12에서 36까지 있다(멈춤쇠가 전혀 없는 모델도 일부 존재한다). [그림 8-2]에서 보이는 펄스와 멈춤쇠 사이의 관계는 전형적인 경우를 다룬 것이지만 일반적이라고 할수는 없다. 멈춤쇠의 개수 역시 회전당 펄스의 수와 비교할 때 특별한 상관관계가 없다.

형태

로터리 인코더는 보통 패널 장착형이거나 스루홀 형태의 부품이다. 스루홀 형태의 제품은 대부분 수평으로 꽂아 사용하며, 기판에 90도로 꽂는 모델도 일부 있다.

출력

스위치가 두 개인 인코더는 총 4개의 스위치 상태 조합이 가능하다. 즉 OFF-OFF, ON-OFF, OFF-ON, ON-ON이다. 이러한 출력을 정방형 출력quadrature output이라고 한다. 이 책에서 다루는 모든 로터리 인코더는 정방형 출력 시스템을 따른다.

회전 저항

사용자가 손잡이를 돌릴 때 걸리는 저항력의 크기는 로터리 인코더마다 다양하다. 이는 크게 볼 때 멈춤쇠의 기능에 좌우된다. 그렇다 해도 일반적으로 로터리 인코더의 회전 저항은 로터리 스위치보다 적은 편이며 손잡이도 견고하지 않다. 로터리 인코더는 절대 위치 정보가 없는 펄스의 흐름만 생성하기 때문에 포인터가 달려 있는 손잡이는 그 모양과 무관하게 적절하지 않다.

부품값

사실상 거의 모든 로터리 인코더는 12VDC 이하의 저전압에서 작동하도록 설계되어 있다. 전류 역시 저전류여야 한다. 로터리 인코더의 용도가 마이크로컨트롤러의 입력값을 생성하려는 것임을 생각하면 이는 당연하다. 다음 페이지 [그림 8-3]에서 여러 종류의 로터리 인코더를 보여 주고 있다. 맨 뒤의 것은 1회전당 9펄스(9PPR), 멈춤쇠 36개, 규격은 10mA/10VDC이다. 맨 왼쪽 것은 20PPR, 멈춤쇠가 20개며 스위치가 있다. 맨 오른쪽은 24PPR이며 멈춤쇠가 없고, 규격은 1mA/5VDC이다. 가운데(파란색)는 16PPR이며 멈춤쇠는 없고, 규격은 1mA/5VDC이다. 맨 앞의 것은 12PPR, 멈춤쇠 24개, 규격 1mA/10VDC이며, 회전

그림 8-3 다양한 종류의 로터리 인코더. 자세한 내용은 본문 참조.

자를 돌리기 위해서는 육각 렌치나 이와 유사한 도구가 필요하다.

접점 반동

기계식 스위치는 대부분 접점이 연결될 때 어느 정도는 접점 반동contact bounce 문제가 있다. 로터리 인코더의 데이터시트에는 반동이 일어나는 시간을 대략 2~5ms로 규정하는데, 이 시간을 정착 시간settling time이라고도 한다. 당연한 얘기지만 이 값은 낮을수록 좋다. 인코더로부터 위치 정보를 해석하는 마이크로컨트롤러는 스위치가 닫힌 후의 반동 시간 동안에는 어떤 신호도 무시하는 반동 제거 루틴, 즉 디바운싱 루틴debouncing routine을 포함하기도 한다.

마찰 잡음

마찰 잡음sliding noise은 정확히 접점 반동의 반대다. 두 접점이 연결되고 그 후 손잡이가 두 접점을 문지르며 지나갈 때(로터리 인코더 내부에서 손잡이가 돌아가는 동안에 이런 일이 발생한다), 연결이 순간적으로 끊어질 수 있다. 로터리 인코더의 데이터시트에서는 일반적으로 이에 대한 규격은 제공하지 않는다.

사용법

위에서도 언급했듯이 로터리 인코더는 마이크로컨트롤러나 이와 유사한 장치와 함께 사용해 접점 쌍 사이의 위상차를 해석하고, 손잡이가 돌아가는 동안 접점이 열리고 닫히는 횟수를 셀 수 있다(이 목적을 위해 따로 칩이 설계된 경우도 있다).

모터의 샤프트 회전에 관한 피드백을 제공하기 위해 스텝 모터stepper motor를 이용하는 것도 고려할 만하다. 이때에도 출력은 각가속도angular acceleration의 계산 결과로 해석될 수 있다.

로터리 인코더 사용에서 가장 어려운 부분은 마이크로컨트롤러를 프로그램하는 것이다. 프로그램은 대체적으로 다음의 의사코드pseudocode가 제안하는 시퀀스를 따라야 한다.

확인

- 인코더에 푸시 버튼 스위치가 포함되어 있다면 이를 확인한다. 푸시 버튼을 누르면 해당 서브루틴으로 간다.
- 접점 A의 상태
- 접점 B의 상태

현재 상태를 이전에 저장한 A와 B의 상태와 비교한다. 상태가 변하지 않았다면 **확인**을 반복한다.

반동 제거

- 접점 상태를 50ms에 한 번씩 빠르게 반복해서 다시 확인한다. 동시에 A와 B의 접점 상태를 카운트한다(50ms라는 시간은 인코더에 따라 조정할 수 있다. PPR이 높은 인코더는 펄스 간격이 더 짧아지는 경향이 있다).
- 변경된 상태의 총횟수를 변경되지 않은 상태와 비교한다.

만일 변경된 상태의 수가 상대적으로 적다면, 이 신호는 접점 반동이나 마찰 잡음 오류일 가능성이 높다. 확인 으로 돌아가서 다시 시작한다.

해석

- 다음 4가지 가능성으로부터 회전 방향을 유추한다.
  - 이전에 닫혀 있던 접점 A가 열렸다.
  - 이전에 열려 있던 접점 A가 닫혔다.
  - 이전에 닫혀 있던 접점 B가 열렸다.
  - 이전에 열려 있던 접점 B가 닫혔다.
    (이러한 변화가 어떻게 해석되는지는 인코더 유형에 따라 결정된다)
- 필요하다면 회전 방향이 저장된 변숫값을 수정한다.
- 회전 방향에 따라 펄스의 수를 카운트하는 변수를 증가 또는 감소시킨다.
- 회전 방향과 축적된 펄스의 수에 맞는 행동을 취한다.
- 다시 확인 으로 돌아간다.

주의 사항

접점 반동

마이크로컨트롤러에 프로그램된 반동 제거 알고리즘 말고도, 인코더의 출력 단자에 각각 0.1μF의 바이패스 커패시터bypass capacitor를 삽입하면 스위치의 반동 문제를 줄이는 데 도움이 된다.

접점 손상

로터리 인코더는 TTLtransistor-transistor logic 호환이 가능하다. LED 같은 소규모 출력 장치를 구동하는 용도로는 적합하지 않다. 로터리 인코더의 접점은 극도로 민감하기 때문에 특정 전류 이상을 스위치하면 쉽게 손상된다.

9장

릴레이

무접점 릴레이solid state relay와 구분하기 위해 electromagnetic armature relay라고 알려져 있다. 그러나 이렇게 정확한 명칭을 사용하는 경우는 거의 없다. 전기기계식 릴레이electromechanical relay라고도 하나, 무접점 릴레이가 아닌 릴레이를 일반적으로 릴레이라고 한다.

관련 부품

· 무접점 릴레이(2권)
· 스위치(6장 참조)

역할

릴레이는 별도로 분리되어 흐르는 전기를 스위칭 switch on 또는 switch off할 수 있는 신호 또는 펄스를 만들어 낸다. 릴레이는 보통 낮은 전압/전류로 더 높은 전압/전류를 제어할 때 사용한다. 즉 크기가 작고 저렴한 스위치를 이용해 낮은 전압/전류 신호를 만들어 굵기가 가는 저렴한 도선을 통해 릴레이로 전달하면, 릴레이는 부하 근처에서 더 높은 전류를 제어하게 된다. 자동차의 시동을 걸 때, 시동 스위치를 돌려 시동 모터 근처에 위치한 릴레이로 신호를 보내는 게 한 예이다.

무접점 릴레이가 더 빠르고 신뢰도도 높지만, 릴레이도 여러 장점이 있다. 릴레이는 쌍접점 또는 다중 극의 스위칭을 다룰 수 있으며, 높은 전압 또는 전류를 다뤄야 할 때는 저렴한 비용으로 접근할 수 있다. 무접점 릴레이와 트랜지스터에 대한 릴레이의 상대적인 장점은 [그림 28-15]의 양극성 트랜지스터 장에서 정리했다(268쪽 참조).

단접점 릴레이의 회로 기호는 [그림 9-1], 쌍접점 릴레이 기호는 다음 페이지 [그림 9-2]에서 볼 수 있다. 기호에서 코일 및 접점의 모양과 방향은 바뀔 수 있으나 기능은 동일하다.

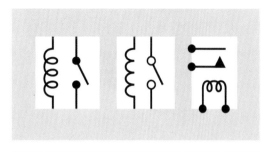

그림 9-1 SPST 릴레이를 표시할 때 널리 사용되는 회로 기호. 위 세 가지 예는 기능적으로 동일하다.

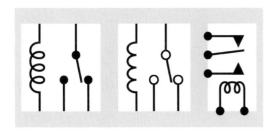

그림 9-2 SPDT 릴레이를 표시할 때 널리 사용되는 회로 기호. 위 세 가지 예는 기능적으로 동일하다.

작동 원리

릴레이는 코일 하나, 철심armature 하나, 최소한 한 쌍 이상의 접점을 포함한다. 코일에 전류가 흐르면 전자석electromagnet처럼 작용하면서 주위에 자기장을 형성한다. 이것이 철심을 끌어당기는데, 철심은 받침대에 고정되어 있어 당겨지면서 접점을 연결하거나 끊는다. [그림 9-3]은 이 내용을 단순화한 DPST 릴레이이다. 구분을 위해 철심은 회색, 코일은 빨간색, 접점은 주황색으로 표시했다.

두 파란색 블록은 절연 물질로 만든 것이다. 왼쪽 블록은 접점의 금속 띠를 지탱하고, 오른쪽 블록은 코일로 인해 형성된 자기장에 반응하여 철심이 움직일 때 접점 아래를 받치면서 눌러 주는 역할을 한다. 접점과 코일 사이의 전기적 연결은 그림을 단순화하기 위해 생략했다.

[그림 9-4]는 다양한 전압과 전류를 다룰 수 있는 여러 가지 소형 릴레이다. 맨 위 왼쪽은 자동차용 12VDC 릴레이로, 바로 아래에 보이는 소켓에 끼워 사용한다. 맨 위 오른쪽은 24VDC SPDT 릴레이로 코일과 접점이 노출되어 있어 청결하고 건조한 환경에서만 사용해야 한다. 바로 그 아래에는 다양한 색상의 플라스틱 케이스로 밀봉되어 있는 릴레이 4개가 있는데, 규격은 각각 5A/250VAC, 10A/120VAC, 0.6A/125VAC, 2A/

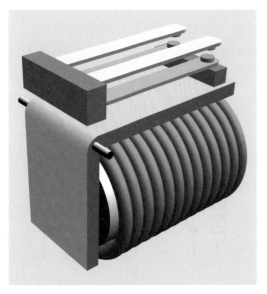

그림 9-3 DPST 릴레이의 기본 원리를 단순화한 그림. 자세한 내용은 본문 참조.

그림 9-4 다양한 DC 전원용 소형 릴레이. 자세한 내용은 본문 참조.

30VDC이다. 파란색 릴레이 두 개는 12VDC 코일을, 빨간색과 노란색 릴레이는 5V 코일을 포함하고 있다. 노란색을 제외한 릴레이들은 모두 비래칭non-latching 타입이고, 노란색 릴레이는 코일이 두 개 있는 래칭latching 타입이다. 아래 왼쪽은 12VDC 릴레이로 투명한 케이스에 들어 있으며, 규격은 5A/240VAC 또는 30VDC이다.

릴레이 규격은 스위치에서 사용하는 약어를 동일하게 사용해 표시한다. 즉, SP, DP, 3P, 4P가 각각 하나, 둘, 셋 또는 네 개의 극을 나타낸다(4극 이상의 릴레이는 극히 드물다). STP와 DTP는 단접점 또는 쌍접점 스위칭을 나타낸다. 이러한 약어는 일반적으로 3PST 또는 SPDT처럼 확장하여 사용할 수 있다. 또한 A형(상시 열림), B형(상시 닫힘), C형(쌍접점)과 같은 용어도 사용할 수 있으며, 이때 앞의 숫자로 극의 개수를 표현한다. 따라서 2C형은 DPDT 릴레이를 뜻한다.

다양한 유형

래칭

릴레이에는 기본적으로 래칭latching형과 비래칭non-latching형이 있다. 비래칭 릴레이는 single side stable 타입으로 알려져 있으며 가장 널리 사용되는 유형이다. 비래칭 릴레이는 푸시 버튼 또는 순간 스위치momentary switch처럼 릴레이에 대한 전원 공급이 멈추면 접점이 기본 상태로 되돌아간다. 이 기능은 전원을 상실했을 때 사용자가 릴레이의 상태를 알아야 하는 응용에서 대단히 중요하게 쓰인다. 대조적으로 래칭 릴레이는 기본 상태가 없다. 래칭 릴레이는 거의 언제나 쌍접점이며

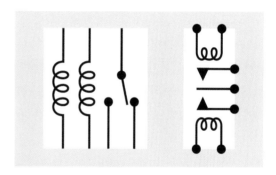

그림 9-5 더블 코일 래칭 릴레이의 회로 기호. 두 기호는 기능적으로 동일하다.

전원이 없을 때는 둘 중 하나의 상태로 남아 있다. 릴레이의 상태를 변경하기 위해서는 짧은 펄스만 있으면 된다. 이는 반도체 용어인 플립플롭flip-flop 동작과 비슷하다.

단일 코일single-coil 래칭 릴레이는 코일에 가해지는 전압의 극성에 따라 연결할 접점 쌍과 끊을 접점 쌍을 결정한다. 더블 코일dual-coil 래칭 릴레이는 두 번째 코일이 철심을 움직여 개방 또는 폐쇄 두 상태 중 하나로 놓는다.

[그림 9-5]는 더블 코일 래칭 릴레이의 회로 기호다. 일부 기호는 각각의 코일이 유도하는 스위치의 위치가 명확하지 않다. 따라서 제조업체의 데이터시트를 참조하거나 간단한 테스트로 위치를 확인해야 한다. 테스트는 릴레이에서 임의로 선택한 단자 쌍에 정격 전압을 가하고 다른 단자 쌍에도 계속 전압을 가하면서 진행한다.

극성

DC 릴레이는 세 유형이 있다. 무극 릴레이neutral relay는 코일에 흐르는 DC 전류의 극성과 상관없이, 전류가 어느 방향으로 흐르든 동일하게 동작한다. 유극 릴레이polarized relay는 코일에 직렬로

다이오드를 연결해 한쪽 방향의 전류를 차단한다. 바이어스 릴레이biased relay는 영구 자석이 철심 근처에 들어 있어, 전류가 코일을 통해 한쪽 방향으로 흐를 때는 릴레이의 동작을 극대화하지만, 전류가 반대 방향으로 흐를 때는 철심의 반응을 차단한다. 제조업체의 데이터시트에서는 이러한 용어를 사용하지 않을 수 있으나, 릴레이 코일이 DC 전압의 극성에 민감한지 여부는 설명하고 있다.

모든 릴레이는 AC 전류를 스위칭할 수 있지만, AC 릴레이로 규정된 제품은 오직 AC 전류만 코일에 흐르도록 설계되어 있다.

다양한 핀 배치도

릴레이 핀이나 빠른 연결 단자의 배치와 기능은 제조업체 간에 표준화가 이루어지지 않았다. 대부분 릴레이 표면에 핀의 기능이 인쇄되어 있지만, 제조업체의 데이터시트를 항상 참조하고 측정 장

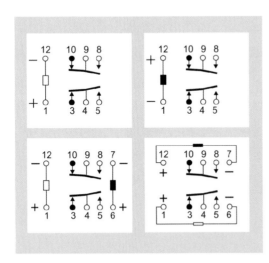

그림 9-6 제조업체의 데이터시트에서 가장 널리 이용되는 유형의 릴레이 핀 배치도. 다양한 릴레이 유형을 보여 주고 있다. 위 왼쪽은 단일 코일 비래칭 릴레이. 위 오른쪽은 단일 코일 래칭 릴레이. 아래 왼쪽은 더블 코일 래칭 릴레이. 아래 오른쪽은 더블 코일 래칭 릴레이로 핀 배치가 다른 유형(파나소닉 데이터시트에서 참조).

치를 이용해 연속성을 확인해야 한다.

[그림 9-6]은 제조업체 데이터시트에서 가져온 4가지 핀 배치 예다. 이 예에서 사용된 릴레이는 모두 DPDT 릴레이지만, 기능은 매우 다르다. 회로도에서 릴레이의 코일은 직사각형, 핀은 원으로 표시하고 있다. 검은색은 전원이 공급된 상태, 흰색은 전원이 공급되지 않은 상태를 나타낸다. 굽은 선은 릴레이 안의 다른 접점과 극 사이의 가능한 연결을 표시한다. 접점은 화살표로 표시했다. 따라서 4번 극은 3번 또는 5번 접점, 9번 극은 8번 또는 10번 접점과 각각 연결될 수 있다.

위 왼쪽은 전원에 연결되지 않은 휴지 상태의 유극 비래칭 릴레이이고, 위 오른쪽은 단일 코일 래칭 릴레이다. 표시된 극성대로 코일에 전원을 연결했을 때 전원에 연결된 접점(검은 원)이 보인다. 극성이 반대로 연결되면 릴레이는 반대 상태로 넘어간다. 일부 제조업체는 +/- 기호를 이용해 반대 극성의 옵션을 표시하기도 한다. 아래 왼쪽과 아래 오른쪽은 더블 코일이 들어 있는 유극 래칭 릴레이다. 핀 배치가 다르다는 것을 알 수 있다.

이 도면은 릴레이를 위에서 본 것이다. 일부 데이터시트는 아래에서 보거나 양쪽에서 본 릴레이를 표시하기도 한다. 일부 제조업체는 내부 기능과 특징을 표시하기 위해 이와 다른 기호를 사용한다. 의심스러울 때는 측정기를 사용해 확인하는 것이 좋다.

리드 릴레이

리드 릴레이reed relay는 전기기계식 릴레이 중 가장 작은 형태로 계측 또는 통신 장비에서 주로 이용한다. 코일 저항은 500~2,000Ω까지 다양하며,

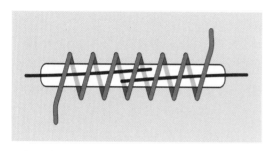

그림 9-7 리드 릴레이를 단순화한 도식. 자화된 리드 스위치가 유리 또는 플라스틱 케이스 안에 들어 있고, 이를 감고 있는 코일로 작동한다.

전력 소모가 대단히 적다. 구조는 리드 스위치에 코일을 감아 놓은 형태다. [그림 9-7]은 단순한 개념도이다. 자화magnetized된 검은색 접점 두 개가 유리 또는 플라스틱 케이스에 싸여 있고, 주위를 감고 있는 코일로 인해 자기장이 형성되면 서로 잡아당겨 연결된다. 코일에 가해진 전원이 끊어지면 자기장이 흐트러지면서 접점은 떨어진다.

[그림 9-8]의 위 왼쪽과 가운데 오른쪽은 모두 리드 릴레이다. 아래 왼쪽의 릴레이는 구리 코일

그림 9-8 리드 릴레이. 맨 아래 릴레이는 케이스를 일부 제거하여 내부의 구리 코일과 접점을 보여 주고 있다.

과 내부 구조를 보여 주기 위해 연마기로 오른쪽 릴레이 케이스를 갈아 낸 것이다. 캡슐 안에 릴레이의 접점이 보인다.

표면 장착형 리드 릴레이의 크기는 0.5″×0.2″(1.3cm×0.5cm)보다 더 작아질 수 있다. 스루홀 타입은 보통 0.7″×0.3″(1.8cm×0.8cm) 크기로 핀이 두 줄로 나열되어 있고 일부는 SIP 패키지로도 이용할 수 있다.

리드 릴레이는 스위칭할 수 있는 전류 용량이 제한되어 있어, 유도성 부하를 스위칭하는 데에는 부적절하다.

저신호 릴레이

저신호 릴레이small signal relay는 리드 릴레이처럼 크기가 작지만 높이가 있어 조금 더 높은 전류가 코일에 흘러도 되며, 스위칭할 수 있는 전압/전류도 조금 높다. 핀은 두 줄로 배치되어 있으며, 두 열 사이의 공간은 0.2″ 또는 0.3″(0.5~0.7cm)이다. [그림 9-4]의 빨간색과 주황색 릴레이가 저신호 릴레이이다.

차량용 릴레이

차량용 릴레이automotive relay는 대개 큐브 모양의 검은색 플라스틱 케이스로 겉을 싸고 빠른 연결 단자가 아래에 있어 소켓에 꽂아 사용한다. 차량용 릴레이는 당연히 12VDC 전원을 스위치하고, 또 이 전원으로 스위치되도록 설계되어 있다.

다용도/산업용

다용도 릴레이는 대단히 폭넓은 범위를 다루며 대체로 크기를 고려하지 않고 제작한다. 다용도 릴

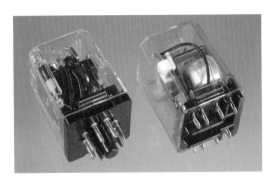

그림 9-9 12VDC를 전원으로 사용하는 릴레이. 240VAC에서 10A까지 스위칭할 수 있다.

레이는 높은 전압에서 높은 전류를 스위칭할 수 있다. 일반적으로 이들은 옥탈 베이스octal base형 소켓에 맞게 설계되었다(옥탈 베이스 소켓은 한때 진공관에 사용하기도 했다). 따라서 베이스는 납땜한 탭, 나사 또는 빠른 연결 단자로 마무리되어 있고, 차대chassis에 나사로 고정한다. 이로 인해 릴레이의 납땜을 녹이지 않고도 분해하거나 교체할 수 있다.

[그림 9-9]는 산업용 릴레이이다. 둘 다 12VDC 코일이 들어 있는 DPDT 형으로, 규격은 10A/240VAC이다. 왼쪽은 옥탈 베이스 형태이다. 옥탈 베이스에 맞는 옥탈 소켓은 [그림 9-10]에서 볼 수 있다.

시간 지연 릴레이

산업 공정 제어용으로 널리 사용되는 시간 지연 릴레이time delay relay는 미리 설정한 시간 간격에 따라 어떻게 반복할지 프로그래밍하면 온-오프 신호를 스위치할 수 있다. [그림 9-11]의 릴레이는 12VDC 코일을 가진 것으로, 240VAC에서 10A까지 스위치할 수 있다. 옥탈 베이스이다.

접촉기

접촉기contactor는 릴레이와 기능이 비슷하나 훨씬

그림 9-10 나사 단자가 있는 옥탈 소켓. 옥탈 베이스형 릴레이에 사용할 수 있다.

그림 9-11 시간 지연 릴레이의 제어 스위치. 온-오프의 시간 간격을 따로 설정할 수 있다.

더 높은 전압(수 kV)과 전류(수천 A까지)를 스위칭하도록 설계한 것이다. 접촉기는 손바닥만한 크기부터 직경이 30cm 이상인 것까지 다양하며, 매우 큰 모터나 전력 소모가 많은 전등, 빈번히 사용되는 전원 공급 장치 등을 제어할 때 사용된다.

부품값

일반적으로 데이터시트는 접점의 최대 전압과 전류, 코일의 정격 전압과 전류를 규정하지만, 일부는 코일의 정격 전류 대신 코일의 저항을 표시하기도 한다. 이때 옴의 법칙Ohm's Law을 이용해 대략적인 전류 소비량을 계산할 필요가 있다. 릴레이를 작동시키는 데 필요한 최소 전압을 동작 전압must operate by voltage이라고 하며, 'XX 전압에서 작동해야 한다'라고 표시하기도 한다. 또한 복귀 전압must release by voltage은 릴레이의 작동이 풀리는 순간의 전압, 즉 릴레이가 작동하지 않는 최대 코일 전압이다. 릴레이 규격은 코일에 상당 시간 전원을 가한 상태라는 가정에서 정한 것이며, 그렇지 않은 경우는 따로 표시한다.

릴레이의 접점 규격으로 큰 부하를 스위치할 수 있다고 판단할 수 있지만, 그렇다고 해서 크기가 큰 유도성 부하를 스위치할 수 있다는 의미는 아니다.

리드 릴레이

코일 전압은 대체로 5VDC이며 접점 규격은 최대 0.25A/100V이다. 스루홀(PCB) 버전의 코일 전압은 5VDC, 6VDC, 12VDC, 24VDC이다. 일부 제품은 100V 전압에서 0.5A~1A를 스위칭할 수 있다고 주장하나 이 규격은 엄밀히 말해 비유도성 부하에만 해당된다.

저신호 릴레이

코일 전압은 대체로 5VDC에서 24VDC 사이이며, 약 20mA를 끌어당긴다. 비유도성 부하에 대한 최대 스위칭 전류의 범위는 1A~3A이다.

산업용/다용도 릴레이

코일 전압이 48VDC 또는 125VAC에서 250VAC까지 다양하다. 접점 규격은 보통 5A에서 30A이다.

차량용 릴레이

코일 전압은 12VDC이며, 접점 규격은 보통 최대 24VDC에서 5A이다.

시간 지연 릴레이

일반적으로 코일 전압은 12VDC, 24VDC, 24 VAC, 125VAC, 또는 230VAC로 정해진다. 시간 간격은 0.1초부터 간혹 9,999시간에 이르는 경우도 있다. 접점에 대한 일반 규격은 5A에서 최대 20A까지이며, 전압은 125V에서 250V(AC 또는 DC)이다.

사용법

릴레이는 식기 세척기, 세탁기, 냉장고, 에어컨, 복사기 등의 가전제품, 또는 컨트롤 스위치나 온도 감지기, 그 외 전기회로를 이용해 상당한 크기의 부하(예를 들어 모터나 컴프레서compressor)를 스위치해야 하는 제품에서 찾아볼 수 있다.

다음 페이지 [그림 9-12]는 릴레이를 활용한 예제다. 그림에서 마이크로컨트롤러의 신호(5VDC에서 수 mA)가 릴레이를 제어하는 트랜지스터

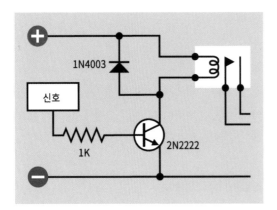

그림 9-12 마이크로컨트롤러 등의 디지털 소스에서 나오는 신호가 릴레이를 구동하는 트랜지스터의 베이스로 들어가면 상당한 크기의 전압을 스위칭할 수 있다.

의 베이스로 들어간다. 이런 식으로 출력 신호는 125VAC에서 10A를 스위칭할 수 있다. 정류 다이오드가 릴레이 코일과 병렬로 연결되어 있음을 눈여겨보도록 한다.

래칭 릴레이는 전원 스위치가 꺼지거나 방해받을 경우에도 연결을 계속 유지하거나 전력 소모를 최소화하는 경우에 유용하게 사용할 수 있다. 이러한 예로 보안 장비를 들 수 있다. 이때 래칭 릴레이의 기본 설정을 복원하기 위해 '전원 리셋' 기능이 필요하다.

[그림 9-13]은 전압 스파이크를 막기 위한 가능한 모든 보호를 포함하는 회로다. 이 회로에는 릴레이 접점을 보호하기 위한 스너버snubber, 릴레이 코일에서 발생하는 역기전력을 차단하는 정류 다이오드, 릴레이가 모터의 스위치를 켜고 끌 때 모터로 인해 발생하는 기전력으로부터 릴레이를 보호하는 정류 다이오드가 포함되어 있다. 모터가 상대적으로 낮은 전류를 사용하거나(5A 이하) 릴레이가 비유도성 부하를 스위칭할 때 스너버는 생략해도 무방하다. 릴레이 코일 주위의 다이오드

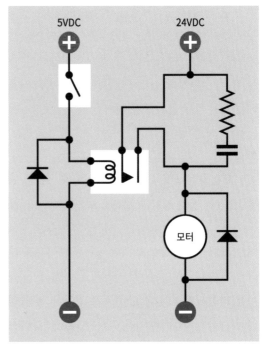

그림 9-13 이 가상 도면에서는 유도성 부하(이 그림에서는 모터)와 릴레이 코일로 유도되는 전압 스파이크에 대한 세 가지 유형의 보호 장치를 보여 준다.

역시 회로 내에 전압 스파이크에 취약한 부품이나 반도체가 없다면 생략해도 된다. 그러나 스파이크는 전기적으로 절연된 것처럼 보이는 인접 회로의 부품에 영향을 미칠 수 있다. 스파이크가 심한 경우에는 125VAC의 옥내 배선으로도 전송될 수 있다. 스너버를 구성하기 위한 저항-커패시터 조합에 관한 정보는 '스너버'(120쪽 참조)를 참고한다.

주의 사항

핀 배치 오류

겉보기엔 비슷해 보이지만 실제로 다른 릴레이로 교체하면, 릴레이 핀 배치의 표준화가 되어 있지 않기 때문에 여러 에러가 발생할 수 있다. 특히 상

시 닫힘 접점을 연결하는 핀을 다른 제조업체 릴레이의 상시 열림 접점을 연결하는 핀으로 교체할 경우 문제가 발생한다.

또한 데이터시트에 따라서는 핀 배치를 위에서 투시한 그림, 아래에서 투시한 그림, 양쪽에서 모두 본 관점으로 표시하기 때문에 대단히 혼란스럽다.

방향 오류

스루홀 타입의 소형 릴레이는 일반적으로 핀 사이의 간격이 0.1″(0.25cm) 정도로 매우 좁다. 이때 기판 구멍에 잘못 꽂는 경우가 발생할 수 있다. 릴레이는 대부분 플라스틱 케이스의 한쪽 끝 또는 구석에 표식을 새겨 두고 있다. 제조업체는 기호의 위치와 내용에 대한 표준을 마련하지 않고 자체적인 데이터시트에서 해당 내용을 표기한다. 이전에 사용해 본 적이 없는 릴레이를 사용할 때는 사용 전에 단자의 기능을 측정기로 점검하여 주의를 기울이는 것이 바람직하다.

유형 오류

같은 제조업체에서 생산하는 래칭 릴레이와 비래칭 릴레이는 외양이 완전히 똑같은 경우가 많고, 같은 핀 두 개로 코일에 전원을 가한다. 그러나 래칭 릴레이는 전원을 끊은 상태에서도 접점이 원상복구되지 않으며, 이로 인해 발생하는 기능상의 오류는 진단하기가 대단히 어렵다. 동일한 릴레이의 래칭 버전과 비래칭 버전의 파트 번호는 글자한 개 또는 숫자 한 개가 다를 뿐이므로, 상당히 유의해서 확인해야 한다.

AC와 DC

DC 전원을 사용하도록 설계된 릴레이는 AC에서 정상 작동하지 않으며 그 반대의 경우도 마찬가지다. 릴레이의 접점 규격은 AC 또는 DC의 스위칭 여부에 따라 달라질 수 있다.

채터(덜컹거리는 소리)

릴레이 접점이 간헐적으로 빠르게 연결될 때 소음이 발생한다. 채터chatter는 잠재적으로 릴레이의 접점에 손상을 입히므로 가급적 피해야 한다. 채터는 전기 잡음도 발생시켜 다른 부품에 간섭을 일으킬 수 있다. 채터의 원인 중에서 전압 부족이나 전원의 요동은 교정이 가능하다.

릴레이 코일 전압 스파이크

릴레이 코일은 유도성 기기다. 거대한 릴레이를 켜고 끄는 단순한 작업만으로도 전압 스파이크를 일으킬 수 있다. 이 문제를 해결하기 위해 정류 다이오드를 코일 단자에 병렬로, 극성은 전압과 반대로 연결해야 한다.

아크 방전

이 문제는 본 백과사전의 스위치 장에서 논의한다. '아크 방전'(53쪽 참조)을 참고한다. 리드 릴레이는 접점이 대단히 작기 때문에 특히 아크 방전에 민감하다. 실제로 과도한 전류를 제어하거나 유도성 부하에서 사용할 경우, 아크 방전으로 인해 녹거나 접점이 서로 붙어 버릴 위험이 있다.

자기장

릴레이는 작동 중에 자기장을 형성하므로 근처에

자기장에 민감한 부품을 배치해서는 안 된다.

리드 릴레이 내부의 리드 스위치가 외부 자기장으로 인해 예상치 못한 동작을 할 수 있다. 따라서 리드 릴레이는 자기장으로부터 보호하기 위해 금속 케이스를 씌워야 한다. 이러한 보호가 충분한지는 실제 상황과 같은 조건에서 릴레이를 테스트해 입증해야 한다.

유해한 환경

릴레이 접점의 더러움, 산화 또는 습기는 심각한 문제가 된다. 대다수 릴레이는 밀봉되어 있으며 그래야만 한다.

릴레이는 진동에 민감한데, 진동은 움직이는 부품들의 마모를 촉진할 수 있다. 심지어 심각한 진동은 릴레이에 영구적인 손상을 일으킨다. 무접점 릴레이solid-state relays(2권에서 다룬다)는 거친 환경에서도 사용할 수 있어야 한다.

10장

저항

관련 부품

· 포텐셔미터(11장 참조)

역할

저항은 전자공학에서 가장 기본적인 부품이다. 저항의 목적은 전류의 흐름을 지연하고 전압을 강하하는 것이다. 저항은 성능이 낮은 전도체의 양쪽 끝 또는 측면에 도선이나 전도체가 두 개 붙어 있는 형태로 되어 있다. 저항의 단위는 옴ohm이며, 만국 공용 기호로 그리스어의 오메가(Ω)를 사용한다.

저항을 표시하는 회로 기호는 [그림 10-1]에서 볼 수 있다(왼쪽은 전통적인 회로 기호. 오른쪽은 유럽의 최신 기호). 미국에서 사용하는 기호를 유럽에서 사용하거나, 유럽의 기호를 미국에서 사용하는 경우가 간혹 있다. K 또는 M 같은 문자는 10의 제곱을 나타내는 것으로, 각각 10^3, 10^6을 뜻한다. 유럽에서는 이 문자를 소수점을 대신해 사

용하며, 미국에서도 간혹 이런 식으로 표기할 때가 있다. 따라서 4.7K 저항은 4K7로, 3.3M 저항은 3M3 등으로 표기하기도 한다([그림 10-1]의 숫자는 임의로 선택한 것이다).

저항은 커패시터capacitor의 충전율 제한, 양극성 트랜지스터bipolar transistors와 같은 반도체 부품의 전압 제어, LED 또는 기타 반도체 부품의 과다 전류 방지, 다른 부품과 결합해 사용하는 오디오 회로에서 주파수 응답의 조정 또는 제한, 디지털 논리 회로에 입력되는 전압의 풀업 저항 또는 풀다운 저항용, 회로 내 한 지점의 전압 제어 등에 사용한다. 마지막으로 두 개의 저항을 직렬로 연결해 분압기voltage divider를 만들 수도 있다.

가변 저항이 필요하면 포텐셔미터potentiometer를 저항 대신 이용할 수 있다.

다음 페이지 [그림 10-2]에서 다양한 종류의 저항을 볼 수 있다. 정격 전력은 위에서부터 아래 방향으로 각각 3W, 1W, 1/2W, 1/4W, 1/4W, 1/4W, 1/8W이며, 각 레지스터의 정확도(허용 오차)는 위에서부터 아래 방향으로 각각 ±5%, 5%, 5%,

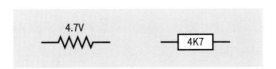

그림 10-1 저항 기호. 왼쪽은 미국에서, 오른쪽 기호는 유럽에서 많이 쓴다. 4.7K라는 값은 임의로 선택한 것이다.

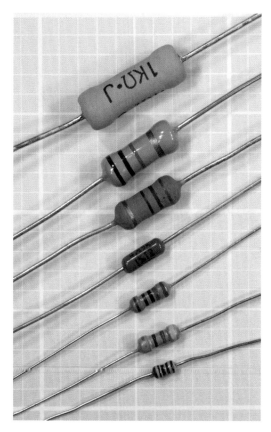

그림 10-2 다양한 저항. 자세한 내용은 본문 참조.

1%, 1%, 5%, 1%이다. 몸체가 베이지색인 저항은 보통 허용 오차가 5%라는 표시이며, 파란색 저항은 허용 오차가 1% 또는 2%라는 의미다. 파란색 저항과 짙은 갈색 저항은 산화금속 필름 성분을 포함하고 있으며, 베이지색 저항과 초록색 저항은 탄소 필름을 포함하고 있다. 저항값에 관한 자세한 정보는 이후에 나오는 부품값 섹션에서 확인할 수 있다.

작동 원리

전류의 흐름을 지연하고 전압을 강하하는 과정에서, 저항은 전기 에너지를 흡수하며 이를 열로 방출한다. 최신 현대 전자회로에서는 열 손실이 대체로 몇 분의 일 와트 정도이다.

R을 저항(단위는 Ω)이라 하고, I를 저항에 흐르는 전류(단위는 A), V를 저항에 의해 강하되는 전압이라 하면(즉, 양단 사이의 전위차), 옴의 법칙은 다음과 같이 성립한다.

$$V = I * R$$

이 수식을 달리 표현하면 저항 1Ω의 양 끝에 1V의 전위차가 있을 때 전류 1A가 흐른다는 의미가 된다.

저항으로 손실되는 전력을 W라고 한다면, 직류 회로에서 W는 다음과 같이 구한다.

$$W = V * I$$

여기에 옴의 법칙을 대입하면, 전류와 저항으로 전력을 표현할 수 있다.

$$W = I^2 * R$$

마찬가지로 전력을 전압과 저항으로도 표현할 수 있다.

$$W = V^2 / R$$

이러한 방정식들은 전압이나 전류를 정확히 모를 때 유용하다.

교류에 대해서도 이와 비슷한 관계가 성립한다. 다만 전력이 좀 더 복잡한 함수로 표현된다.

다양한 유형

축 저항

축 저항axial resistor은 원통형 몸체의 양쪽 끝에 두 개의 단자가 나와 있는 형태다.

방사형 저항

방사형 저항radial resistor은 저항 몸체의 한쪽 방향으로 두 단자가 평행하게 나와 있으며, 일반적으로 사용되는 유형은 아니다.

정밀 저항

정밀 저항precision resistor은 일반적으로 허용 오차가 ±1%를 넘지 않는 저항을 말한다.

일반 저항

일반 저항general-purpose resistor은 안정성과 저항값의 정확도가 떨어진다.

전력 저항기

전력 저항기power resistor는 일반적으로 1~2W 이상을 발산하는 저항으로, 특히 전원 공급기power supply나 전력 증폭기power amplifier에 사용한다. 이러한 저항은 크기가 커서 방열판heat sinks이나 냉각 팬을 함께 사용해야 한다.

권선 저항기

권선 저항기wire-wound resistor는 상당한 열을 견뎌야 하는 부품에 사용된다. 권선 저항기는 판 또는 원통형으로 생긴 절연 튜브나 심core을 저항을 가진 도선으로 여러 번 감은 것이다. 도선은 일반적으로 니켈-크롬 합금(니크롬nichrome이라고 한다)이며, 보호를 위해 코팅되어 있다.

저항을 가진 도선에 전류가 흐르면서 발생하는 열은 온도 제한이 있는 전자회로에서는 잠재적인 문제가 된다. 그러나 헤어드라이어나 토스터 오븐, 온풍기 같은 가전제품에서는, 특별히 니크롬 부품을 사용해 열을 발생시킨다. 권선 저항기는 3D 프린터에서 플라스틱(또는 기타 화합물)을 녹여 제품의 고형 출력물을 형성하는 데도 사용한다.

후막 저항기

후막 저항기thick film resistor는 평평한 사각형 형태로 생산되는 경우가 있다. 그 예가 [그림 10-3]에 나와 있다. 이 제품은 평평한 면에서 10W를 발산한다. 이 부품의 저항은 1K이다.

표면 장착형 저항

표면 장착형 저항surface-mount resistors은 일반적으

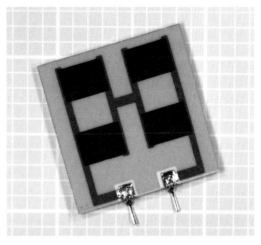

그림 10-3 후막 저항기. 크기는 가로 세로 1″(2.54cm)이며 두께는 0.03″(0.08cm)이다.

로 저항 성질을 띤 잉크 필름이 산화알루미늄과 세라믹 화합물로 만든 태블릿 위에 인쇄되어 있다. 길이는 약 6mm 정도로, 2512 폼 팩터form factor로 알려져 있다. 표면 장착형 저항은 니켈 도금한 단자에 납을 입혀 놓았으며, 저항을 PCB 위에 올릴 때 납을 녹여 사용한다. 윗면은 검은 에폭시로 코팅되어 있어 저항체를 보호한다.

저항 어레이

저항기 네트워크resistor network 또는 저항 사다리 resistor ladder라고도 하며, 같은 값의 저항을 여러 개 포함하는 칩으로 이루어졌다.

SIPsingle-inline package 내의 저항 어레이는 내부 구성에 따라 고립형, 공유 버스형, 이중 단자형 셋으로 나눈다. 각각의 모양은 [그림 10-4]의 위, 가운데, 아래에 나와 있다. 고립형은 6, 8, 10핀으로 된 SIP의 형태로 출시되어 있다. 공통 버스와 이중 단자 구성에서는 일반적으로 8, 9, 10, 11핀을 갖는다.

고립형 구성에서 각각의 저항은 다른 저항과 전기적으로 연결되어 있지 않으며 각각의 핀 쌍으로 접근할 수 있다. 공통 버스형은 각 저항의 한쪽 끝이 서로 연결되어 핀 하나를 공유하고, 저항의 다른 쪽 끝은 각각의 핀과 연결되어 있다. 이중 단자 구성은 보다 복잡한데, 그라운드와 내부 버스에 저항 한 쌍이 연결되어 있으며, 저항 쌍 각각의 중앙 지점은 별도의 핀으로 접근할 수 있다. 저항 쌍은 분압기voltage divider와 같은 기능을 하는데, 보통 양단에 -2V가 걸려야 하는 이미터 결합 논리 회로emitter-coupled logic circuit에서 사용된다.

DIPdual-inline package은 [그림 10-5]에서 보이는

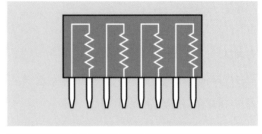

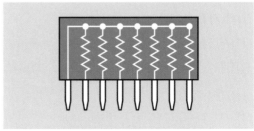

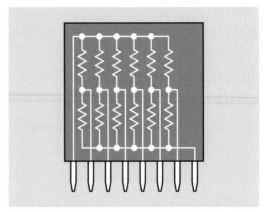

그림 10-4 여러 개의 저항이 SIP 패키지 안에 다양한 형태로 들어 있다. 자세한 내용은 본문 참조.

것과 유사한 내부 구성을 갖는다. 맨 위는 고립형 저항으로 보통 4, 7, 8, 9, 10핀으로 된 DIP에서 사용 가능하다. 중앙은 공통 버스 구성으로 8, 14, 16, 18, 20핀으로 된 DIP에서 사용할 수 있다. 맨 아래는 이중 단자 구성으로 흔히 8, 14, 16, 18, 20핀으로 된 DIP에서 사용할 수 있다.

[그림 10-6]은 SIP 저항 어레이와 DIP 저항 어레이의 겉모습이다. 왼쪽부터 오른쪽으로 패키지 안에는 다음과 같은 구성의 저항이 들어 있다. 120Ω

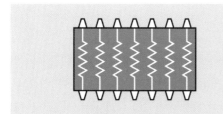

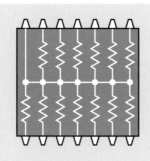

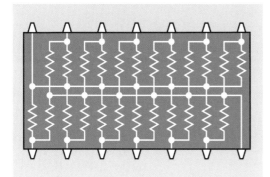

그림 10-5 저항 여러 개가 DIP 패키지 안에 들어 있다. 자세한 내용은 본문 참조.

그림 10-6 DIP과 SIP 패키지 안의 어레이 저항. 자세한 내용은 본문 참조.

저항 7개가 고립형으로 구성, 120Ω 저항 13개가 공통 버스형으로 구성, 5.6K 저항 7개가 공통 버스형으로 구성, 1K 저항 6개가 공통 버스형으로 구성.

여러 칩들의 풀업 저항, 풀다운 저항, 종단 저항terminating resistors이 필요한 회로에서 고립형 또는 공통 버스형 저항 어레이를 이용하면 간편하게 부품의 수를 줄일 수 있다. 그중에서도 공통 버스 구성은 7 세그먼트 LED 디스플레이와 함께 사용

할 수 있다. 여기에서 각 세그먼트 끝에는 직렬 저항을 연결해야 하고, 모든 저항은 공통의 그라운드 또는 전원을 공유한다.

단일 분압기로 구성된 저항 한 쌍을 포함하는 표면 장착형 칩도 출시되어 있다.

여러 개의 RC 회로(커패시터와 저항이 직렬로 연결된 회로)를 포함하는 칩도 출시되어 있지만 흔하지는 않다. 단일 RC 회로를 포함하는 패키지를 스너버snubber라고 하여 판매하는데, 대형 유도성 부하를 스위칭하는 스위치나 릴레이의 접점을 보호하기 위해 사용된다. 스너버 회로에 관한 보다 자세한 정보는 본 백과사전 커패시터 장에서 '스너버'(120쪽 참조)의 내용을 참고한다.

부품값

흔히 1K라고 쓰는 1킬로옴kilohm은 1,000Ω이다. 1메가옴megohm은 흔히 1M 또는 1meg로 표기하는데, 1,000K를 뜻한다. 1기가옴gigaohm은 1,000메가옴이지만, 이 단위를 사용하는 일은 드물다. 1Ω 이하의 저항은 흔치 않으며, 보통 소수점 이하의

옴	킬로옴	메가옴
1	0.001	0.000001
10	0.01	0.00001
100	0.1	0.0001
1,000	1	0.001
10,000	10	0.01
100,000	100	0.1
1,000,000	1,000	1

그림 10-7 동일한 옴, 킬로옴, 메가옴의 값

숫자를 Ω 기호 뒤에 쓴다. 밀리옴milliohm(1옴의 1천분의 1)이라는 용어는 특별한 경우에만 사용된다. [그림 10-7]의 표는 동일한 저항값을 나열한 것이다.

저항값은 DC 및 AC 회로에서는 변하지 않는다. 다만 교류 전류의 주파수가 극도로 높아지는 경우는 예외다.

일반 전자제품에서 사용하는 저항은 대체로 100Ω에서 10M 사이다. 정격 전력은 1/16W에서 1,000W까지 다양하지만, 전자회로에서 사용하는 저항의 규격은 대부분 1/8W에서 1/2W 사이다(표면 장착형은 보통 정격 전력이 적은 편이다).

허용 오차

저항의 허용 오차tolerance, 또는 정확도는 ±0.001%부터 ±20%까지 다양하며, 가장 보편적인 값은 ±1%, ±2%, ±5%, ±10%다.

기존 저항값의 범위는 20% 허용 오차가 표준이었을 때 정해진 것이다. 저항값들의 간격은 허용 범위의 한쪽 끝 값의 저항이 허용 범위의 다른쪽 끝 값의 저항과 같은 값을 갖는 위험을 최소화

하도록 정해진 것이다. 따라서 저항값은 반올림하여 10, 15, 22, 33, 47, 68, 100이 되며, 이 내용은 [그림 10-8]에서 볼 수 있다. 그림에서 각각의 파란색 다이아몬드는 허용 오차 20%의 저항이 가질 수 있는 실제 가능한 값을 나타내며, 이론적인 값

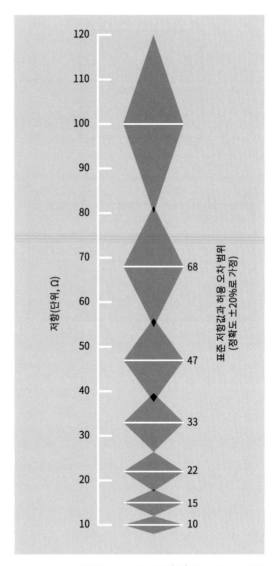

그림 10-8 표준 저항값을 국제전기표준회의(IEC)에서 그래프로 표현한 것(흰색 선). 실젯값의 허용 가능한 범위를 짙은 파란색 영역으로 표시한다. 이때 정확도는 ±20%로 가정한다. 각 영역에서 중첩되는 부분은 검은색으로 표시했다.

은 다이아몬드의 중앙을 가로지르는 흰색 수평선으로 표시한다.

저항값은 10의 배수로 계속 반복된다. 예를 들어 100Ω에서 시작할 때, 이후 증가하는 값은 150, 220, 330, 470, 680, 1K가 된다. 저항값이 1Ω에서 시작하면 1.5, 2.2, 3.3, 4.7, 6.8, 10Ω으로 증가한다.

저항의 승수는 현재 국제전기표준회의International Electrotechnical Commission(IEC)가 정한 60063 표준에 의해 선별된 숫자 목록으로 표현되고 있다. 이 표준은 보다 개선된 허용 오차를 표시하기 위해 기본 숫자 목록에 중간값을 추가했다. [그림 10-9]는 허용 오차가 ±20%, 10%, 5%인 저항값을 보여 주는 표다. 허용 오차 5%의 저항은 사용 빈도가 점점 늘고 있다.

IEC에서는 정확도 ±0.5%의 세 자릿수 저항값 목록도 정했다.

커패시터는 대부분 여전히 허용 오차가 20%보다 좋지 않기 때문에 커패시턴스 값은 예전의 저항값 목록과 동일하며, 단위만 패럿(F)으로 표기한다. 자세한 내용은 본 백과사전의 커패시터 장을 참조한다.

저항값

스루홀 형태의 저항은 전통적으로 몸체에 인쇄된 3색 색띠로 부품값을 표시한다. 맨 앞의 두 띠는 0에서 9까지의 숫자를, 세 번째 띠는 10의 지수를 나타낸다(즉 숫자 뒤에 붙는 0의 개수로, 0부터 9까지의 숫자를 표현한다). 네 번째 띠는 은색 또는 금색으로 각각 허용 오차 10%와 5%를 의미한다. 네 번째 띠가 없으면 20% 허용 오차를 나타내는데, 이런 제품은 점차 찾아보기 힘들다.

표준 저항값		
20%	10%	5%
		100
	100	91
100		82
	82	75
		68
	68	62
68		56
	56	51
		47
	47	43
47		39
	39	36
		33
	33	30
33		27
	27	24
		22
	22	20
22		18
	18	16
		15
	15	13
15		12
	12	11
10	10	10

저항 허용 오차(±)

그림 10-9 다양한 정확도의 저항 표준값. 이 범위를 벗어나는 저항은 표의 저항값에 10을 곱하거나 나누어서 구할 수 있다(필요하다면 여러 번 반복한다).

최근에는 대부분 저항에서 다섯 번째 색띠를 사용해 중간 인자 또는 분수를 표현한다. 이러한 구조에서는 처음 3개의 색띠로 숫자를(앞서와 같은 색상표를 이용함), 네 번째 띠로 10의 지수를 표시한다. 저항의 반대쪽 끝에 있는 다섯 번째 띠는 허용 오차를 나타낸다.

[그림 10-10]에서 각 색상의 숫자 또는 지숫값을 그림 맨 위의 '스펙트럼'으로 표시했다. ±와 %로 표현되는 저항의 허용 오차 또는 정확도는 은색, 금색, 또는 그 밖의 색깔로 표시되며, 그림 아래쪽에 띠로 표시되어 있다.

두 개의 저항을 예로 들었다. 위의 저항은 저항값이 1K인데, 왼쪽의 갈색과 검은색(숫자 1과 숫자 0을 뜻함) 색띠와 세 번째 빨간색(10의 2승, 즉 0이 2개 붙는다는 뜻) 색띠로 표시된다. 오른쪽의 금색 띠는 이 저항의 정확도가 5%임을 나타낸다. 아래 저항은 1.05K짜리 저항이다. 왼쪽의 갈색, 검정, 초록색 색띠(각각 숫자 1, 0, 5를 뜻함)와 네 번째 갈색 색띠(10의 1승, 즉 0이 한 개)로 표시한다. 오른쪽 끝의 갈색 색띠는 정확도 1%를 의미한다.

오래된 장비에서는 body-tip-dot 형태로 값을 표시한 저항을 찾아볼 수 있다. 이 구조에서는 왼쪽 몸체의 색깔이 첫 번째 자릿수를, 오른쪽 끝단

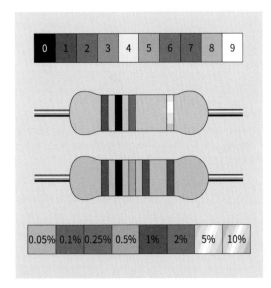

그림 10-10 스루홀 유형의 저항 색띠. 자세한 내용은 본문 참조.

의 색깔이 두 번째 자릿수를, 그 사이의 점dot이 10의 지수를 나타낸다. 색깔이 의미하는 숫자는 현재의 색띠 코드와 동일하다.

현대식 구조에서는 저항값을 나타내는 세 번째나 네 번째 색띠가 서로 가까이 붙어 있고, 허용 오차를 나타내는 색띠가 멀리 떨어져 있다. 저항값을 읽을 때는 가까이 붙어 있는 색띠들이 왼쪽으로 오도록 들고 읽어야 한다.

일부 저항은 처음 세 개의 색띠로 기존 3색띠 규칙의 숫자를 정의하고, 네 번째 색띠가 허용 오차, 그리고 반대편 끝의 다섯 번째 색띠가 신뢰도를 나타내는 까닭에 혼란을 야기하기도 한다. 그러나 이러한 색띠 구조는 흔하지 않다.

이외에도 특수 군사 장비에서는 다른 색 코드 규칙을 찾아볼 수 있다. 스루홀 형태의 탄소 피막 저항기는 베이지 색 몸체가 흔하며, 금속막 저항기는 몸체가 대부분 파란색이다. 상대적으로 드물긴 하지만 파란색 몸체가 가용성 저항기fusible resistor를 의미하기도 하며(과부하가 걸리면 퓨즈처럼 안전하게 녹도록 설계된 저항), 흰색 몸체가 불연성 저항기non-flammable resistor를 나타내기도 한다. 특별한 유형의 저항을 교체할 때는 주의를 기울여야 한다.

일부 현대식 저항기에서는 몸체에 저항값이 숫자로 인쇄된 경우도 있다. 표면 장착형 저항기에도 숫자가 새겨져 있는데, 이 숫자는 기호로 표기되어 있고 저항값을 직접 표시하지 않는다. 마지막 숫자는 저항값의 0의 개수를 의미하고, 그 앞의 숫자 2~3개가 저항값을 정의한다. 글자 R은 소수점을 표시한다. 따라서 3R3 표면 장착형 저항기의 저항값은 3.3Ω이다. 330이란 33Ω을 뜻하

고, 332는 3,300Ω을 뜻한다. 표면 장착형 저항기 2,152는 21,500Ω이다.

0이 하나 쓰인 표면 장착형 저항기는 0Ω 저항으로 점퍼선과 동일한 기능을 한다. 이 부품은 자동화 생산 라인 장비에 쉽게 끼워 넣을 수 있어 편리하게 사용할 수 있다. 0Ω 저항은 회로 기판의 트레이스trace 사이를 단순히 연결해 주는 역할을 한다.

종이에 인쇄된 회로도를 여러 차례 복사하는 등의 상황에서 저항값의 소수점이 없어지거나 소수점처럼 보이는 얼룩이 찍히는 문제가 발생할 수 있다. 이런 문제를 해결하기 위해 유럽에서는 소수점을 대체하는 방법을 고안했다. 예를 들어 5.6K 저항은 5K6으로, 3.3M 저항은 3M3으로 표기하는 식이다. 이러한 관행은 미국에서는 잘 사용되지 않는다.

안정성

이 용어는 저항이 온도, 습도, 진동, 반복되는 하중, 전류, 전압과 같은 외부 요인에도 정확한 값을 유지할 수 있는 능력을 말한다. 저항 온도 계수 temperature coefficient of resistance(커패시터 충전 시간 상수와 혼동을 피하기 위해 보통 T_{cr} 또는 T_c로 표기한다)는 온도가 실온(보통 섭씨 25도로 가정)으로부터 1도 변할 때 저항의 ppm 변화로 표현된다. T_c는 양수이거나 음수다.

저항의 전압 상수voltage coefficient(보통 V_c로 표기한다)는 전압 변화의 함수로, 발생하는 저항값의 변화를 서술한다. 이 상수는 특히 저항체가 탄소 기반일 때 상당히 크다. V1이 저항의 정격 전압이고 R1이 V1에서의 정격 저항, V2를 정격 전압

의 10%, R2를 V2에서의 실제 저항이라고 하면, 전압 상수 V_c는 다음 공식과 같다.

$$V_c = (100 * R1 - R2) / (R2 * V1 - V2)$$

재질

저항은 다양한 재질로 만들어진다.

탄소 복합 소재

탄소 복합 소재carbon composite는 탄소 입자를 결합제와 함께 섞은 것이다. 탄소 밀도가 저항 양끝 사이의 저항값을 결정하는데, 보통 5Ω에서 10M 사이다. 이 재질의 단점은 정확도가 낮고(보통 허용 오차 10%), 전압 상수가 상대적으로 높으며, 민감한 회로에서는 소음을 유발한다는 점이다. 그러나 탄소 복합 소재 저항기는 인덕턴스가 낮고 상대적으로 과부하 조건에 덜 민감하다.

탄소 피막

탄소 피막carbon film은 저렴해서 널리 쓰이는 유형으로, 세라믹 기판에 탄소 화합물 피막을 씌운다. 스루홀형과 표면 장착형 모두 가능하다. 저항값의 범위는 탄소 복합 소재와 비슷하나, 제조 과정에서 탄소 화합물 코팅에 나선형 홈을 파면 정확도가 5%까지 증가한다. 탄소 피막의 단점은 탄소 복합 소재와 비슷하지만 정도는 덜한 편이다. 정확도가 중요한 회로에서는 탄소 피막 저항기로 금속막 저항기를 대체해서는 안 된다.

금속막

금속막metal film은 세라믹 재질에 금속막을 침전시

킨 것으로, 일반적으로 탄소 피막 저항기보다 성능이 좋다. 제조 과정에서 양 끝단 사이의 저항을 조정하기 위해 금속막에 홈을 팔 수 있다. 이로 인해 저항기는 탄소 복합 소재보다 높은 인덕턴스를 갖지만 소음은 줄어든다. 허용 오차는 5%, 2%, 1%가 있다. 금속막 저항기는 원래 같은 규격의 탄소 피막 저항기보다 더 비쌌지만, 현재는 가격 차이가 거의 나지 않는다. 스루홀형과 표면 장착형 모두 가능하다. 저전력용 제품도 있다(1/8W가 가장 널리 쓰인다).

후막 저항기/박막 저항기

후막 저항기thick-film resistor는 스프레이로 코팅하는 반면, 박막 저항기thin film resistor는 니크롬을 진공 흡착해 만든다. 박막 저항기는 온도 계수 특성이 우수해 인공위성과 같이 작업 온도 범위가 넓은 환경에서 사용된다.

벌크 메탈 포일

벌크 메탈 포일bulk metal foil은 금속막 저항기에서 사용하는 금속 포일을 세라믹 판에 도포한 후 부식시켜 원하는 저항값을 갖는다. 제작된 저항기는 방사형으로 단자가 나 있다. 이 형태의 단자는 대단히 정밀하고 안전하지만, 최대 저항값에는 제한이 있다.

고정밀 권선

고정밀 권선precision wire-wound은 이전에는 높은 정밀성을 요구하는 응용에서 사용되었으나, 현재는 고정밀 메탈 포일로 대부분 대체되었다.

전력 권선

전력 권선power wire-wound은 1~2W 또는 그 이상의 전력 발산이 필요할 때 많이 사용한다. 저항을 지닌 도선으로 코어 주위를 감는데, 코어는 대부분 세라믹이다. 그래서 이 저항을 '세라믹'이라고 부르는 경우가 있는데, 이는 부정확한 용어다. 코어는 실질적으로 열을 저장할 수 있는 유리 섬유나 기타 전기적으로 절연된 물질로 대체할 수 있다. 전력 권선 저항기는 에나멜enamel 또는 시멘트에 담그거나 방열체에 고정할 수 있는 알루미늄 셸shell에 장착한다. 저항값은 몸체에 기호가 아닌 숫자로 인쇄되어 있다.

[그림 10-11]에서 일반적인 권선 저항기를 확인할 수 있다. 위 저항의 규격은 12W에 180Ω이고, 아래 저항은 13W에 15K이다.

[그림 10-12]는 이보다 더 큰 권선 저항기다. 규격은 25W에 10Ω이다.

[그림 10-13]은 시멘트 코팅을 입힌 저항기에서

그림 10-11 권선 저항기. 이 두 종류는 저항은 크게 다르지만 전력 발산 규모는 비슷하다.

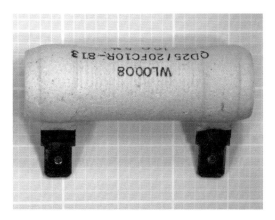

그림 10-12 대형 권선 저항기. 발산 전력 25W.

그림 10-14 30Ω 저항기(오른쪽)와 6.5Ω 저항기(왼쪽).

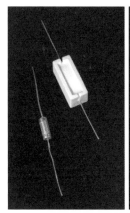

그림 10-13 낮은 저항을 가진 저항기 두 개. 저항체를 보여 주기 위해 시멘트 코팅을 제거했다.

내부 구조 확인을 위해 코팅을 제거한 그림이다. 왼쪽은 1.5Ω, 15W 저항기이며 권선을 사용한다. 오른쪽은 아주 낮은 저항으로 0.03Ω에 10W 저항기다.

[그림 10-14]의 오른쪽 저항은 30Ω 짜리로 저항체를 노출하고 있는 반면, 규격이 10W에 6.5Ω인 왼쪽 저항기는 열 발산을 촉진하기 위해 양극 산화 처리한 알루미늄 셀에 싸여 있다.

전력 저항기에서 열 발산은 중요한 고려 사항이다. 만일 전압과 같은 외부 요소가 동일하다면,

저항이 낮은 저항기가 저항이 높은 저항기보다 더 많은 전류를 흐르게 하는 경향이 있는데, 열 발산은 전류의 제곱에 비례한다. 따라서 낮은 저항이 필요할 때는 전력 권선 저항기를 사용하는 것이 적합하다. 이유는 코일로 감은 도선 형태가 상당 크기의 인덕턴스를 생성해, 높은 주파수 또는 펄스를 잘 통과시키지 않기 때문이다.

사용법

저항의 활용법 중 널리 쓰이는 경우를 여기에서 소개한다.

LED와 직렬로 연결하여 사용

LED를 과다 전류로부터 보호하기 위해 LED 제조업체가 정한 규격의 전류를 넘지 않도록 저항을 선택해 직렬로 연결해 준다. 단일 스루홀 타입 LED의 경우(보통은 인디케이터indicator LED라고 한다), 순방향 전류forward current는 보통 20mA 가량으로 제한되고, 저항값은 사용되는 전압에 따라 달라진다(다음 페이지 [그림 10-15] 참조).

고출력 LED(5mm 또는 10mm 단일 패키지 안

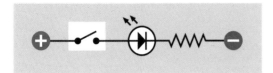

그림 10-15 LED에 흐르는 전류를 제한하기 위해 직렬 저항이 필요하다.

에 여러 부품이 들어 있는 형태)를 사용하거나 최근에 가정용 조명으로 널리 사용되는 LED 어레이를 사용하는 경우, 허용 가능 전류는 훨씬 더 높으며, LED 유닛 자체적으로 전류를 제한하는 전자 제품이 포함된다. 이에 관한 자세한 내용은 데이터시트를 참조해야 한다.

트랜지스터의 전류 제한

[그림 10-16]에서, 트랜지스터는 B에서 C로 흐르는 전류를 스위칭하거나 증폭시킨다. A 지점에서부터 흐르는 과도한 전류로부터 트랜지스터의 베이스를 보호하기 위해 저항을 사용한다. 또한 B와 C 사이에 과다 전류가 흐르는 것을 방지할 목적으로도 저항을 사용할 수 있다.

풀업 저항과 풀다운 저항

마이크로컨트롤러와 같은 논리 칩의 입력에 기계식 스위치나 푸시 버튼이 연결되어 있는 경우, 풀

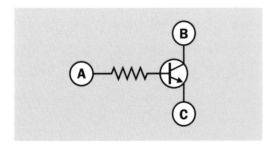

그림 10-16 저항은 트랜지스터의 베이스에 과다 전류가 흐르는 것을 방지하기 위해 필요하다.

업 저항 또는 풀다운 저항을 사용한다. 이때 각각의 저항에는 전원의 + 단자 또는 그라운드 핀을 연결해 스위치가 개방되는 동안 중간 상태(스위치 연결 중의 개방 상태)에서 '플로팅floating'이 일어나는 것을 방지한다. [그림 10-17]에서 위 회로는 풀다운 저항, 아래 회로는 풀업 저항이 연결된 경우이다. 보통 두 저항의 일반 값은 10K이다. 푸시 버튼을 누르면 양의 전원 단자 또는 그라운드로 직접 연결되면서 쉽게 저항의 효과를 감쇠시킨다. 풀업 저항 또는 풀다운 저항의 선택은 사용하는 칩의 유형에 따른다.

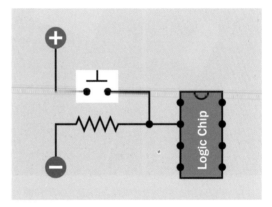

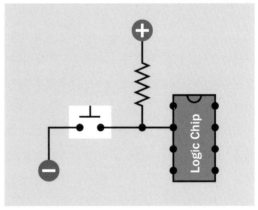

그림 10-17 풀다운 저항(위) 또는 풀업 저항(아래)은 마이크로컨트롤러 등 논리 칩의 입력 핀과 연결되어 스위치가 개방된 중간 상태에서 '플로팅'되는 것을 방지한다.

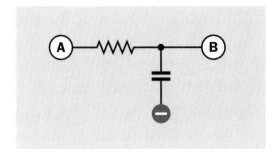

그림 10-18 이 회로는 오디오 신호에서 고주파를 제거하기 위해 사용한다. 낮은 주파수가 A에서 B로 지나가기 때문에 저대역 필터라고 한다.

오디오 톤 제어

저항-커패시터 조합을 이용해 단순한 오디오 톤 제어 회로의 고주파를 제한할 수 있다([그림 10-18] 참조). A에서 B로 이동하는 신호 아래에 위치한 저항은 커패시터와 직렬로 연결되어 고주파 신호를 그라운드로 흘려보낸다. 이는 저대역 필터 low-pass filter로 알려져 있다.

RC 네트워크

[그림 10-19]와 같이 저항을 커패시터와 직렬로 연결해 충전 및 방전 시간을 조절할 수 있다. 스위치가 닫히면, 저항이 제한하는 충전률로 커패시터 스스로 전원 공급기로부터 충전하게 된다. 이상적인 커패시터는 DC 전류에 무한대의 저항을 갖기 때문에, A 지점에서 측정한 전압은 공급 전압에 가까워질 때까지 증가한다. 이는 흔히 RC(저항-커패시터) 네트워크로 알려져 있으며, 본 백과사전의 커패시터 장에서 더 자세히 논의한다.

분압기

두 저항을 이용해 분압기voltage divider를 만들 수 있다([그림 10-20] 참조). V_{in}이 공급 전압이라 하

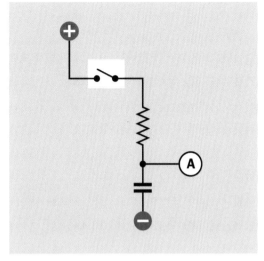

그림 10-19 RC(저항-커패시터) 네트워크에서, 스위치가 닫힐 때 저항은 A 지점에서 측정되는 커패시터 전위차의 증가율을 제한한다.

면, A 지점에서 측정되는 출력 전압 V_{out}은 다음 공식으로 구할 수 있다.

$$V_{out} = V_{in} * (R2 / (R1 + R2))$$

현실적으로 실제 V_{out}은 출력에 얼마나 무거운 부

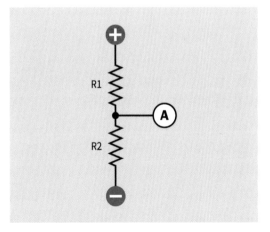

그림 10-20 DC 회로에서, 한 쌍의 저항을 직렬로 연결하면 분압기로 기능한다. A 지점에서 측정하는 전압은 전원 공급기의 전압보다 낮지만 그라운드보다는 높다.

하가 걸리느냐에 영향을 받는다.

논리 칩이나 비교기 입력과 같이 출력 노드의 임피던스impedance가 높다면 전기 노이즈에 보다 민감할 수 있는데, 높은 전류의 흐름을 유지하고 주변 기기의 안정성을 유지하기 위해서라도 낮은 저항을 이용한 분압기가 필요할 수 있다.

직렬 저항

직렬로 연결된 저항이 R1, R2, R3, …으로 이어지면, 총저항 R은 각 저항의 합으로 표시된다.

$$R = R1 + R2 + R3 + \cdots$$

각각의 저항을 지나는 전류는 같고, 각 저항 양단에 걸리는 전압은 저항에 비례하여 변한다. 만일 모든 저항 양단에 걸리는 전원의 전압을 V_s, 모든 저항의 합을 RT, 저항 하나의 값을 R1이라 하면, R1에 걸리는 전압 V1은 다음 공식으로 구한다.

$$V1 = V_s * (R1 / RT)$$

병렬 저항

둘 이상의 저항(R1, R2, R3, …)을 병렬로 나란히 연결하면, 총저항 R은 다음 공식으로 구한다.

$$1 / R = (1 / R1) + (1 / R2) + (1 / R3) \cdots$$

R1, R2, R3…가 모두 같은 저항이라 가정해 RI로 표시하고, 저항의 개수를 N이라고 하자. 저항이 모두 병렬로 연결될 때 총저항 RT는 다음과 같다.

$$RT = RI / N$$

각 저항의 저항값과 정격 전력(WI)이 모두 같다면, 전력을 분산하기 위해 병렬로 연결한 이 저항들이 처리할 수 있는 총전력량(WT)은 다음과 같다.

$$WT = WI * N$$

따라서, 어떤 작업에서 높은 전력의 저항이 필요하다면, 전력량이 낮고 저항이 높은 저항기 여러 개를 병렬로 연결해 고전력 권선 저항기 하나를 대체할 수 있는데, 훨씬 저렴한 비용으로 같은 효과를 얻는다. 예를 들어, 5W, 50Ω 저항기를 사용해야 하는 경우, 이를 0.5W, 500Ω 저항기 10개로 대체할 수 있다. 이때 저항들이 조밀하게 연결되면 배출 열이 서로에게 영향을 미칠 수 있다는 섬에 주의해야 한다.

주의 사항

열

저항은 아마도 모든 전자부품 중에서 가장 견고하며, 높은 신뢰도와 긴 수명을 자랑한다. 납땜 인두로 인한 과열 정도로는 저항이 손상되지 않는다.

저항의 정격 전력은 꼭 그 규격의 전력을 일정하게 방출하는 데 사용해야 한다는 의미는 아니다. 작은 저항(1/4W 이하)은 큰 저항처럼 과열되기 쉽다. 일반적으로 일정하게 방출하는 전력이 정격 전력의 75%를 넘지 않는 것이 안전하다.

과열은 누구나 예상하듯 전력 저항기에서 특

히 문제가 되기 때문에 방열에 대비해야 한다. 방열판의 크기와 환풍기의 규모를 결정할 때는 부품의 밀집도를 고려해야 한다. 전력 저항기의 일부는 섭씨 250도 이상의 온도에서도 안정적으로 작동하지만, 그 근처의 부품들은 허용 오차가 커지고 플라스틱 케이스들이 물렁해지거나 녹는 문제가 발생할 수 있다.

잡음

회로 안에서 저항으로 인해 발생하는 전기 잡음은 저항 성분에 따라 달라지지만, 하나의 저항에 대한 잡음은 전압과 전류에 비례한다. 저잡음 회로(예를 들어 고이득 증폭기high-gain amplifier의 입력단에 있는 회로)는 가능하면 낮은 전압에서 저전력 저항을 사용해야 한다.

인덕턴스

권선 저항기의 코일에 감긴 도선은 낮은 주파수에서 높은 인덕턴스를 갖는다. 이를 기생 인덕턴스parasitic inductance라고 한다. 또한 이러한 코일은 공진 주파수resonant frequency를 가질 수도 있다. 따라서 권선 저항기는 주파수가 50KHz를 넘는 작업에서는 적합하지 않다.

부정확성

경우에 따라서는 특히 정확하지 않은 값 때문에 더 큰 문제가 발생하는 작업이 있다. 예를 들어 분압기에서 하나의 저항은 허용 오차 범위 중 가장 큰 값을, 다른 하나는 가장 낮은 값을 갖는다면, 두 저항 중간에서 얻는 전압은 기대하는 값과 많이 다르게 된다. [그림 10-20]의 회로를 이용해서

설명해보자. 만일 R1이 1K, R2가 5K라고 하고 전원 공급기의 전압을 12VDC라고 하면, A 지점의 전압은 다음과 같다.

V = 12 * (5 / (5 + 1)) = 10

그러나, 만일 R1의 실젯값이 1.1K, R2가 4.5K라면, A 지점에서 실제로 측정되는 전압은 다음과 같다.

V = 12 * (4.5 / (4.5 + 1.1)) = 9.6

두 저항 각각이 허용 오차 범위의 반대쪽 끝값을 갖는다면, R1의 실제 저항은 900Ω이고 R2는 5.5K가 된다. 따라서 실제 전압은 다음과 같다.

V = 12 * (5.5 / (5.5 + 0.9)) = 10.3

만일 값이 동일한 두 저항을 선택해, 전압이 공급 전압의 반이 되도록(이 경우 6V) 회로를 꾸몄다면 상황은 더욱 나빠진다. 5K 저항 두 개를 골랐으나 실제로 위 저항은 4.5K, 아래 저항은 5.5K라면, 실제 전압은 다음과 같이 된다.

V = 12 * (5.5 / (4.5 + 5.5)) = 6.6

분압기가 사용되는 특정 회로에서는 이 정도의 오차가 심각한 경우도 있다.

일부 스루홀 저항기는 제조 공정 불량으로 값이 정해진 허용 오차 범위를 벗어나는 경우가 종종 있다. 가장 안전한 방법은 저항을 회로에 배치하기 전에 측정기로 정확한 저항값을 확인하는 일

이다.

실제로 작동하는 회로에서 저항으로 인한 전압 강하를 측정할 때, 측정기 내부 회로의 저항이 전류의 일부를 소모한다. 이를 측정기 내부 저항meter loading이라고 하며, 저항 양 끝단 사이의 전위차를 낮게 읽는 결과를 낳는다. 이 문제는 측정기의 내부 저항과 비교해(10M 또는 그 이상) 상대적으로 대단히 높은 값의 저항(예를 들어 1M)을 다룰 때 특히 심각한 문제가 된다.

잘못된 값

저항을 작은 케이스에 넣어 분류할 때, 사용자 실수로 값이 다른 저항이 섞여 들어갈 수 있다. 이런 문제 때문이라도 저항값은 사용 전에 측정기로 꼭 확인해야 한다. 저항값 확인 오류는 결코 사소한 문제가 아님에도 쉽게 간과되곤 한다. 외관상으로 볼 때 1M 저항과 100Ω 저항은 색깔 띠 하나의 차이밖에 없다.

11장

포텐셔미터

가변 저항기variable resistor라고도 하며, 가감 저항기rheostat로 대체될 수 있다.

관련 부품

- 로터리 인코더(8장 참조)
- 저항(10장 참조)

역할

포텐셔미터potentiometer에 전압을 가하면 설정에 따라 전압의 일부를 전달한다. 포텐셔미터는 오디오 장비나 동작 감지기 같은 센서에서 감도, 밸런스, 입력, 출력 등을 조절할 때 사용한다.

또한 포텐셔미터는 회로에 가변 저항값을 입력하는 데에도 사용될 수 있다. 이 경우 포텐셔미터를 가변 저항기variable resistor라고도 부를 수 있다. 그러나 대다수 사람들은 여전히 포텐셔미터라고 한다.

포텐셔미터는 회로에 공급되는 전원을 조정할 때에도 사용할 수 있다. 이 경우 가감 저항기rheostat로도 부르지만, 이 용어는 점점 사용하지 않는다. 대형 가감 저항기는 한때 극장에서 조명 제어용으로 사용하기도 했지만, 현재는 높은 전력을 사용하는 작업에서는 반도체solid state 부품들이 그 자리를 차지하고 있다.

[그림 11-1]은 가장 널리 사용되는 일반 크기의 포텐셔미터이다.

포텐셔미터와 연관 부품들의 회로 기호는 [그

그림 11-1 일반적인 형태의 포텐셔미터. 반경은 약 1″(2.54cm)이다.

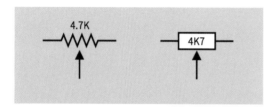

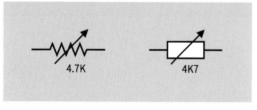

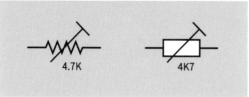

그림 11-2 위에서 아래 방향으로 포텐셔미터, 가감 저항기, 트리머 포텐셔미터의 미국식(왼쪽), 유럽식(오른쪽) 기호. 4.7K 값은 임의로 정한 것이다.

림 11-2]에서 확인할 수 있다. 왼쪽은 미국 버전이고 오른쪽은 유럽 버전이다. 포텐셔미터 기호는 맨 위에 있다. 가변 저항기 또는 가감 저항기의 정확한 기호는 가운데에 있으며, 포텐셔미터 기호를 대신 사용할 수 있다. 값을 미리 정할 수 있는 가변 저항기가 아래에 보이는데, 이는 트리머trimmer 또는 트림팟Trimpot이라고도 한다. 그림에서는 각각의 저항값은 임의로 4,700Ω으로 정했다. 유럽 기호에서 K가 소수점을 대체한다는 사실에 주목하자.

작동 원리

포텐셔미터에는 단자가 세 개 있다. 가장 바깥에 있는 단자 두 개는 내부 저항체의 양 끝과 연결되어 있다. 저항체는 대개 전도성 플라스틱 띠로 되

어 있는데, 이를 트랙track이라고도 한다. 세 번째의 중앙 단자는 내부적으로 와이퍼wiper(또는 아주 드물게 픽 오프pick-off라고도 한다)라고 불리는 접점과 연결되어 있다. 와이퍼는 띠와 접촉해 있

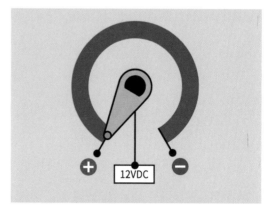

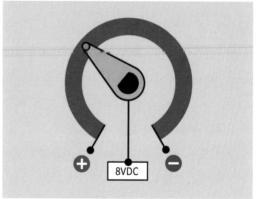

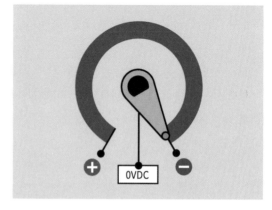

그림 11-3 포텐셔미터의 내부. 자세한 내용은 본문 참조.

으면서 샤프트shaft나 나사가 회전하거나 슬라이더가 움직일 때 한쪽 끝에서 다른 쪽 끝으로 이동한다.

저항체의 양 끝단 사이에 전위차가 걸려 있으면 와이퍼가 움직이면서 와이퍼에 의해 걸리는 전압이 바뀌게 된다. 이때 포텐셔미터는 저항 분압기처럼 동작한다. 예를 들어, 선형 테이퍼linear taper식 포텐셔미터 내부에서(본 장의 '다양한 유형' 참조), 12V 배터리의 음극을 오른쪽 끝 단자에 연결하고 양극을 왼쪽 끝 단자에 연결하면, 포텐셔미터가 시계 방향으로 회전하다 3분의 1 지점에서 중앙 단자의 전압이 8V가 되는 것을 확인할 수 있다. [그림 11-3]에서 샤프트의 베이스(검정색)는 와이퍼(주황색)와 저항체(갈색)를 움직이는 암arm(초록색)에 붙어 있다. 이때 보이는 전압은 저항체가 선형 테이퍼이며, 도선의 저항과 기타 요소에 따라 조금씩 변한다고 가정한다.

포텐셔미터는 전압을 떨어뜨리기 때문에 포텐셔미터를 지나는 전류도 낮아지고, 이에 따라 방출해야 할 폐열waste heat을 발생시킨다. 오디오 회로와 같은 경우에는 전류와 전압이 모두 낮아 발생하는 열은 무시할 수 있는 정도이다. 이보다 더 거친 작업에서 포텐셔미터를 사용한다면, 전력을 처리하기에 적절한 규격을 가져야 하며 열을 잘 배출하는 환기 장치를 갖추어야 한다.

포텐셔미터를 가변 저항기 또는 가감 저항기로 사용하려면 양 끝 단자 중 하나는 중앙 단자와 연결해야 한다. 만일 사용하지 않는 단자를 어디에도 연결하지 않고 남겨 두면, 특히 민감한 회로에서는 고스트 전압stray voltage이 잡히거나 '잡음'을 발생시킬 위험성이 높아진다. [그림 11-4]에서, 포

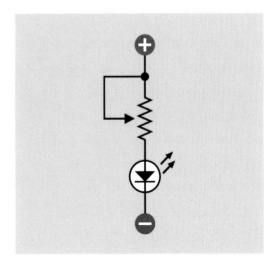

그림 11-4 본 회로도에서 포텐셔미터는 직렬 저항을 조절하는 데 사용할 수 있다. 와이퍼를 양 끝 단자 중 하나에 연결하면 전기 잡음이 흘러 들어갈 위험을 줄인다.

텐셔미터로 LED의 직렬 저항을 조절하는 것을 볼 수 있다. 대개 이 같은 작업에는 트리머를 사용하는데, 사용자가 설정값을 바꿀 필요가 거의 없기 때문이다.

다양한 유형

선형 테이퍼와 대수형 테이퍼

포텐셔미터 내부의 저항체가 폭과 두께가 균일하다면, 와이퍼의 전위차는 와이퍼와 샤프트의 회전 각 비율에 따라(또는 슬라이더 움직임에 따라) 변하게 된다. 이러한 유형의 포텐셔미터는 실제로 저항체가 테이퍼(점점 가늘어지는 모양 – 옮긴이)가 아니더라도 선형 테이퍼linear taper가 있다고 말한다.

오디오 제품의 경우, 사람의 청력은 음압에 비선형으로 반응하기 때문에 선형 테이퍼가 있는 포텐셔미터는 마치 한쪽 끝에서는 매우 느리게 변하

다가 마지막에 급격히 변하는 효과가 있는 것처럼 보인다. 이러한 문제는 균일하지 않거나 점점 가늘어지는 저항체를 이용하면 해결된다. 최근에는 여러 저항체를 조합해 문제를 해결하면서 비용을 낮추고 있다. 이러한 포텐셔미터는 오디오 테이퍼 audio taper 또는 대수형 테이퍼log taper를 가지고 있다고 말한다(저항이 회전각에 따라 로그 함수 형태로 변하기 때문이다). 역 오디오 테이퍼 또는 안티로그antilog 테이퍼는 이와 반대 방향으로 변하는데, 최근에는 사용이 점점 줄고 있다.

구형 포텐셔미터

예전에 사용하던 포텐셔미터는 밀봉된 원통형 캔 안에 들어 있었으며, 반경은 0.5″에서 1″(1.3~2.54cm) 사이다. 내부에는 원을 자른 모양의 저항체 띠가 포함되어 있다. [그림 11-1]이 이러한 포텐셔미터의 전형적인 예인데, 최근에는 이보다 크기가 작은 버전이 더 널리 사용된다. 캔 위에 있는 샤프트는 내부 와이퍼를 회전시켜 띠를 누르도록 되어 있다. 패널 장착형 작업에서, 샤프트의 베이스에 나사산이 새겨진 부싱이 전자제품의 전면 패널에 낸 구멍에 삽입되고, 부싱 위의 너트를 조여 포텐셔미터를 제자리에 고정한다. 대부분 여분의 작은 인덱스 핀이 있어 거기에 맞는 전면 패널의 구멍과 맞춰 포텐셔미터가 헛도는 것을 방지한다.

현대식 포텐셔미터들은 대부분 크기가 작아졌고, 원통형 캔보다는 상자 모양의 플라스틱 케이스로 포장된 경우가 많다. 이러한 포텐셔미터의 정격 전력은 대체로 낮은 편인데, 작동 원리는 그대로다. [그림 11-5]에서 두 가지 형태의 포텐셔미

그림 11-5 현대식 소형(miniaturized) 포텐셔미터. 왼쪽은 5K, 오른쪽은 10K. 둘 다 50mW를 방출하도록 규격이 정해져 있다.

터를 확인할 수 있다.

포텐셔미터에 달려 있는 세 개의 단자는 납땜용 돌출부solder lug, 나사 연결 단자이거나 회로 기판에 직접 꽂을 수 있는 핀으로 되어 있다. 핀은 반듯하거나 90도 각도로 꺾여 있다.

저항체는 탄소 피막, 플라스틱, 서멧cermet(세라믹과 금속의 혼합), 또는 저항을 지닌 도선을 부도체에 감은 권선형이다. 대체로 탄소 피막 포텐셔미터가 가장 값이 싸고, 권선형 포텐셔미터가 가장 비싸다.

권선형 포텐셔미터는 다른 유형보다 높은 전력을 다룰 수 있지만, 와이퍼가 움직이면서 감긴 도선의 한 부분에서 다음 부분으로 옮겨 가기 때문에 출력값이 연속적인 값이 아닌 불연속적인 값으로 변하는 경향이 있다.

포텐셔미터에 멈춤쇠가 있는 경우, 특히 스프링이 장착된 손잡이가 새김눈notch이 있는 내부 바퀴와 접해 있을 때 샤프트는 단계적으로 회전하게 되며, 이로 인해 저항체는 연속적이라 하더라도

출력은 불연속적인 값이 된다.

샤프트는 금속이나 플라스틱으로 만들 수 있으며, 길이와 폭은 부품마다 다르다. 샤프트 끝에는 제어용 손잡이가 고정된다. 제어용 손잡이의 일부는 푸시 온push-on 형태이고, 다른 일부는 나사로 고정한다. 샤프트의 구조로는 스플라인 앤드 스플릿splined and split(축의 둘레에 같은 간격으로 열쇠 모양의 요철을 붙인 것 – 옮긴이) 형태, 매끄러운 원형 형태, 반원형 모양으로 제어용 손잡이 내부 소켓에 끼우는 형태 등이 있다. 일부 샤프트는 드라이버로 조절하도록 홈이 파인 경우도 있다.

일반 크기 포텐셔미터에 들어가는 샤프트의 예가 [그림 11-6]에 나와 있다.

다회전 포텐셔미터

높은 정확도를 위해 포텐셔미터 내부 트랙을 나선

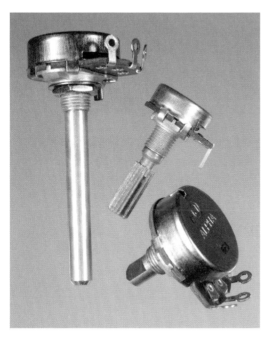

그림 11-6 포텐셔미터에 들어가는 세 가지 유형의 샤프트.

형태로 제작해 와이퍼가 트랙 한쪽 끝에서 다른 쪽까지 여러 번 회전하도록 만든다. 이러한 다회전 포텐셔미터는 보통 3, 5, 10회전하면서 와이퍼를 한쪽 끝에서 다른 쪽 끝까지 이동시킨다. 또 다른 다회전 포텐셔미터는 나사산을 이용해 와이퍼가 선형 또는 원형 트랙을 따라 전진하도록 되어 있다. 이러한 유형의 포텐셔미터는 트리머trimmer와 비교할 수 있다. 트리머는 드라이버를 여러 번 돌려 원형 트랙의 양 끝 사이로 와이퍼를 회전시키는 웜 기어worm gear를 돌린다.

멀티 갱 포텐셔미터

두 개(또는 드물지만 그 이상)의 포텐셔미터를 쌓거나 조합해 포텐셔미터의 저항체와 와이퍼가 하나의 샤프트를 공유하면서 서로 다른 전압을 이용하거나 다른 테이퍼를 갖도록 할 수 있다. 각각의 저항-와이퍼 조합을 컵cup이라 하고, 이렇게 결합된 포텐셔미터를 갱ganged이라 한다.

플랫 갱flat ganged 포텐셔미터는 두 개의 저항체를 하나의 케이스 안에 조합한 것이다. 일부 듀얼 갱dual ganged 포텐셔미터는 중심축을 공유한다. 그 의미는 포텐셔미터가 두 개의 샤프트에 의해 별도로 제어되는데, 한 저항이 다른 하나의 내부에 있다는 뜻이다. 이때는 적절한 동심축 손잡이를 사용해야 한다. 이런 포텐셔미터는 제한 수량만 생산하므로 일반 상점에서 취급하는 경우는 드물다.

스위치가 있는 포텐셔미터

스위치가 있는 포텐셔미터에서는 샤프트가 반시계 방향으로 완전히 돌아간 초기 위치에서부터 시게 방향으로 회전할 때, 외부 단자에 연결된 내부 스위치가 젖혀진다. 이 같은 포텐셔미터는 전원을 켜는 작업과 관련된 부품(예를 들어 오디오 앰프)에서 사용될 수 있다. 또는 샤프트를 당기거나 밀어 넣어 포텐셔미터의 내부 스위치를 작동하도록 설계한 부품도 있다.

슬라이더 포텐셔미터

슬라이드 포텐셔미터slide potentiometer라고도 한다. 슬라이더 포텐셔미터는 반듯한 저항체 띠와 와이퍼를 사용하며, 와이퍼의 경우 플라스틱 손잡이 또는 핑거그립finger-grip이 달린 탭이나 돌출부를 써서 선형적으로 앞뒤로 움직이게 한다. 슬라이더형은 지금도 일부 오디오 장비에서 사용되고 있다. 작동 원리와 단자 개수는 구식 포텐셔미터와 동일하다. 그중에서도 특히 슬라이더형은 납땜용 탭 또는 기판 장착용 핀이 있다. [그림 11-7]에서, 크기가 큰 제품은 길이가 3.5″(약 9cm)이며, 구멍이 뚫린 패널 뒷면에 장착해 탭을 움직이도록 설계한 것이다. 양쪽 끝의 나사 구멍을 이용해 패널 뒷면에 나사로 고정할 수 있다. 플라스틱 손잡

이(다양한 형태로 별도 판매된다)는 분리가 가능하다. 슬라이더 아래의 납땜용 돌출부는 이 사진에서는 보이지 않는다. 크기가 작은 슬라이더는 회로 기판에 스루홀로 장착하도록 제작한 것이다.

트리머 포텐셔미터

흔히 트림포트Trimpot라고도 하는 이 부품은 실제로는 본스Bourns 사의 제품 이름이다. 이 제품은 회로 기판에 직접 올려 제조 과정에서 섬세한 조절이나 트리밍trimming을 가능하게 하고, 다른 부품들의 변화를 보완하는 테스트를 할 수 있도록 한다. 트리머 포텐셔미터는 단일 회전형 또는 다회전형이 있다. 다회전형은 웜 기어worm gear가 들어 있어 와이퍼가 붙어 있는 다른 기어와 맞물리게 되어 있다. 트리머 포텐셔미터에는 항상 선형 테이퍼linear taper가 있다. 트리머 포텐셔미터는 드라이버로 조절하거나, 소형 요철이 있는 샤프트 knurled shaft, 섬 휠thumb wheel, 손잡이로 조절하게 되어 있다. 대체로 트리머 포텐셔미터는 최종 사용자가 접근할 일은 없으며, 장비를 조립할 때 설

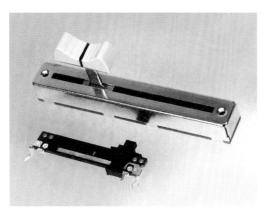

그림 11-7 슬라이더 포텐셔미터

그림 11-8 대다수 트리머처럼 이 제품들도 회로 기판에 스루홀 방식으로 부착한다.

그림 11-9 트리머 포텐셔미터. 요철이 달린 다이얼을 이용해 손가락으로 쉽게 조절할 수 있다.

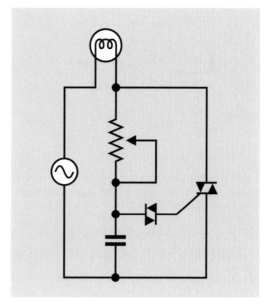

그림 11-10 다이액(diac), 트라이액, 커패시터와 함께 사용하는 포텐셔미터의 예. 전구의 밝기를 조절하기 위한 회로이다. 이 회로에서는 AC 전원을 사용한다. 다이액과 트라이액은 2권에서 설명한다.

정을 끝낸 후 밀봉된다. [그림 11-8]의 베이지색 스펙트롤 트리머spectrol trimmer는 단일 회전형이고, 파란색 트리머는 다회전 트리머. 패키지 내부의 웜 기어는 나사 머리 사이에 있는데, 와이퍼를 회전시키는 내부의 기어 휠과 맞물려 있다.

[그림 11-9]의 2K 트리머 포텐셔미터는 요철이 있는 다이얼이 붙어 있어 손가락으로 쉽게 조정할 수 있으며, 일자형 나사 드라이버로 조절하도록 홈도 새겨놓았다.

사용법

구식 포텐셔미터는 한때 오디오 장비에서 볼륨, 베이스, 트레블treble(고음역 조절)을 제어하기 위해 널리 사용되어 왔으나, 현재는 촉각 스위치tactile switch('촉각 스위치' 37쪽 참조)나 로터리 인코더(8장 참조)와 같은 디지털 입력 장치로 대체되고 있는 추세다. 디지털 입력 장치들은 안정적이면서도 가격이 더 저렴한데, 특히 조립 비용을 고려할 때 큰 장점이 있다.

포텐셔미터는 밝기 조절기가 달린 전등이나 요리용 스토브 등에 널리 사용된다([그림 11-10] 참조). 이들 제품에서는 트라이액triac(2권에서 설명함)과 같은 무접점 스위치 기기가 매우 빠르게 간섭하여 전등이나 스토브의 전원을 실제로 조정moderation하는 작업을 한다. 포텐셔미터는 전원 차단의 사용률duty cycle을 조절한다. 이 시스템에서는 포텐셔미터가 가감 저항기로서 전등이나 열원을 직접 제어할 때보다 전력을 훨씬 덜 소모한다. 소규모 전력을 제어할 때는 포텐셔미터가 크기도 작고 저렴하며, 열을 많이 발생하지도 않는다.

오디오 입력을 제어하기 위해 대수형 포텐셔미터logarithmic potentiometers를 사용하는 예가 점점 줄고, 선형 포텐셔미터linear potentiometers에 고정 저항기를 결합해 사용하는 예가 그 대안으로 사용되고 있다. 다음 페이지 [그림 11-11]을 참조한다.

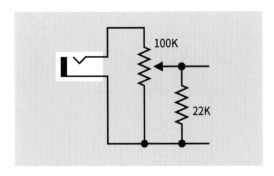

그림 11-11 이 회로에서는 100K 선형 포텐셔미터와 22K 저항을 함께 사용해, 오디오 시스템의 대수형 볼륨 제어(logarithmic volume control)와 거의 흡사한 회로를 제작했다. 입력 신호는 왼쪽의 오디오 잭 소켓에서 들어온다.

포텐셔미터는 아날로그-디지털 변환기에서 센서나 아날로그 입력 장치의 매칭, 온도나 동작 센서의 교정에 사용될 수 있다.

주의 사항

마모 및 손상

구식 포텐셔미터는 전기기계식 장치여서, 한 부분이 다른 부분과 마찰을 일으키면서 점차 성능이 떨어진다. 슬라이더 포텐셔미터는 슬라이드가 움직이는 부분이 길게 개방되어 있어 먼지, 물, 기름 등의 오염에 취약하다. 포텐셔미터의 수명을 연장하기 위해서는 접점 세척용 솔벤트solvent, 윤활유가 들어 있는 스프레이, 압축 먼지떨이duster 공기 등을 사용해야 한다. 탄소 피막 포텐셔미터는 내구성이 가장 떨어지는데, 오디오 제품에서는 저항체가 훼손되면서 회전할 때마다 '긁는 듯한' 소리를 만들어 낸다.

와이퍼가 손상되어 트랙과의 전기 접촉을 만들 수 없거나 사용 중인 포텐셔미터가 가변 저항 용도로 사용된다면, 두 종류의 오류가 발생할 수 있

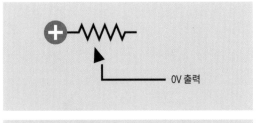

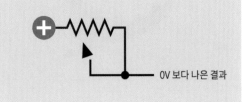

그림 11-12 마모 및 손상으로 포텐셔미터의 와이퍼가 깨지고(헐거운 화살표 머리로 표현됨) 포텐셔미터를 가변 저항으로 사용하고 있다면, 포텐셔미터의 저항은 0으로 떨어진다(위 도면). 만일 와이퍼를 트랙의 한쪽 끝에 연결해 놓으면 적어도 0V로 떨어지지는 않는다(아래 도면).

다([그림 11-12] 참조). 분명히 아래 도면의 결과가 훨씬 낫다. 따라서 와이퍼는 트랙의 '사용하지 않는' 단자에 항상 연결해 두는 편이 좋다.

만일 회로 기판이 제조 공정을 통과해야 한다면, 웨이브 납땜 시 온도 변화와 이후 납땜 잔여물 제거를 위한 세척 과정에서 포텐셔미터가 손상을 입을 수 있다. 특히 슬라이더 포텐셔미터는 내부 부품들이 쉽게 오염될 수 있다. 포텐셔미터는 자동화 공정 이후에 수작업으로 장착하는 편이 더 안전하다.

맞지 않는 손잡이

제어용 손잡이는 대부분 포텐셔미터에 따로 납땜하여 부착한다. 포텐셔미터의 샤프트(원형, 한쪽 면이 평평한 반원형, 또는 요철이 있는 형)가 선택한 손잡이와 모양이 잘 맞는지 꼭 확인하도록 한다. 샤프트의 반경은 인치 또는 미터법으로 표시된다.

나사 분실

패널 장착형 포텐셔미터는 부싱의 나사산에 맞는 너트가 포텐셔미터와 함께 판매된다. 여유분의 너트와 잠금 워셔도 함께 제공된다. 포텐셔미터의 나사산은 표준화되지 않았기 때문에 너트를 잃어버리면 이를 정확히 대체할 수 있는 너트를 찾기가 매우 어렵다.

충분히 길지 않은 샤프트

샤프트의 길이를 선택할 때, 확실치 않으면 샤프트의 길이가 긴 포텐셔미터를 선택하고 나중에 원하는 길이에 맞춰 잘라 사용한다.

손잡이가 없는 슬라이더

슬라이더 포텐셔미터는 손잡이나 플라스틱 손가락 고리 없이 납땜하는 경우가 많다. 손잡이나 플

그림 11-13 큰 포텐셔미터의 반경은 약 3″(7.5 cm). 규격은 5Ω이며 4A 이상의 전류를 처리할 수 있다. 작은 포텐셔미터는 반경 5/8″(1.6cm), 2K, 1/4W 규격이다. 핀들은 스루홀 형태로 회로 기판에 삽입하도록 제작되었으며, 홈이 파인 샤프트에는 손잡이를 눌러 끼울 수 있다. 크기에서 차이가 있지만 작동 원리와 기본 기능은 동일하다.

라스틱 손가락 고리는 다양한 형태로 출시되어 있어 추후에 주문해야 한다. 손가락 고리는 보통 금속이나 플라스틱 탭 또는 돌출부에 끼워 맞춰, 앞뒤로 슬라이더를 밀 수 있게 되어 있다.

크기가 너무 큼

포텐셔미터의 실제 크기를 확인할 때는 제조업체의 데이터시트를 확인해야 한다. 사진으로는 오독이 있을 수 있는데, 구식 포텐셔미터의 반경 0.5″(1.3cm) 제품은 반경 1″(2.54cm) 제품과 거의 동일하게 보인다. 고전력용 포텐셔미터는 가격이 비싸고 크기도 더 크다(반경 2~3인치(5~7.5cm) 정도). [그림 11-13]을 참조한다.

과열

고전력용 포텐셔미터 주위에는 충분한 공간을 남겨야 한다. 사용하게 될 최대 전압 강하와 전류를 주의 깊게 계산하고, 적절한 규격의 부품을 선택한다. 포텐셔미터를 가감 저항기로 이용할 경우, 와이퍼가 움직이면서 저항이 줄면 더 많은 전류를 처리해야 한다는 점에 주목하자. 예를 들어 12VDC가 10Ω 가감 저항기를 거쳐 20Ω의 저항을 가진 부품에 걸리면, 회로의 전류는 가감 저항기의 위치에 따라 0.4A에서 0.7A까지 변하게 된다. 최대 전류가 흐른다고 가정할 때, 가감 저항기에서 4V 전압 강하를 일으키고, 따라서 저항체의 전체 길이로부터 1.6W의 전력이 발열된다. 가감 저항기를 4Ω으로 다시 설정하면 전압 강하는 2V, 회로의 전류는 0.5A가 되며, 따라서 가감 저항기는 1W의 전력을 저항체의 4/10 길이로부터 발열한다. 저항체의 짧은 부분에서 높은 열을 발산할 경

우에는 기타 유형의 가감 저항기보다 권선형 포텐서미터가 더 낫다. 전류에 제한을 걸어야 할 필요가 있는 경우에는 고정 저항기를 가감 저항기와 직렬로 연결해 사용한다.

트리머 포텐서미터를 사용할 때는 와이퍼에 흐르는 최대 전류를 100mA로 엄격하게 제한해야 한다.

잘못된 테이퍼

포텐서미터를 구매할 때는 선형 테이퍼인지 대수형 테이퍼인지 확인하는 것을 잊지 않도록 한다. 필요하다면 포텐서미터를 중앙 위치에 놓고 측정기를 이용해 어떤 유형의 테이퍼인지 확인한다. 미터기의 탐침을 고정한 후, 포텐서미터의 샤프트를 회전시켜 저항이 선형적으로 변하는지 아니면 오디오 테이퍼 형식으로 변하는지 확인하면 된다.

12장

커패시터

흔히 캡cap이라 알려져 있다. 이전에는 (주로 영국에서) 콘덴서condenser라고도 했지만, 이 영문 용어의 사용은 드물다.

관련 부품

- 가변 커패시터(13장 참조)
- 배터리(2장 참조)

역할

DC 전원에 커패시터를 병렬로 연결하면 전하를 축적하며, 전원을 끊고 난 후에도 전위차가 한동안 유지된다. 이렇듯 커패시터는 소형 충전식 배터리처럼 에너지를 저장하고 방전할 수 있다. 충전률과 방전률은 대단히 빠르지만, 저항을 직렬로 연결해 제한할 수 있다. 커패시터는 여러 전자회로에서 타이밍을 조절하는 부품으로 사용한다.

커패시터는 DC 전류에 섞인 펄스, 전기 '잡음', 교류 전류, 오디오 신호, 기타 파형을 차단하는 데도 사용될 수 있다. 커패시터의 이런 기능은 전원 공급기에서 제공하는 출력 전압을 평탄하게 만들고, 신호에서 오는 스파이크를 제거해 디지털 회로 부품들이 허위로 동작하지 않게 해준다. 또한 오디오 회로에서 주파수의 응답을 조절하며, DC 전류로부터 보호해야 하는 분리된 부품들 또는 회로 부품들을 커플링시킬 수 있다.

[그림 12-1]은 회로도에서 커패시터를 나타내는 기호다. 위 왼쪽은 극성이 없는 커패시터이고, 나머지 둘은 극성이 있는 커패시터를 표시한다. 극성이 있는 커패시터를 사용할 때는 극의 방향이 그림과 정확히 일치하도록 설치해야 한다. 아래 기호는 유럽에서 많이 사용된다. 조금은 혼란스럽지만, 극성이 없는 기호에 + 기호를 더하면 극성이 있는 커패시터를 표현하게 된다. 극성이 있는

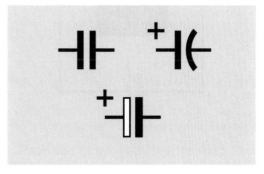

그림 12-1 극성 및 양극성 커패시터의 회로 기호. 자세한 내용은 본문 참조.

커패시터 기호에서 간혹 + 기호 없이 인쇄되는 경우가 있는데, 그때에도 극성을 확인해야 한다.

작동 원리

가장 단순한 형태의 커패시터는 두 개의 판으로 이루어져 있으며, 각각의 판에는 단자가 붙어 있어 DC 전원에 연결된다. 두 판은 유전체dielectric라는 얇은 절연층으로 분리되어 있다. 유전체는 보통 고체나 페이스트paste 형태로 되어 있지만 액체, 젤, 기체, 진공 형태도 가능하다. .

커패시터에서 사용하는 극판은 대부분 얇은 금속 필름이나 메탈릭 플라스틱(금속 피막으로 감싼 플라스틱 – 옮긴이)으로 되어 있다. 부품 크기를 최소화하기 위해, 판을 돌돌 말아 작은 원통형 패키지로 만들거나 평평한 판 여러 개를 겹겹이 쌓기도 한다.

전원 공급기에서 전자는 전원의 음극에 연결된 판으로 이동하고, 다른 극에서 온 전자를 물리치는 경향이 있다. 이를 상대 판에 정공electron hole을 형성한다거나 양전하positive charges를 끌어당긴다고도 한다([그림 12-2] 참조). 커패시터가 전원과 분리되었을 때, 커패시터 극판 위의 서로 다른 전하는 상호 인력의 결과로 평형 상태를 유지하지만, 유전체나 기타 경로에서 일어나는 누수leakage의 결과로 전압은 서서히 떨어진다.

충전된 커패시터 양극에 병렬로 저항기를 놓으

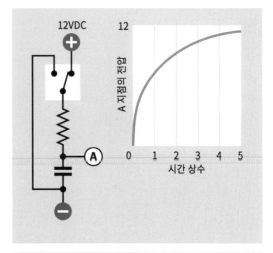

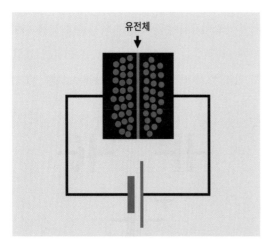

그림 12-2 커패시터의 판은 전도체이기 때문에, DC 전원과 연결되면 양전하와 음전하로 가득 찬다. 다른 전하끼리는 서로 끌어당기므로, 두 판은 절연층인 유전체 양편에 전하를 모으게 된다. 그림에서 배터리 기호는 구분을 위해 색깔로 표현했다.

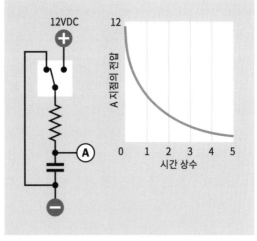

그림 12-3 RC(저항-커패시터) 네트워크에 커패시터의 충전과 방전을 제어하는 스위치가 포함된 경우. 위 그림에서 곡선 그래프로 커패시터의 충전 경향을 대략 파악할 수 있다. 아래 그림에서는 방전 경향을 알 수 있다.

면, 커패시터는 저항이 제한하는 방전률로 저항기를 통해 방전된다. 이와 반대로, 저항기를 통해 커패시터를 충전하면 저항기는 충전률을 제한한다.

커패시터와 직렬로 연결한 저항기는 RC 네트워크(저항-커패시터 네트워크)라고 알려져 있다. [그림 12-3]에서 SPDT 스위치를 포함한 RC 회로는 직렬로 연결한 저항기로 커패시터를 충전하거나 방전한다. A 지점의 전압은 커패시터가 충전되는 동안 비선형적으로 증가하며(전원 공급기의 음극에 대하여), 커패시터가 방전되는 동안 비선형적으로 감소한다. 이 내용은 그래프로 확인할 수 있다. 어느 경우든, 커패시터에서 충전되는 전류와 공급되는 전압 사이의 차이가 63%가 될 때까지 걸리는 시간을 회로의 시간 상수time constant라고 한다. 자세한 내용은 '시간 상수(117쪽 참조)'를 참고한다.

AC 전원에 커패시터를 병렬로 연결하면 한쪽 판에 전자가 모이고 다른 판에도 같은 양의 양전하가 모이게 된다. 그 후 전원의 극성이 바뀌면 판에 모인 전하는 위치를 바꾸게 된다. 이러한 동작이 계속 반복되면 커패시터에 AC 전류가 흐르는 것처럼 보이지만, 실제로 두 판 사이를 가로막는

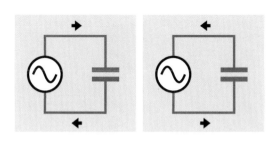

그림 12-4 왼쪽의 회로도에서, 교류 전류의 전원으로 인해 커패시터의 위쪽 판은 양의 전하로, 아래 판은 음의 전하로 충전된다. 이 과정에서 전류가 흐르는데, 그 방향은 화살표로 표시했다. 잠시 후 교류 전류의 방향이 바뀔 때, 흐름의 방향이 반대가 되면서 커패시터가 교류 전류를 '통과시키는' 것 같은 모양이 된다.

유전체는 절연체다([그림 12-4] 참조). 흔히 커패시터는 교류 전류를 '통과시킨다'라고 하지만, 실제로 이런 일은 일어나지 않는다. 그러나 이 개념이 널리 통용되고 있으므로, 본 백과사전에서도 편의상 커패시터가 AC를 '통과시킨다'라고 하겠다.

커패시터의 크기에 따라 일부 AC 주파수는 차단하고 다른 주파수는 통과시킨다. 일반적으로 크기가 더 작은 커패시터가 높은 주파수를 비교적 더 효과적으로 통과시킨다. 그 이유는 소량의 전류 서지로도 커패시터의 판을 쉽게 채울 수 있기 때문이다. 그러나 커패시터의 유도 리액턴스inductive reactance를 적용하면 상황은 복잡해진다(유도 리액턴스가 실효 직렬 저항effective series resistance을 생성한다). 이 내용은 뒤에서 논의한다. 자세한 내용은 '교류 전류와 용량 리액턴스(117쪽 참조)'를 참고한다.

다양한 유형

형태

커패시터에서 가장 흔한 패키지는 원통형, 디스크형, 그리고 직사각 태블릿형이다.

원통형 커패시터

원통형 커패시터cylindrical capacitor는 동축 리드axial lead(양쪽 끝에 각각 단자가 붙은 형태) 또는 래디얼 리드radial lead(두 단자가 한쪽 끝에 달려 있음)형이 있다. 래디얼 리드형의 커패시터가 회로 기판에 쉽게 삽입되므로 더 많이 사용된다. 커패시터는 흔히 작은 알루미늄 캔으로 포장하고, 한쪽 끝을 밀봉한다. 그리고 다른 쪽 끝은 절연체 원판

으로 막은 후 얇은 절연 플라스틱으로 감싼다. [그림 12-5]와 [그림 12-6]에서 여러 가지 커패시터를 볼 수 있다.

그림 12-5 래디얼 리드가 붙은 원통형 커패시터. 모두 전해 커패시터(electrolytic capacitor)다.

그림 12-6 원통형 커패시터. 맨 위와 맨 아래는 래디얼 리드, 가운데는 동축 리드가 붙어 있다. 모두 전해 커패시터다.

디스크 커패시터

디스크 커패시터disc capacitor(간혹 버튼 커패시터 button capacitor라고도 한다)는 일반적으로 절연 세라믹 화합물 케이스로 포장하고, 래디얼 리드형으로 되어 있다. 현대식 소형 세라믹 커패시터는 에폭시에 담그거나 직사각 태블릿형으로 제작하는 경우가 많다. [그림 12-7]에 일부 예를 소개한다.

표면 장착형 커패시터

표면 장착형 커패시터suface-mount capacitor는 사각형이나 직사각형 형태로, 각각의 길이가 수 밀리미터 정도이며 두 개의 전도성 패드 또는 접점이 양쪽 끝에 위치한다. 모양은 표면 장착형 저항기와 거의 비슷하다. 표면 장착형으로 제작된 것 중 커패시턴스가 큰 커패시터는 크기가 상대적으로 크다. [그림 12-8]을 참조한다.

대다수 커패시터는 극성이 없다. 즉 극성과 무관

그림 12-7 일반적인 세라믹 커패시터. 각각의 규격은 왼쪽 0.1µF/50V, 중앙 1µF/50V, 오른쪽 1µF/50V.

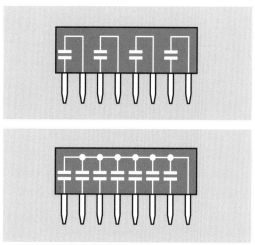

그림 12-8 표면 장착형 커패시터는 대부분 다른 표면 장착형 부품처럼 크기가 작지만, 이 4,700μF 전해 커패시티(정격 전압 10V)는 밑판의 크기가 약 0.6″×0.6″(1.5×1.5cm²)이다. 납땜용 탭이 가운데에 보인다.

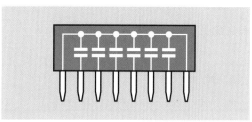

그림 12-9 커패시터 네트워크는 대부분 SIP 패키지 칩에 여러 커패시터가 들어 있는 구조다. 위는 분리형. 가운데는 공통 버스형. 아래는 듀얼 공통 버스형. 각각의 커패시터 값은 보통 0.001μF부터 0.1μF 사이이다.

하다. 그러나 전해 커패시터와 탄탈륨 커패시터는 DC 전원에 대해 '정확한 방향으로' 연결해야 한다. 두 단자 중 한 단자가 다른 단자보다 길이가 더 길다면 길이가 긴 쪽이 '양'극이다. 커패시터의 한쪽 끝에 표시가 있거나 띠를 두르고 있으면 그쪽이 '음'극이다. 탄탈륨 커패시터는 몸체에 +를 표시해 양극을 표현하는 경우가 많다.

커패시터 한쪽 면에 화살표가 인쇄되어 있으면 그 화살표가 가리키는 방향이 '음'극 단자다. 양 끝에 단자가 달려 있는 알루미늄 캔의 경우, 한쪽에는 절연 디스크가 있고 다른 쪽은 알루미늄 캔이 둥근 모양을 하고 있다. 이때 절연 디스크 쪽에 달린 단자가 '양'극이 된다.

커패시터 어레이

커패시터 어레이capacitor array는 커패시터가 두 개 이상 들어 있는 패키지다. 커패시터는 각각 내부적으로 독립되어 있으며 외부 접촉으로 연결된다.

커패시터 어레이는 표면 장착형이거나 DIP 또는 SIP 형태의 스루홀through-hole 칩 모양으로 출시되어 있다. 내부 부품은 분리형, 공통 버스형, 듀얼dual-ended 공통 버스형 중 하나의 형태로 연결되어 있다. 기술적으로는 분리형 구조를 커패시터 어레이라고 하지만, 실제로 세 형태를 모두 커패시터 네트워크capacitor network라고 한다. [그림 12-9]와 다음 페이지 [그림 12-10]을 참조한다.

디지털 논리 칩에 바이패스 커패시터bypass capacitor를 사용해야 하는 회로에서 커패시터 네트워크를 이용하면 부품 수를 줄일 수 있다. 이 개념은 어레이 저항resistor array과 유사하다.

RC 회로(여러 개의 저항-커패시터 쌍)를 포함

그림 12-10 스루홀 타입의 커패시터 어레이. SIP 형태이다.

하는 칩도 출시되어 있지만, 흔하지는 않다.

주요 유형

전해 커패시터

전해 커패시터electrolytic capacitor는 상대적으로 저렴하고 크기가 작으며, 고용량 제품도 출시되어 있다. 이러한 특성으로 인해 전해 커패시터는 가전제품, 특히 전원 공급기에 널리 사용된다. 전해 커패시터의 용량은 주기적으로 전압을 가함으로써 충전된다. 커패시터 내부의 액체형 페이스트는 전압을 가했을 때 유전체의 성능을 좋게 하려는 것이지만, 몇 년 정도 사용하면 말라버릴 수 있다. 전해 커패시터를 10년 이상 보관한 다음 사용한다면 커패시터에 전원을 가했을 때 회로 단락이 발생할 수 있다. [그림 12-5]와 [그림 12-6]의 커패시터는 모두 전해 커패시터다. [그림 12-11]의 커패시터는 고사양 제품이다.

양극성 커패시터

양극성 커패시터bipolar capacitor는 단일 패키지에 두 개의 전해 커패시터를 직렬로 연결한 형태이

그림 12-11 이 13,000µF 전해 커패시터는 일상생활에서 흔히 사용하는 제품에 비해 상당히 크다.

다. 이 조합에서는 서로 반대 극성을 마주보고 있어 신호의 전압이 0VDC 상하로 요동을 칠 때 사용할 수 있다. [그림 12-12]와 [그림 12-13]을 참조한다. 양극성 커패시터의 케이스 겉면에는 대부분 'BPbipolar, 양극성' 또는 'NPnonpolarized, 무극성'라고 새겨져 있다. 양극성 커패시터는 유극 커패시터를 사용하기에 적절하지 않은 오디오 회로에서 주로 사용되며, 전해 커패시터가 아닌 제품보다 저렴한 경우가 많다. 그러나 전해 커패시터와 마찬가지로 강도가 약하다는 단점이 있다.

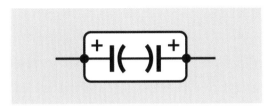

그림 12-12 양극성 전해 커패시터의 내부를 회로도로 표현한 그림. 이 커패시터는 내부에 두 개의 전해 커패시터가 극성을 반대로 하여 직렬로 연결되어 있다.

그림 12-13 양극성 전해 커패시터. 크기가 가장 큰 위 왼쪽은 정격 전압이 더 높다. 다른 두 커패시터 케이스 겉면에는 'BP'라고 써 있는데, bipolar의 약자로 극성이 없음을 뜻한다. 그러나 한 단자가 다른 단자보다 짧다.

탄탈륨 커패시터

탄탈륨 커패시터tantalum capacitor는 크기가 작지만 상대적으로 비싸고, 전압 스파이크에 취약하다. 탄탈륨 커패시터는 극성을 잘못 연결하는 경우에 대단히 민감하다. 보통 탄탈륨 커패시터는 전해 커패시터처럼 작은 알루미늄 캔에 넣지 않고, 에폭시에 담그는 방법으로 제조한다. 따라서 전해액이 증발해서 마를 가능성이 더 적다. [그림 12-14]에서, 탄탈륨 커패시터 두 개(규격은 왼쪽 330μF/6.3V, 오른쪽 100μF/20V)가 폴리에스터 필름 커패시터(규격은 10μF/100V) 위에 놓여 있다.

그림 12-14 탄탈륨 커패시터(위)와 폴리에스터 필름 커패시터(아래). 탄탈륨 커패시터의 극성은 긴 단자에 인접해 있는 + 기호로 표시된다. 폴리에스터 커패시터는 극성이 없다.

최근에는 용량값이 크고 크기는 소형이면서 저항이 더 낮은 세라믹 커패시터가 인기를 얻으면서 표면 장착형 탄탈륨 커패시터의 사용이 점차 줄고 있다.

플라스틱 필름 커패시터plastic film capacitor는 다음 절에서 설명한다.

단층 세라믹 커패시터

단층 세라믹 커패시터single-layer ceramic capacitor는 흔히 바이패스용으로 많이 사용되며, 고주파 또는 오디오 작업에 적합하다. 단층 세라믹 커패시터의 값은 온도에 그다지 안정적이지 않지만, 'NPO'형은 상당히 안정적이다. 적층 세라믹 커패시터multilayer ceramic capacitor가 단층 커패시터보다 크기가 더 작아 점점 더 많이 사용하는 추세다. 다음 페이지 [그림 12-15]에서는 세 종류의 적층 세라믹 커패시터를 보여 주고 있다. 아래 오른쪽의 가장 큰

그림 12-15 적층 세라믹 커패시터는 크기가 대단히 작고 극성이 없다. 위는 1,000pF(즉 1nF)/100V. 아래 왼쪽은 1μF/25V. 아래 오른쪽은 47μF/16V.

제품(규격, 47μF/16V)도 한 변의 길이가 겨우 0.2″ (0.5cm)밖에 되지 않는다.

유전체

커패시터에서 사용되는 유전체는 대체로 전해질 층, 세라믹 화합물, 플라스틱 필름(폴리카보네이트, 폴리프로필렌, 폴리스티렌), 또는 종이로 이루어져 있다.

전해 커패시터의 전해질 층은 전해액에 적신 종이로 이루어져 있다. 이것을 얇은 알루미늄 판 사이에 끼운다. 알루미늄 판 위에는 산화알루미늄이 입혀져 있다. 이렇게 만들어진 판을 돌돌 말아 원통형으로 만든다. 전압이 가해지면 유전체로서 기능한다.

폴리에스터

폴리에스터는 플라스틱 필름에서 가장 많이 이용되는 종류로, 유전 상수와 단위 부피당 용량이 가장 높다. DC 회로에서 많이 이용되지만, 원통형으로 제조된 것은 기생 인덕턴스를 발생시킨다. 디커플링decoupling, 커플링coupling, 바이패스용으로 흔히 이용되나, 높은 안정성과 낮은 전력 누설이 필요한 회로에는 그다지 적합하지 않다. 높은 전류에서의 사용에도 적합하지 않다.

폴리카보네이트

온도 측면에서 대단히 안정적이며, 고정 주파수를 필요로 하는 필터 또는 시한 회로timing circuit에 적합하다. 커패시터로서 성능이 우수하므로 군사 규격에 적합하지만 가격이 비싸다.

마일라, 폴리에스터, 또는 그 밖의 플라스틱 필름들은 오디오 회로에서 많이 이용된다. 오디오 회로에서는 전압 제한(일반적으로 100VDC 이하)이 큰 문제가 되지 않기 때문에 플라스틱 필름의 특성인 양극성은 장점으로 작용한다.

폴리프로필렌

열에 취약하고(최대 온도는 보통 섭씨 85도 정도이다), 폴리카보네이트보다 온도 면에서 안정적이지 못하다. 전력 손실 계수가 매우 낮아 높은 주파수에서 높은 전력을 다룰 수 있다. 허용 오차가 1% 정도로 낮은 제품도 있다. 폴리프로필렌을 이용한 커패시터는 확성기의 크로스오버 회로에 많이 사용되며, 전원 공급기의 스위칭으로도 이용된다. 폴리프로필렌 커패시터는 박막 유전체를 이용하는 다른 커패시터에 비해 크기가 큰 경향이 있다.

부품값

패럿

커패시터의 전기 저장 용량 단위는 패럿farad이며, 전세계 공통으로 F로 표기한다. 1초 동안 1A의 전류를 흘렸을 때, 양 전극판 사이에 1V의 전위차를 저장할 수 있는 커패시터는 1F의 커패시턴스capacitance를 갖는다고 말한다.

패럿은 대단히 큰 단위이므로, 전자회로의 커패시터는 대부분 그보다 작은 단위인 마이크로패럿(μF), 나노패럿(nF), 피코패럿(pF) 등으로 표기한다. 그리스 문자인 μ(뮤)는 보통 μF의 약자로 사용되지만, 소문자 u로 대체되기도 한다. 따라서 10uF는 10μF과 동일하다.

1F는 1,000,000μF이고 1μF은 1,000,000pF이다. 따라서, 1F는 1조pF과 같다. 이 사이에 상당히 많은 값이 존재한다. [그림 12-16]과 [그림 12-17]의 표를 보면 서로 다른 단위에서 동일한 값을 확인할 수 있다.

nF 단위는 미국보다는 유럽에서 더 널리 사용한다. 1nF 커패시턴스를 미국에서는 0.001μF 또는 1,000pF으로 표시한다. 이와 비슷하게 10nF 커패시턴스는 거의 항상 0.01μF으로 표시하고, 0.1nF 커패시턴스는 100pF으로 표시하는 경우가 더 많다.

유럽의 도면에서는 숫자-기호 표현 방식으로 소수점을 대체하는 경우가 많다. 예컨대, 4.7pF 커패시터는 4p7로 표현되며, 6.8nF 커패시터는 6n8로, 3.3μF 커패시터는 3μ3으로 표현된다.

흔히 사용되는 값

일반적인 커패시터 값은 저항값을 정한 것과 같

pF	nF	μF
1	0.001	0.000001
10	0.01	0.00001
100	0.1	0.0001
1,000	1	0.001
10,000	10	0.01
100,000	100	0.1
1,000,000	1,000	1

그림 12-16 피코패럿, 나노패럿, 마이크로패럿 사이의 같은 값. nF 단위는 주로 유럽에서 많이 사용한다.

μF	F
1	0.000001
10	0.00001
100	0.0001
1,000	0.001
10,000	0.01
100,000	0.1
1,000,000	1

그림 12-17 마이크로패럿과 패럿 사이의 같은 값. 패럿이 굉장히 큰 단위이기 때문에, 전자회로는 그보다 작은 단위를 주로 사용한다.

은 원칙으로 정의되었다. 즉 정확도를 ±20%로 가정하고 인접한 허용 오차 범위 사이에서 중첩되는 부분을 최소화하는 방향으로 숫자들을 선택한 것이다. 이런 요구조건을 만족하는 값들은 1.0, 1.5, 2.2, 3.3, 4.7, 6.8, 10이다. 자세한 설명은 10장을 참조하고, 숫자 중복에 관한 내용은 [그림 10-8을 참조한다. 현재 제조되고 있는 저항들의 정확도는 대단히 높아졌지만, 전해 커패시터는 여전히 20%의 허용 오차가 일반적이다. 그 밖의 커패시터는 정확도 10% 또는 5%의 제품도 있지만, 훨씬 비싸다.

값이 큰 커패시터들은 케이스에 정확한 데이터를 인쇄하는 경우도 많지만, 그보다 작은 커패시터는 여러 가지 다양한 코드로 부품 데이터를 확인할 수 있다. 제조업체 간에 표준화가 되어 있지 않아 코드는 색깔과 기호가 다양하다. 때로는 멀티미터로 데이터를 측정하는 것이 코드를 해석하려고 애쓰는 것보다 신속, 편리하면서도 정확하게 확인하는 방법이 될 수 있다.

큰 커패시터는 커패시턴스 외에도 동작 전압working voltage이 표시되는 경우가 많다. 이 값을 넘으면 유전체가 손상될 위험이 높아진다. 전해 커패시터는 규격보다 훨씬 낮은 전압도 피해야 하는데, 이 부품은 성능을 유지하기 위해 전기적 전위차를 요구하기 때문이다.

일반적인 전자회로에서, 4,700μF보다 크거나 10pF보다 작은 값은 잘 쓰지 않는다.

전해 커패시터는 흔히 사용되는 다른 커패시터에 비해 적정 가격대로 폭넓은 용량 범위를 지닌 제품을 구할 수 있다. 전해 커패시터의 범위는 1μF에서부터 4,700μF까지 있으며, 그 이상의 값도 존재한다. 동작 전압은 일반적으로 6.3VDC에서 100VDC까지이지만, 450VDC 정도로 높은 경우도 있다.

탄탈륨 커패시터는 일반적으로 용량 150μF 이상, 전압 35VDC 이상인 제품은 없다.

단층 세라믹 커패시터single-layer ceramic capacitor는 0.01μF에서 0.22μF 사이로 용량이 적고, 동작 전압은 일반적으로 50VDC를 넘지 않는다. 그러나 대단히 작은 값의 커패시터도 특별한 용도에서는 규격이 훨씬 큰 경우도 있다. 허용 오차는 매우 좋지 않아 +80%에서 -20%까지가 일반적이다.

적층 세라믹 커패시터multi-layer ceramic capacitor의 일부 변종에서는 47μF까지 저장하는 것이 가능하지만, 대체로 10μF 정도가 가장 흔한 상한선이다. 100VDC 이상의 정격 전압을 갖는 경우는 드물다. 일부 제품은 정확도가 ±5% 정도로 매우 좋다.

유전 상수

A를 커패시터 각 판의 면적(단위는 cm²), T를 유전체의 두께(단위는 cm), K를 커패시터의 유전 상수dieletric constant라고 하면, 커패시턴스 C(단위 F)는 다음 공식으로 구할 수 있다.

$$C = (0.0885 * K * A) / T$$

공기의 유전 상수는 1이다. 그 밖의 유전체에는 다양한 상수가 있다. 예를 들어 폴리에틸렌은 상수가 대략 2.3 정도이다. 따라서 판의 넓이가 1cm²인 커패시터에 두께 0.01cm의 폴리에틸렌이 채워져 있다면 커패시턴스는 약 20pF가량이 된다. 같은 크기의 판과 유전체 두께를 갖는 탄탈륨 커패시터의 커패시턴스는 100pF에 가까워진다. 그 이유는 탄탈륨 옥사이드tantalum oxide의 유전 상수가 폴리에틸렌의 유전 상수보다 훨씬 크기 때문이다.

시간 상수

전혀 충전되지 않은 상태에서 시작한 커패시터를 저항과 직렬로 연결해 충전할 때(이를 RC 네트워크라 한다), 시간 상수time constant는 커패시터가 공급 전압의 63%가 될 때까지 충전하는 데 걸리는 시간을 초로 표현한 것이다. 또 한 번 시간 상수만큼 시간이 흐르면, 커패시터는 이미 충전된 전압과 전원 공급기의 전압 간 차이의 63%를 더 충전하게 된다. 이론적으로 커패시터는 완전 충전에 점점 더 가까워지지만, 절대 100%에는 이르지 못한다. 그러나, 시간 상수의 5배 정도면 커패시터가 충분히 99% 충전에 도달한다. 이 정도면 실용적인 용도로는 완전 충전에 가깝다고 할 수 있다.

[그림 12-3]의 RC 네트워크 회로도를 참조한다.

시간 상수는 저항과 커패시턴스의 단순 함수로 표현된다. R을 저항(단위는 Ω), C를 커패시터의 용량(단위는 F)이라고 하면, 시간 상수 TC는 다음과 같이 구할 수 있다.

$$TC = R * C$$

만일 R값에 1,000을 곱하고 C를 1,000으로 나누면, 시간 상수는 변하지 않는다. 따라서 저항 단위로 kΩ을, 커패시턴스 단위로 µF을 사용하면 더 편리하게 사용할 수 있다. 달리 말하면 이 공식은 1K 저항에 1,000µF 커패시터를 직렬로 연결하면 시간 상수가 1초라는 것을 알려준다.

공식은 R이 0으로 수렴하면 커패시터가 즉시 충전된다는 것을 알려준다. 실제로 충전 시간은 매우 빠르지만 유한하며, 사용하는 재질의 전기 저항 같은 요인으로 인해 제약을 받는다.

여러 개의 커패시터

두 개 이상의 커패시터를 병렬로 연결할 때, 총커패시턴스는 각 커패시턴스의 합으로 표현된다. 두 개 이상의 커패시터를 직렬로 연결하는 경우, 총커패시턴스(C)와 각 커패시턴스(C1, C2, C3, …) 사이의 관계는 다음 공식으로 구한다.

$$1 / C = (1 / C1) + (1 / C2) + (1 / C3)…$$

직렬로 연결된 커패시터의 총커패시턴스를 계산하는 공식은 병렬로 연결된 저항의 총저항값을 구하는 공식과 유사하다. 10장 내용을 참조한다.

교류 전류와 용량 리액턴스

교류 전류에 대해 커패시터가 가지는 저항을 용량 리액턴스capacitive reactance라고 한다. 다음 공식에서, 용량 리액턴스(X_c, 단위는 Ω)는 커패시턴스(C, 단위는 F)와 AC 주파수(f, 단위는 Hz)의 함수로 표현된다.

$$X_c = 1 / (2 * n * f * C)$$

이 공식에서 주파수가 0이 될 때 용량 리액턴스가 무한대가 됨을 알 수 있다. 다른 말로 하면 DC 전류를 통과시키려 할 때, 커패시터는 이론적으로 무한대의 저항을 갖는다. 실제로는 유전체는 저항이 한정적이므로, 어느 정도의 전류 누설은 항상 있다.

또한 이 공식은 커패시터의 크기가 커지거나 주파수가 증가하면 용량 리액턴스가 감소함을 보여 준다. 이 사실로부터 AC 신호는 높은 주파수에서, 특히 소형 커패시터를 사용할 때 덜 감소하는 것으로 보인다. 그러나, 실제 커패시터는 어느 정도의 유도 리액턴스inductive reactance를 보인다. 이 값은 커패시터의 구조(원통형인지 적층 구조인지), 물리적인 길이, 재질, 도선의 길이, 그 밖의 요소에 따라 달라진다. 유도 리액턴스는 주파수에 따라 증가increase하는 경향을 보이는데, 용량 리액턴스가 주파수에 따라 감소decrease하는 경향이 있기 때문에 어느 지점에서 두 함수의 곡선이 교차한다. 이 지점을 커패시터의 자기 공진 주파수self-resonant frequency, 줄여서 공진 주파수resonant frequency라고 한다. [그림 12-18]을 참조한다.

등가 직렬 저항

이론적으로 이상적인 커패시터는 순수하게 리액턴스만 있고 저항은 없다. 그러나 실제로 커패시터는 이상적이지 않으며 등가 직렬 저항equivalent series resistance, 즉 ESR을 갖는다. 이 값은 실제 커패시터를 이상적인 커패시터와 직렬로 연결한 저항이라 가정하고, 실제 커패시터가 이상적인 커패시터와 동일한 기능으로 동일하게 작동하도록 하는 저항값을 뜻한다.

X_C가 커패시터의 리액턴스라고 하면, 커패시터의 Q 팩터quality factor는 다음과 같은 단순한 공식으로 구한다.

$$Q = X_c / ESR$$

따라서, ESR이 낮아지면 Q 팩터는 높아진다. 그러나 커패시터의 리액턴스는 주파수에 따라 상당히 크게 변하므로, 단순한 이 공식은 대략적인 가이드에 불과하다.

커패시터의 Q 팩터를 인덕터inductor의 Q 팩터와 혼동해서는 안 된다. 인덕터의 Q 팩터는 완전히 다른 방법으로 계산된다.

사용법

다음 그림들은 일반적으로 활용되는 회로의 회로도이다.

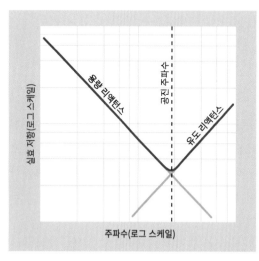

그림 12-18 커패시터에 교류 전류가 흐르면서 주파수가 증가할 때, 커패시터의 용량 리액턴스는 감소하고 유도 리액턴스는 증가한다. 커패시터의 공진 주파수는 두 함수가 교차하는 지점에서 찾을 수 있다.

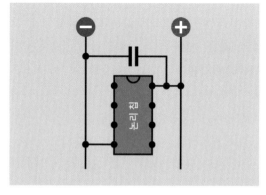

그림 12-19 바이패스 커패시터(흔히 0.1μF)는 전원 공급기의 전압 스파이크나 잡음으로부터 집적회로의 논리 칩을 보호하기 위해 사용된다.

바이패스 커패시터

[그림 12-19]에서, 낮은 값의 커패시터(보통 0.1μF 정도)를 민감한 디지털 칩의 전원 입력 핀 근처에 놓아 고주파 스파이크나 잡음을 그라운드 쪽으로 흐르게 했다. 이를 바이패스 커패시터bypass capacitor, 또는 디커플링 커패시터decoupling capacitor라고 한다.

커플링 커패시터

[그림 12-20]에서, 1μF 짜리 커플링 커패시터coupling capacitor는 DC 전압이 차단되더라도 회로의 한 부분에서 다른 부분으로 펄스를 전송한다. 파

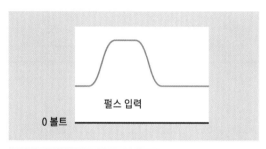

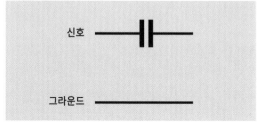

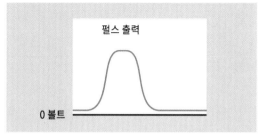

그림 12-20 커플링 커패시터(보통 1μF 정도)는 회로 한 부분과 다른 부분 사이의 DC 절연은 보존하면서도 펄스를 전송할 수 있다.

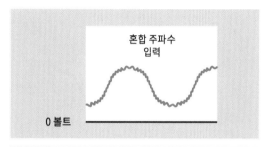

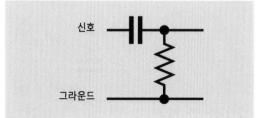

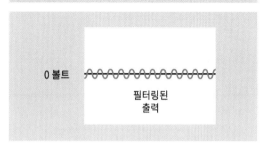

그림 12-21 작은 커패시터(보통 0.1μF 정도)는 고대역 필터를 만드는 데 사용되어, 고주파수는 통과시키고 저주파수는 차단한다.

형 모양이 바뀌는 현상이 발생할 수 있다.

고대역 필터

[그림 12-21]에서, 0.1μF 커패시터는 복합 파형에서 낮은 주파수를 차단하고, 낮은 주파수에 섞여 있던 높은 주파수의 신호만 전송한다.

저대역 필터

다음 페이지 [그림 12-22]에서, 0.1μF 디커플링 커패시터는 복합 파형에서 높은 주파수 성분은 그라운드로 흘려보내고, 낮은 주파수 성분만 보존한다. 낮은 값의 커패시터(예를 들어 0.001μF)는 오디오

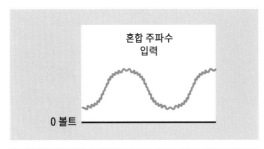

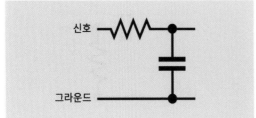

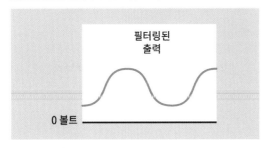

그림 12-22 이 회로의 작은 커패시터(보통 0.1µF 정도)는 고주파수 성분을 그라운드로 흘려보내는 방법으로 아날로그 신호에서 고주파수를 걸러낸다.

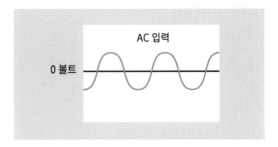

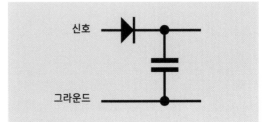

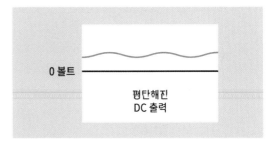

그림 12-23 100µF 이상의 커패시터는 다이오드로 걸러진 AC 신호의 위 절반을 평탄하게 만든다. 커패시터는 각각의 양의 펄스 중간에 충전하고 그 사이에 방전하여 간격을 메운다.

주파수에 영향을 미치지 않으면서도 고주파수의 잡음을 AM 라디오 신호에서 흘려보낼 수 있다.

평활 커패시터

[그림 12-23]에서, 100µF의 커패시터는 다이오드가 마이너스(-) 부분을 제거한 다음, 충전과 방전으로 AC 신호를 부드럽게 만든다.

스너버

[그림 12-24]에 보이는 RC 네트워크(흰 점선으로 그린 사각형 내부)를 스너버snubber라고 하며, 스

위치의 접점을 급격히 부식시키는 아크 방전arcing 으로부터 스위치를 보호한다. 아크 방전은 스위치와 푸시 버튼, 대형 모터와 같은 유도성 부하를 제어하는 릴레이에서 발생할 수 있다. 아크 방전은 높은 DC 전류(10A 이상), 또는 상대적으로 높은 AC 또는 DC 전압(100V 이상)에서 심각한 문제가 될 수 있다.

스위치가 열리면 유도성 부하로 유지되었던 자기장이 무너지며 전류의 서지, 또는 순기전력 forward EMF이 발생한다. 스너버의 커패시터는 이러한 서지를 흡수해 스위치의 접점을 보호한다.

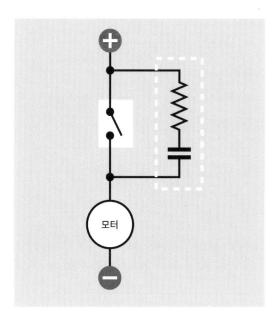

그림 12-24 RC 네트워크(흰 점선으로 그린 사각형 내부)는 높은 유도성 부하를 제어하는 스위치를 보호한다. 이러한 방식으로 이용되는 RC 네트워크를 스너버라고 한다.

다시 스위치가 닫힐 때 커패시터는 자체 방전되지만, 전류가 흐르는 것을 저항이 제한하면서 다시 한번 스위치를 보호한다.

DC 회로에서 스위치 부근에 위치한 스너버는 일반적으로 0.1μF 용량에 125VAC/200VDC 규격인 커패시터(폴리프로필렌 또는 폴리에스터)를 사용하고, 저항은 100Ω 탄소 저항기로 규격은 0.5W 이상이다. 적절한 규격의 커패시터-저항을 포함한 스너버는 일부 부품 공급 업체에서 취급하고 있으며, 주로 산업용 용도로 사용된다.

스너버는 AC 회로에서 유도성 부하 근처에 놓을 수 있다. DC 회로에서는 이러한 용도로 다이오드를 자주 사용하지만, 다이오드는 AC 회로에서는 사용할 수 없다.

무접점 릴레이solid state relay와 같은 무접점 스위칭 장치에는 기계적인 접점이 없지만, 여전히 상

당한 크기의 역기전력back EMF 펄스로 인해 손상을 입을 수 있다. 10A 이상 100V 이상을 다루는 유도성 부하를 제어하는 무접점 스위치는 스너버를 이용해 보호할 수 있다.

배터리를 대체하는 커패시터

일부 작업에서는 커패시터로 배터리를 대체할 수 있다. 다만 에너지 밀도가 낮고 제조 단가가 더 비싸다. 커패시터는 화학 반응이 포함되어 있지 않기 때문에 배터리보다 충전과 방전이 더 빠르지만, 배터리는 방전 사이클 동안 전압을 잘 유지한다.

대량의 에너지를 저장할 수 있는 커패시터를 초고용량 커패시터supercapacitor라고 한다.

주의 사항

커패시터에서 가장 흔하게 발생하는 문제는 수명과 관련한 성능 저하(특히 전해 커패시터의 경우), 유도 리액턴스(특히 원통형 구조에서), 비선형 응답, 저항률resistivity, 과도한 전류 누설, 그리고 유전체의 기억 효과 등이다. 이러한 문제 중 일부는 아래에서 다룬다. 특정 유형의 커패시터를 사용하기에 앞서 '다양한 유형' 절에서 다룬 여러 구성 요소에 대한 메모와 함께 제조업체의 데이터시트를 주의 깊게 살피도록 한다.

극성의 잘못된 연결

DC 전원 근처에서 극이 있는 커패시터를 잘못된 방향으로 연결하면, 실질적으로 저항이 없는 상태가 된다. 아주 높은 전류를 일으킬 수 있고, 커패시터나 회로 내 다른 부품들을 망가뜨릴 수도 있다. 탄탈륨 커패시터의 극성을 확인하지 못하면

대단히 위험한 결과를 낳을 수도 있는데, 전류에 따라 폭발할 위험도 있다.

전압 과부하

커패시터의 DC 동작 전압을 초과하면 유전체가 파손될 위험이 있으며, 스파크 또는 아크 방전이 일어나면서 회로 단락이 형성될 수 있다. 커패시터의 DC 규격을 AC 규격으로 혼동해서는 안 된다. AC 전압의 최댓값은 DC 정격 전압의 70%를 넘으면 안 된다. 만일 DC 규격의 커패시터를 AC 전원선에 직접 사용하면 실질적인 회로 단락이 일어날 수 있다.

커패시터를 직렬 또는 병렬로 연결한다면, 각 커패시터의 정격 전압을 같게 하는 게 이상적이며 확실히 전원 공급기의 전압보다 낮아서는 안 된다.

탄탈륨 커패시터는 최대 동작 전압을 넘는 전류 스파이크가 발생하면 쉽게 손상된다. 그리고 탄탈륨 커패시터는 인덕턴스로 인해 고주파 커플링에는 적합하지 않다.

누설

전해 커패시터는 특히 전하 누설charge leakage이 발생하기 쉽다. 따라서 시간이 오래 걸리는 전하 충전에는 적합하지 않다. 이때는 폴리프로필렌 또는 폴리스티렌 필름 커패시터를 사용하는 것이 더 좋다.

유전체 메모리 효과

유전 흡수dielectric absorption라고도 한다. 이는 커패시터가 방전되고 회로와의 연결이 끊어진 이후에도 커패시터의 전해질이 이전 전압의 일부를 표시하는 현상이다. 특히 단층 세라믹 커패시터sin-gle-layer ceramic에서 이런 문제가 많이 발생한다.

전해 커패시터의 문제

전해 커패시터는 유도 리액턴스가 높고 정밀 허용 오차를 갖는 제품이 드물다. 특히 오래 사용할 경우 매우 심하게 훼손된다. 다른 부품들은 오래 저장할 수 있고 사용 기간도 꽤 길지만 전해 커패시터는 그렇지 않다.

불행하게도 전원 공급기 같은 장비에서 전해 커패시터를 대체할 만한 다른 종류의 커패시터가 흔치 않다. 대체 커패시터는 상당히 크고 가격도 비싸다.

열

대형 커패시터가 등가 직렬 저항(ESR)을 갖는다는 것은 사용 중에 상당한 전력을 열로 방출한다는 의미다. 리플 전류ripple current 역시 열을 발생시킨다. 커패시터의 성능은 온도 증가에 따라 변한다. 전해 커패시터의 일반적인 최대 부품 온도는 섭씨 85도이다.

진동

진동이 심한 환경에서, 전해 커패시터는 커패시터 클램프capacitor clamp 또는 c-클램프c-clamp라고 하는 장치를 이용해 제 위치에 고정시켜 보호해야 한다.

오독

드물게 미국에서는 μF을 'mF'라고 쓰는 경우가 있다. 이때 mF를 '밀리패럿' 즉 10^{-2}패럿으로 오인할 위험이 높아진다. 이런 표현은 사용해서는 안 된다.

13장

가변 커패시터

이전에는 가변 축전기variable condenser라고 불렸다(특히 영국에서). 이 용어는 현재 사용하지 않는다.

관련 부품

· 커패시터(12장 참조)

역할

가변 커패시터variable capacitor는 커패시턴스를 조절하는 것이 가능하다. 이는 포텐셔미터가 저항을 조절하는 원리와 동일하다.

대형 가변 커패시터는 주로 라디오 수신기를 조정하기 위해 개발되었고, 이러한 부품을 동조 콘덴서tuning capacitor라고도 불렀다. 1970년대가 시작되면서 저렴하면서도 단순하고 신뢰도 높은 제품이 점차 이 부품들을 대체하기 시작했다. 오늘날 가변 커패시터는 여전히 반도체 제조, RF 플라스틱 용접 장치, 외과 수술 및 치과 도구, 햄 라디오 장비 등에서 사용되고 있다.

손쉽게 구할 수 있는 소형 트리머 커패시터trimmer capacitor는 대부분 고주파수 회로를 조정하기 위해 사용된다. 이 부품 대부분은 트리머 포텐셔미터trimmer potentiometer와 구분할 수 없을 만큼 비슷하게 생겼다.

가변 커패시터와 트리머 커패시터의 회로 기호

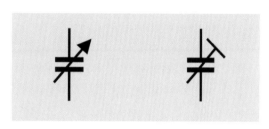

그림 13-1 가변 커패시터(왼쪽)과 트리머 커패시터(오른쪽)를 표시하는 회로 기호.

는 [그림 13-1]에서 확인할 수 있다.

버랙터varactor는 다이오드 형태로서 커패시턴스가 가변이며, 역전압으로 제어된다. 이 부품에 관한 내용은 '버랙터 다이오드(242쪽 참조)'를 참고한다.

작동 원리

일반 형태의 가변 커패시터는 두 개의 단단한 반원형 극판으로 이루어져 있으며 판과 판 사이에는 1~2mm가량의 공기가 채워져 있다. 커패시턴스를 높이기 위해 극판을 추가로 끼워 넣어 스택

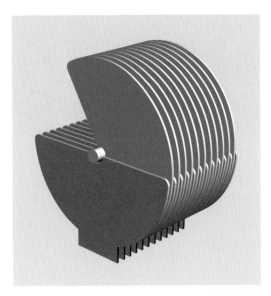

그림 13-2 가변 커패시터를 단순화한 그림이다. 갈색 판이 회전자가 되며, 중앙에 있는 샤프트에 부착되어 있다. 파란색 판은 고정자이다. 색상은 전기 특성과는 관련이 없으며 이해를 돕기 위해 선택한 것이다. 회전자와 고정자 사이의 중첩 부분이 커패시턴스를 결정한다.

적이다.

　감속장치를 사용하면 가변 커패시터를 섬세하게 조정할 수 있다. 즉 손잡이를 여러 번 돌리면서 커패시터를 아주 세밀하게 조정할 수 있다. 가장 발전된 가변 커패시터는 고도로 정밀하게 제조되었는데, 역회전 방지 기어anti-backlash gear도 포함되어 있다. 역회전 방지 기어는 같은 크기의 기어 한 쌍이 서로 평행하게 마주보고 있는 형태로, 그 사이에 스프링이 들어 있어 두 기어를 서로 반대 방향으로 지지한다. 두 기어는 작은 톱니바퀴와 맞물려 있어, 헐거워지거나 역방향으로 회전하는 등 기어의 톱니가 맞물릴 때 흔히 발생하는 문제를 방지한다. [그림 13-3]은 구형 커패시터로, 역회전 방지 기어(원으로 표시)로 기능하는 스프링이 부착되어 있다. 이 부품은 두 개의 커패시터로

stack을 형성한다. 극판의 한 세트를 회전자rotor라고 한다. 회전자는 회전할 수 있는 샤프트shaft에 설치되어 있으며, 샤프트는 외부에서 접근할 수 있는 손잡이를 이용해 돌린다. 또 고정자stator라고 하는 극판 세트가 있는데, 고정자는 세라믹 절연체로 제작된 본체 프레임에 설치되어 있다. 극판 세트가 완전히 겹쳐지면 그 사이의 커패시턴스는 최대가 된다. 회전자가 회전하면서 극판 세트가 서서히 분리되면 커패시턴스는 서서히 감소하여 0에 가까워진다. [그림 13-2]를 참조한다.

　극판 세트 사이의 공기층은 유전체dielectric이다. 공기의 유전 상수는 약 1이며, 온도에 따라 크게 변하지 않는다.

　일반적인 극판의 모양은 반원형으로, 회전각에 따라 커패시턴스가 선형적으로 변한다. 다른 모양의 극판에서는 커패시턴스의 변화가 비선형

그림 13-3 '구형' 가변 커패시터. 라디오 주파수를 조정하도록 설계된 것이다. 원으로 표시한 스프링은 역회전 방지 기능을 제공한다.

나뉘며, 각각의 규격은 0~35pF, 0~160pF이다.

다양한 유형

케이스 없이 외부에 노출되어 있고, 중간을 공기
층으로 채우며, 회전하는 단단한 원판으로 구성된
구형 가변 커패시터는 점점 찾아보기 어렵다. 크
기가 작은 현대의 가변 커패시터는 완전히 밀봉되
어 극판은 겉에서 보이지 않는다. 일부 커패시터
는 극판 대신 동축 실린더concentric cylinders 한 쌍이
들어 있으며, 엄지손가락으로 회전시킬 수 있는
외부 손잡이가 하나의 실린더를 위아래로 움직이
면서 다른 원통과 중첩되는 면적을 조정한다. 이
면적에 따라 커패시턴스가 결정된다.

트리머 커패시터trimmer capacitor는 여러 유전체
가 포함된 제품으로 출시되어 있는데, 유전체의
종류는 마이카mica, 세라믹 박편, 플라스틱 등으로
다양하다.

데이터

기존 커패시터에서 크기가 큰 것은 거의 0에 가
까운 값까지 조정할 수 있다. 최대 커패시턴스는
500pF을 넘지 않으며, 기계적인 요인들로 제약을
받는다(커패시턴스의 단위에 관한 설명은 12장을
참조할 것).

트리머 커패시터의 최댓값은 150pF을 넘는 경
우가 드물다. 트리머 커패시터는 몸체에 커패시
턴스 값이 인쇄되어 있거나 색깔 코드로 표시되
어 있다. 그러나 이러한 코드의 표준은 없다. 예를
들어 갈색은 제조업체에 따라 최댓값을 2pF 또는
40pF으로 표시하기도 한다. 자세한 내용은 데이
터시트를 참조해야 한다.

그림 13-4 트리머 커패시터. 규격은 1.5pF~70pF.

트리머 커패시터의 정격 커패시턴스 상한은 일
반적으로 규격보다 크지 않지만, 흔히 50% 정도
더 높을 수 있다.

외형

모든 트리머 커패시터는 회로 기판에 올리도록 설
계되었다. 많은 제품들이 표면 장착형이며, 그중
소수가 스루홀 형태다. 표면 장착형은 4mm×4mm
또는 그 이하다. 스루홀형은 보통 5mm×5mm 또
는 그 이상이다. 겉으로 보기에 트리머 커패시터는
사각형 케이스 중앙에 나사 손잡이가 달린 단일 회
전형 트리머 포텐셔미터와 매우 유사한 모양이다.
스루홀 형태의 예가 [그림 13-4]에 나와 있다.

사용법

가변 커패시터는 흔히 LC 회로를 조정하는 데 사
용된다. LC 회로는 코일(리액턴스reactance를 보통
L로 표현함)이 가변 커패시터(C로 표현됨)와 병렬
로 연결되어 있어 그렇게 부른다. 다음 페이지 [그
림 13-5]의 회로도는 기본 원리를 보여 주기 위한

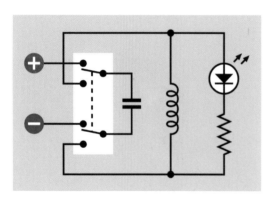

그림 13-5 이 가상 회로에서 커패시터는 이극 스위치가 위쪽 위치에 있을 때 충전된다. 스위치가 꺼지면, 커패시터는 코일과 함께 LC(인덕턴스-커패시턴스) 회로를 구성하며, L과 C 값으로 공진 주파수가 결정된다. 실제로 LED가 켜지는 것을 보려면 대단히 큰 L과 C 값이 필요하다.

가상 회로다. 스위치가 위쪽으로 젖혀지면 크기가 큰 고정 커패시터는 DC 전원으로부터 충전된다. 스위치가 아래 방향으로 젖혀지면, 커패시터는 코일로 전류를 흘리려 하지만, 코일의 리액턴스reactance 때문에 전류는 자난뇌고 에너지는 자기상으로 전환된다. 커패시터가 방전된 후 자기장은 무너지고 그 에너지는 다시 전기로 변환된다. 이 전기 에너지가 다시 커패시터로 흘러가지만, 이때는 극성이 반대가 된다. 앞서의 과정이 전류의 방향만 반대인 채 되풀이된다. 회로에 연결된 저전류 LED는 전압이 진동하면서 불이 들어오며, 에너지가 소멸할 때까지 계속 빛을 밝힌다.

진동하는 모양이 탱크 내부에서 한쪽 벽면과 맞은편 벽면에서 출렁이는 물 모양과 비슷하기 때문에, LC 회로를 탱크 회로tank circuit라고 부르는 경우도 간혹 있다.

현실 상황에서는, 그림의 회로를 설명한 것과 같이 움직이게 하려면 비현실적으로 큰 값이 필요하다. 이는 다음 공식으로 유추할 수 있다. f는 주파수(단위는 Hz), L은 인덕턴스(단위는 헨리[H]),

C는 커패시턴스(단위는 F)이다.

$$f = 1 / (2n * \sqrt{L * C})$$

주파수 1Hz에 대하여, 최소 0.1F의 아주 큰 커패시터와 대형 코일이 필요하다.

그러나 LC 회로는 아주 작은 코일과 가변 커패시터를 이용해 대단히 높은 주파수(1,000MHz까지)를 만드는 데 적합하다. [그림 13-6]의 회로도는 [그림 13-5] 가상 회로의 LED와 저항을 임피던스가 높은high-impedance 이어폰과 다이오드(오른쪽)로 대체하고, 고정 커패시터 자리에 가변 커패시터를 놓았다. 위쪽에 안테나를 추가하고 아래에 그라운드 도선을 추가하면 이 LC 회로는 라디오 신호를 수신할 수 있으며, 신호 그 자체가 전원이 된다. 회로의 공진 수파수resonant frequency는 가변 커패시터로 조정된다. 공진 주파수에서 임피던스가 최대가 되며, 다른 주파수들은 그라운드로 보내져 걸러진다. LC 회로의 기본 원리에 미세한 조

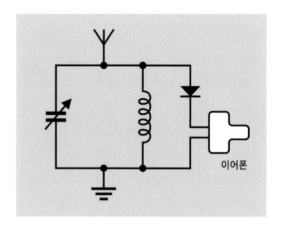

그림 13-6 LC 회로의 원리를 이용해 라디오 방송국의 주파수에 맞춰 오른쪽 이어폰으로 소리를 생성하는 기본 회로를 만들 수 있다. 이때 라디오 신호만을 전원으로 사용한다. 가변 커패시터는 회로의 주파수를 조정해 라디오 신호의 반송파(carrier wave)와 공진하도록 한다.

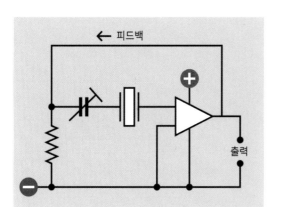

그림 13-7 트리머 커패시터를 크리스털(crystal)과 직렬로 연결하여 op 앰프(op-amp)가 포함된 기본 회로의 주파수를 미세하게 조정한다.

정과 증폭을 추가하면 AM 라디오와 송신기에 사용할 수 있다.

가변 커패시터는 크기에 제한이 있어 대부분 타이밍 회로에는 적합하지 않다.

트리머 커패시터는 일반적으로 고출력 송신기, 케이블 TV 트랜스폰더transponders, 휴대전화의 기지국, 그 밖의 유사한 산업용 장비에서 찾아볼 수 있다.

또한 트리머 커패시터는 [그림 13-7]과 같이 공진 회로oscillator circuit의 공진 주파수를 미세하게 조정하는 데에도 사용될 수 있다.

트리머 커패시터는 회로의 주파수를 조정하는 일 외에도 회로의 커패시턴스나 인덕턴스의 변화를 보상하기 위해 사용될 수 있다. 커패시턴스나 인덕턴스는 개발 과정에서 도선을 재배치하거나 경로를 바꾸는 등의 작업으로 변할 수 있다. 이때 트리머 커패시터의 재조정이 고정 커패시터를 교체하는 것보다 훨씬 간편하다. 또한 트리머 커패시터는 오랜 사용으로 인해 회로 내의 커패시턴스가 조금씩 변하는 경우 이를 보상하는 데에도 사용될 수 있다.

주의 사항

트리머 커패시터를 조정할 때 그라운드에 연결하지 못함

트리머 커패시터는 극성이 없지만, 제조업체는 한쪽 단자에 + 기호, 다른 쪽 단자에 – 기호를 표시하는 경우가 있다. 만일 음의 단자와 제대로 접촉되지 않거나 그라운드와 연결되지 않은 상태에서 커패시터를 조정하면, 금속 드라이버의 날로 인해 잘못된 값이 형성될 수 있다. 트리머 커패시터는 조정하기 전에 반드시 그라운드와 정확히 연결해야 하며, 가급적 플라스틱으로 만든 드라이버를 사용해야 한다.

오버코트 또는 '록 페인트'의 도포

오버코트overcoat material란 고무 재질의 접착제로, 조립을 마친 부품 위에 발라 습기나 진동으로부터 부품을 보호한다. 록 페인트lock paint는 소량의 페인트로서 조절 나사에 발라 설정을 마친 나사가 회전하는 것을 방지한다. 대다수 제조업체는 이러한 제품을 트리머 커패시터에 사용하지 않도록 권고하고 있다. 그 이유는 이러한 제품이 내부로 스며들면 커패시터가 망가지기 때문이다.

보호막 부족

가변 커패시터를 사용할 때는 보호막shielding으로 외부의 영향을 차단해야 한다. 손을 가변 커패시터 가까이에 가져가는 것만으로도 가변 커패시터의 값은 변할 수 있다.

14장

인덕터

여기에서 사용하는 인덕터inductor라는 용어는 저항, 커패시터와 함께 교류 회로에서 자체 인덕턴스self-inductance를 생성할 목적으로 사용되는 코일을 지칭한다. 초크choke는 인덕터의 한 형태다. 비교를 위해 본 백과사전의 전자석electromagnet 장에서는 움직이지 않는 강자성체를 둘러싸는 코일을 설명한다. 이 코일의 목적은 자기장에 반응하는 다른 부품을 끌어당기거나 밀치는 것이다. 전자석과 유사하게 코일이 강자성체를 감고 있으면서, 코일에 전류가 흐르면 강자성체가 움직이는 부품은 솔레노이드solenoid 장에서 설명한다. 때로는 솔레노이드라는 용어가 더 보편적으로 사용되기도 한다.

관련 부품

- 솔레노이드(21장 참조)
- 전자석(20장 참조)

역할

인덕터는 특정한 용도를 가진 코일을 지칭하는 용어로, 이 코일에 전류를 흘리면 코일 자체 또는 코일이 감고 있는 코어core에 자기장이 유도된다. 인덕터는 AC 전류 또는 AC 주파수 범위를 차단하거나 재조정하는 회로에서 사용되며, 이때 단순 라디오 수신기나 다양한 유형의 진동자oscillator들을 '조정tune'할 수 있다. 또한 유해한 전압 스파이크로부터 민감한 장치들을 보호할 수 있다.

코일을 포함하는 인덕터의 회로 기호는 두 가지 기본 유형으로 그릴 수 있다. [그림 14-1]의 위와 아래 그림을 참조한다. 아래 그림이 보다 일반적으로 사용되는 기호다. 위아래 기호의 기능은 동일하다.

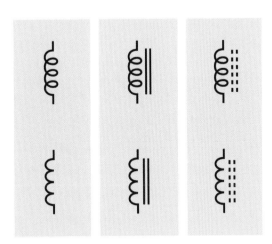

그림 14-1 인덕터의 코일 기호는 두 가지 유형으로 그려질 수 있으나 기능은 같다. 코일 옆에 그려진 선은 고체 코어를 뜻하고, 점선은 고체 코어에 금속 입자가 함유되어 있음을 의미한다.

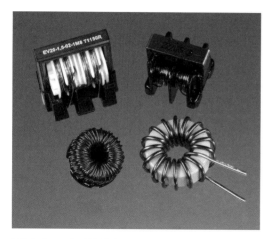

그림 14-2 PCB에 스루홀 형태로 삽입하도록 설계된 인덕터 4종.

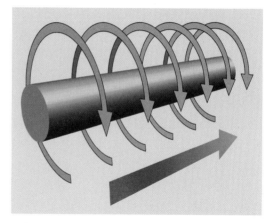

그림 14-3 도선의 왼쪽에서 오른쪽으로 흐르는 전류(빨간색과 파란색 화살표로 표시)는 도선 주위에 자기장을 유도한다(초록색 화살표로 표시).

코일 옆에 그은 평행선은 코일 가운데에 자화될 수 있는 고체가 있다는 뜻이다. 그리고 하나 또는 두 개의 점선은 코일 가운데에 쇳가루와 같은 금속 입자를 함유한 코어가 있다는 뜻이다. 코어를 표시하는 기호가 보이지 않을 때는 공기 코어를 의미한다.

[그림 14-2]에서는 스루홀 형태로 제작된 여러 가지 인덕터를 보여 준다.

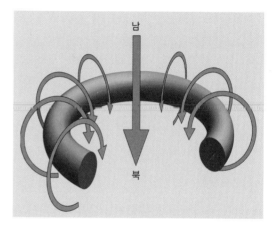

그림 14-4 도선이 곡선형으로 휘었을 때, 자기장은 알짜힘(net force)을 생성할 수 있다(초록색 큰 화살표로 표시).

작동 원리

직류 전류가 전도체(예, 도선)를 통과하면 도체 주위에는 자기장이 형성된다. [그림 14-3]을 보면, 양에서 음으로 흐르는 전류conventional current가 반듯한 도선을 통해 왼쪽에서 오른쪽으로 흐르고 있으며, 그 방향은 빨간색과 파란색 화살표로 표시했다. 전류가 흐르면서 생성되는 자기장은 초록색 화살표로 표시했다. 도선이 [그림 14-4]와 같이 곡선으로 휘게 되면, 도선 주위에서 생성되는 자기장이 합쳐져 아래 방향으로 힘을 가하며 곡선 도선의 가운데를 통과한다. 이러한 자기력은 통상적

으로 남쪽에서 북쪽으로 흐른다고 말한다.

완전한 원형 도선에 직류 전류가 흐르면, 그 결과로 형성되는 자기력은 [그림 14-5]와 같이 원 내부를 통과한다. 이때 빨간색과 파란색 화살표로 표시된 전류는 시계 방향으로 회전하는 것으로 가정한다.

이와 반대로, 만일 자석을 원 가운데에 밀어 넣으면 원형 도선에 전류 펄스가 유도된다. 따라서 도선을 통과하는 전기는 도선 주위에 자기장을 유

그림 14-5 가설에 따라 전류가 원형 도체를 따라 흐른다고 하면(빨간색과 파란색 화살표로 표시됨), 이 전류로 유도되는 자기장은 초록색 화살표로 표시되는 자기력을 생성한다.

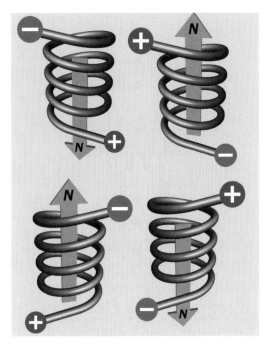

그림 14-6 DC 전류가 코일을 따라 흐를 때, 전류는 자기장을 형성하고 자기장은 자기력을 형성한다. 힘의 방향은 코일에 흐르는 전류의 방향이 시계 방향인지 반시계 방향인지에 따라 달라진다. 각각의 경우에서 자기력은 초록색 화살표로 표시했다.

도하고, 역으로 도선 근처에서 움직이는 자석은 도선에 전류가 흐르도록 유도한다. 이 원리는 전기 발전기generator나 변압기transformer에서 찾아볼 수 있는데, 일차 코일에 흐르는 교류 전류가 철심에 자기장을 유도하고, 이렇게 유도된 철심의 자기장은 이차 코일에서 교류 전류로 되돌아간다.

정자계, 즉 고정되어 변하지 않는 자기장은 전류를 유도하지 않는다.

코일에 흐르는 DC

[그림 14-6]과 같은 나선형 도선에 DC 전류가 흐른다면, 각각의 예제에서 자기장의 합은 초록색 화살표 방향으로 힘을 형성할 수 있다. 이때 도선이 시계 방향으로 감겼는지 아니면 반시계 방향으로 감겼는지에 따라, 그리고 전류의 방향에 따라 자기장의 방향도 달라진다. 이 나선 형태의 도선을 일반적으로 코일coil 또는 권선winding이라고 한다.

실제로, 자기장은 무한히 뻗어 나가지 않으며, 인덕터의 외부를 따라 완전한 원을 그리며 자기 회로magnetic circuit를 완결한다. 자기장의 모양은 고등학교 과학 실험 시간에 회로 옆에 나침반을 놓거나 종이 위에 쇳가루를 뿌려서 확인해 본 적이 있을 것이다. 다음 페이지 [그림 14-7]은 자기 회로로 완성된 자기력선을 단순화해 그린 것이다. 여기에서 자기장은 코일로 유도된 것이다. 본 백과사전에서는 자기력을 표시할 때 초록색을 사용했다.

자기장이 형성되는 현상은 인덕터를 사용하는

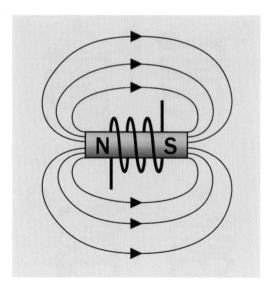

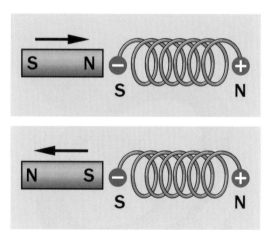

그림 14-8 두 자기장의 극성에 따라 DC 전류가 흐르는 코일은 왼쪽의 영구 자석을 끌어당기거나 밀어낸다.

그림 14-7 실제 자기장은 개방형이 아니며, 자기력선은 막대 자석 또는 전자석의 외부에서 완결되는 구조이다. 자기장의 완결은 다른 그림에서는 명확한 이해를 돕기 위해 생략되었다.

일차적 목적과는 무관하다. 사실 인덕터 외부의 사기상은 선사회로에서는 끌짓거리나. 이유는 외부 자기장이 다른 부품과 상호작용을 일으킬 수 있어 이를 차단할 일이 생기기 때문이다(이를 자기 차폐라 한다 – 옮긴이). 또한 공기가 전자석의 철심보다 자기저항reluctance(자기장에서 저항과 동일한 개념)이 훨씬 더 크므로, 자기장이 공기를 통과하여 폐구조를 그리면 힘이 약해지게 된다.

코일로 생성되는 자기장의 극성은 코일 방향으로 작은 영구 자석을 놓고 움직임을 관찰하면 확인할 수 있다(그림 14-8 참조). 만일 자석이 코일과 반대 극성을 갖는다면 같은 극들이 서로 밀어내듯이 코일에서 밀려나온다. 만일 같은 극이라면 서로 끌어당기는데, 반대 극끼리는 서로 끌어당기기 때문이다. 이 원리는 솔레노이드solenoids에서 이용된다.

자기 코어

자기 코어magnetic core를 이용하면, 코일에 유도되는 힘은 강화되고 포화점saturation point은 감소한다. 여기에서 '사기magnetic'라는 용어를 사용한 것은 철심이 영구 자석이 아니라 단순히 주위 코일을 통과하는 순간적인 전류 펄스로도 자화될 수 있음을 뜻한다.

코어는 인덕터의 효과를 강화하는데, 그 이유는 공기보다 자기저항이 낮기 때문이다. 다른 말로 하면, 자속magnetic flux이 공기보다 철심에서 더 안정적으로 흐른다는 뜻이다.

간단히 말해 자기 회로의 투자율permeability은 자기저항reluctance의 반대 개념이다. 투자율은 자기장이 얼마나 쉽게 유도되는지 나타내는 값으로, 보통 공기 투자율(대략 1)에 대한 상대적인 값으로 표현된다. 여러 유형의 철심 투자율은 '부품값' 절에서 논의한다.

코일의 중심부는 자기 구역magnetic domain을 포함하면서 N극과 S극이 있는 작은 자석과 같은 기능을 한다. 극성이 있는 자기장이 없는 상태라면, 자기 구역은 임의의 방향으로 놓인다. 자기장이 그 주위로 유도되고 강도가 강해지면, 자기 구역은 스스로 정렬되며 총자기력은 증가한다. 자기 구역이 모든 영역에 균일하게 배치되면, 코어는 자기 포화magnetic saturation 상태에 이르며 순자기력의 증가도 멈춘다. 이 시점에서 인덕터의 전류는 연속적이라고 말할 수 있다.

코일의 힘이 불연속적이면 자기 구역은 부분적으로 이전의 임의 상태로 되돌아간다. 따라서 코어는 약한 영구 자석의 형태로 남는다. 이 효과를 히스테리시스hysteresis(자기 이력 현상)라고 하며, 약한 잔여 자기장은 잔류 자기remanent magnetism라고 한다.

기전력과 역기전력

DC 전류가 인덕터에 연결될 때, 자기장 생성에 걸리는 시간은 매우 짧지만 측정은 가능하다. 이때 자기장은 기전력electro-motive force(EMF)을 유도한다. 이 힘은 공급 전류의 방향과 반대이기 때문에 역기전력back-EMF이라고도 한다. 이 힘은 자기장이 최대 크기로 증가하는 동안에만 지속된다. 자기장이 정상 상태에 이르면, 코일에는 전류가 정상적으로 흐른다.

이러한 순간적인 저항 효과는 코일의 자체 유도self-inductance로 발생한다. 이는 완전히 충전될 때까지 직류 전류의 초기 유입을 촉진하고, 완전 충전이 된 이후에는 전류 흐름을 차단하는 커패시터의 동작을 방해한다.

고주파수의 교류 전류가 인덕터에 흐르려고 할 때, 각각의 펄스가 너무 작아 역기전력을 극복하지 못하면 코일에는 전류가 차단된다. 따라서 코일을 특정 주파수는 차단하고 나머지 주파수는 통과하도록 설계할 수 있다.

코일이 없는 단순한 전자회로라도 어느 정도의 자체 인덕턴스가 있다. 그 이유는 단순한데, 회로에 포함된 직선 도선도 전원이 들어오는 순간 자기장을 유도하기 때문이다. 그러나 이러한 유도 효과는 매우 작아 실제 상황에서는 무시할 수 있다.

인덕터나 커패시터로 발생하는 교류 전류에 대한 순간적인 전기 저항을 리액턴스reactance라고 한다. 리액턴스는 전기적 조건이 서로 반대인 상태일 때 발생한다. 즉 코일은 최초의 DC 전류 펄스를 지연한 이후 서서히 전류를 흐르게 하는 반면, 커패시터는 먼저 DC 전류 펄스를 흐르게 하고 그 후 지연한다.

코일에 흐르는 DC 전류의 전원이 끊어지면 코일로 생성했던 자기장이 무너지면서 축적했던 에너지를 방출한다. 이로 인해 순기전력forward EMF 펄스가 발생하며, 역기전력과 마찬가지로 회로의 다른 부품들에 간섭을 일으킨다. 모터나 대형 릴레이 같이 상당한 크기의 코일을 포함하는 장치는 역기전력과 순기전력으로 인해 문제가 될만한 스파이크를 일으킬 수 있다. 코일의 전원에 간섭이 일어날 때 발생하는 순기전력은 대개 코일에 다이오드를 병렬로 연결해 전류가 다이오드 쪽으로 순환하도록 만들어 처리한다. 이를 과도 전압의 차단clamping the voltage transient이라고 한다. 다이오드-커패시터 조합은 스너버라고도 하는데, 역시 널리 사용된다. 이 내용에 관한 자세한 설명과 회로도는 '스너버'(120쪽 참조)를 참고한다.

[그림 14-9]의 회로도는 순기전력과 역기전력의 예를 보여 주고 있다. 코일은 길이 100ft에 스풀 spool 치수 26게이지(또는 그 이하)로, 훅업 와이어 hookup wire 또는 마그넷 와이어magnet wire이다. 코일 중앙에 철이나 금속 조각, 이를테면 1.5cm 정도의 아연 도금 파이프 같은 것을 삽입하면 보다 효율적으로 작동한다. 버튼을 누르면, 그 즉시 코일이 생성하는 역기전력으로 인해 전류의 흐름이 지연되며, 지연된 전류는 D1으로 흘러들어 불이 켜진다. 그러면 코일의 리액턴스가 감소하고, 전류가 코일을 통해 흐르도록 하면서 LED를 우회하게 된다. 푸시 버튼이 풀리면, 코일의 자기장이 무너지면서 그로 인한 순기전력이 D2를 타고 회전하여 불이 켜지게 된다. 역기전력과 순기전력의

극성이 반대라는 사실에 주목하자. 이 때문에 회로에서 LED를 반대 극으로 연결한 것이다.

220Ω 저항은 최소 규격이 1/4W여야 하며, 코일의 전기 저항이 상대적으로 낮기 때문에 버튼을 오랫동안 누르고 있어서는 안 된다. 이상적으로 LED는 최소 순전류가 5mA 이상이어서는 안 된다.

전기 극성과 자기 극성

전류로 생성되는 자기장의 극성 또는 방향을 쉽게 기억하기 위해 여러 가지 다양한 기호와 그림이 개발되어 왔다. 오른손 법칙right-hand rule에서는, 오른손의 손가락들을 코일이 감긴 방향과 같은 방향으로 구부리고, DC 전류 역시 그 방향으로 흐른다고 가정하면, 펼쳐진 엄지 손가락이 가리키는 방향이 코일로 생성된 자기력의 방향이 된다.

통상적으로 자기장은 S극에서 N극 방향으로 향한다. 이 내용은 자기장의 N극이 코일의 음의 끝 방향이므로(음의 negative도 N으로 시작한다) 이렇게 기억하면 된다. 이 기호는 통상적인 (양의) 전류가 시계 방향으로 감긴 코일에 흐를 때만 성립한다.

다른 방법은 '코르크 마개 뽑이 법칙'이라고 해서, DC 전류가 코르크 뽑이 손잡이에서 흘러 아래 금속면을 통해 뾰족한 끝으로 흐른다고 가정하는 것이다. 코르크 뽑이가 시계 방향으로 회전하면 같은 방향으로 전류가 흐르며, 코르크 뽑이는 생성된 자기력이 향하는 방향으로 코르크에 박힌다.

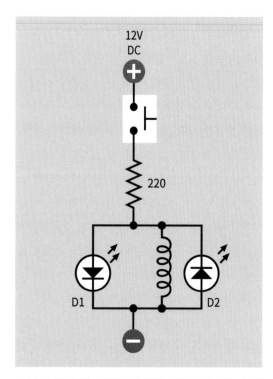

그림 14-9 DC 전류가 코일에 흐르기 시작할 때와 멈출 때 순기전력과 역기전력을 보여 주기 위한 테스트 회로. 자세한 내용은 본문 참조.

다양한 유형

인덕터는 철심의 재질, 철심의 모양, 단자 형태(타

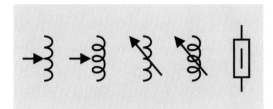

그림 14-10 페라이트 비드(맨 오른쪽)와 가변 인덕터(맨 오른쪽을 제외한 기호들. 기능적으로 동일함)의 회로 기호.

공판에 꽂을 수 있는 스루홀 유형, 또는 표면 장착형), 외부 마감(일부 인덕터는 절연 재질에 담가 겉을 씌우고, 다른 일부는 구리 마그넷 와이어를 그대로 노출하는 것도 있다) 등으로 유형을 구분한다.

기능 면에서는 두 유형이 있다. 즉 가변 인덕터와 페라이트 비드ferrite bead이다. 이 둘의 회로 기호는 [그림 14-10]에서 확인할 수 있다.

자기 코어

자기 코어magnetic core는 철이나 철판, 절연 재질을 입힌 철강, 결합제를 섞은 철가루, 니켈, 아연, 망간 등을 혼합해 얻은 페라이트 화합물로 만든다. 철심의 투자율은 공기 투자율의 최소 1천 배 가량이며, 일부 페라이트 재질은 10,000배에 이르기도 한다.

자기 코어의 가장 큰 단점은 히스테리시스hysteresis이다. 히스테리시스란 중간의 철심이 교류 전류가 양에서 음으로 방향을 바꾸는 주기 동안 자기장을 '기억하는memory' 상태로 남으려는 경향을 말한다. 이 잔여 자기장은 다음 번 AC 전류의 양의 펄스로 극복되어야 한다. 중앙의 코어가 자기 극성을 유지하려는 경향을 보자성retentivity이라고 한다. 철심은 특히 보자성이 강하다.

일부 자기 코어의 또 다른 단점으로는 코일 자기장으로 인해 맴돌이 전류eddy current가 유도된다는 점이다. 맴돌이 전류는 코어를 통해 순환하려는 경향이 있는데, 폐열을 발생시켜 효율을 떨어뜨린다. 코일에 흐르는 전류가 높을 때 특히 그렇다. 철이나 철강으로 코어를 제작하고 절연체로 만든 얇은 막으로 분리하면, 맴돌이 전류를 억제할 수 있다. 쇳가루 역시 맴돌이 전류를 억제하는데, 그 이유는 쇳가루 입자들이 접촉을 제한하기 때문이다. 페라이트는 부도체이므로 맴돌이 전류가 발생하지 않는다. 이런 까닭에 페라이트 역시 널리 이용된다.

히스테리시스와 맴돌이 전류는 모두 AC 사이클에서 에너지 손실을 유발한다. 따라서 손실은 AC 주파수가 증가할 때 선형적으로 증가한다. 결과적으로 이런 두 가지 문제가 있는 인덕터 코어는 고주파수에는 적합하지 않다.

비자기 코어

자기 코어의 문제를 피하기 위해, 비자기 코어에 코일을 감아 사용할 수 있다. 비자기 코어로는 공기hollow, 세라믹, 플라스틱 등이 있다. 세라믹과 플라스틱 코어의 투자율은 공기 코어air core와 비슷하다.

비자기 코어가 들어 있는 인덕터는 맴돌이 전류와 보자성 문제는 없지만, 같은 인덕턴스를 갖는 자기 코어 인덕터보다 크기가 매우 커야 한다. 초창기 라디오 수신기(예, 광석 수신기)의 경우, 라디오 주파수를 조정하는 공기 코어 코일은 반경이 수 인치나 되었다. 다음 페이지 [그림 14-11]은 광석 수신기의 기본 회로도이다(광석 수신기라는

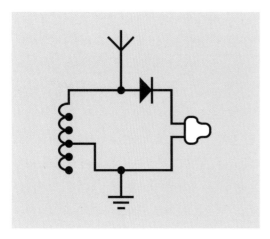

그림 14-11 인덕터의 초기 기본 기능은 라디오 방송국의 주파수를 선택하는 것이다. 이 회로도는 광석 수신기(crystal set)를 표현한 것이다. 자세한 내용은 본문 참조.

그림 14-12 가변 인덕터. 인덕턴스는 코일 내 코어 삽입에 따라 변하는 나사산으로 조정된다. 코어는 보는 바와 같이 육각 렌치로 회전한다. 규격은 0.09~0.12μH이다.

명칭은 이 라디오 수신기가 게르마늄 결정을 함유한 다이오드를 이용하기 때문에 붙여졌다). 그림에서 위 안테나가 라디오 방송에서 방출되는 신호를 받는다. 코일은 외무에서 섭촉이 가능하나 (그림에서 검은 점으로 표시). 코일의 한 지점을 접촉함으로써 다양한 인덕턴스 값을 선택할 수 있는데, 특정 범위의 주파수를 제외한 모든 주파수를 차단한다. 오른쪽 T자 모양의 흰색 부품은 이어폰이며 임피던스가 높다. 다이오드는 라디오 신호에서 교류 전류의 아래쪽 반을 차단하며, 신호가 진폭 변조 신호amplitude modulated, 즉 AM 신호이기 때문에 이어폰에서 신호의 강도에 응답하고 이를 해석해 소리를 재생한다.

가변 인덕터

가변 인덕터variable inductor 또는 adjustable inductor는 인덕터 가운데를 관통하는 자기 코어에 조절이 가능한 나사산을 붙여 제작한 것으로, 흔히 볼 수 있는 부품은 아니다. 가변 인덕터의 인덕턴스는 코일의 개방된 중앙을 관통하는 자기 코어 부분이 커질수록 증가한다. [그림 14-12]는 가변 인덕터 사진이다.

페라이트 비드

일반적인 인덕터는 코어 주위로 도선을 감는 구조

그림 14-13 페라이트 비드의 두 가지 예. 이 두 부품은 도선으로부터 라디오 주파수 방사를 억제하거나 외부 간섭으로부터 도선을 보호할 수 있다.

지만, 페라이트 비드ferrite bead는 비드bead의 가운데 구멍으로 도선이 움직이는 형태이다. [그림 14-13]에서 두 유형의 페라이트 비드를 볼 수 있다. 위 부품에서 비드는 두 조각으로 나뉘어 있으며, 각각 플라스틱 케이스에 들어 있다. 이 케이스가 도선을 둘러싼 후 닫히게 된다. 아래 부품의 비드는 도선에 꿰어야 한다. 용도는 도선에서 방사되는 RFradio-frequency를 비드로 흡수해 제한하거나 (비드에서 열로 변환된다) 도선을 외부 RF 방사의 소스로부터 보호하는 것이다. 외부 기기의 컴퓨터 배선, 전등 조절기, 일부 모터 등이 RF의 소스가 될 수 있다.

토로이드 코어

막대 모양 코어에서 생성되는 자기 회로는 막대의 한쪽 끝에서 다른 쪽 끝으로 이어지는 자기력선을 따라 공기를 통과하며 완결 구조를 갖는다. 공기는 투자율이 낮기 때문에 이 같은 구조는 효율이 좋지 않다. 이와 대조적으로 토러스torus(기하학적으로 도넛을 닮은 모양)는 코어 내부에서 자기 회로를 완결한다. 이러한 구조는 효율을 상당히 높인다. 또한 토로이드 인덕터toroidal inductors는 자기

그림 14-15 중간 크기의 표면 장착형 토로이드 인덕터(왼쪽은 아래 방향에서 본 모양, 오른쪽은 위에서 본 모양). 규격은 25μH이다.

장이 잘 새어 나가지 않기 때문에 누설 자기 효과 stray magnetic effect로부터 다른 부품을 보호할 필요가 거의 없다.

[그림 14-2]에서 2개의 스루홀 형태의 토로이드 인덕터 예를 볼 수 있다. 아래 왼쪽은 규격 345μH, 아래 오른쪽은 규격 15μH이다. 왼쪽의 인덕터 아래쪽에는 회로 기판에 삽입할 수 있는 핀이 있다.

표면 장착형 인덕터는 흔히 토로이드 형태로 크기가 작으면서도 효율은 높다. 그 예가 [그림 14-14], [그림 14-15], [그림 14-16]에 제시되어 있다.

다음 페이지 [그림 14-17]의 표는 일부 인덕터 코어의 유형별 인덕턴스, 최대 주파수를 보여 준다.

그림 14-14 전형적인 토로이드 인덕터에서, 코일은 도넛 모양의 자기 코어 주위에 감겨 있다. 이 표면 장착 부품은(왼쪽은 아래 방향에서 본 모양, 오른쪽은 위에서 본 모양) 부품 크기로 분류할 때 소형에 속한다. 규격은 750nH이다.

그림 14-16 대형 표면 장착형 토로이드 인덕터(왼쪽은 아래 방향에서 본 모양, 오른쪽은 위에서 본 모양). 규격은 3.8μH이다.

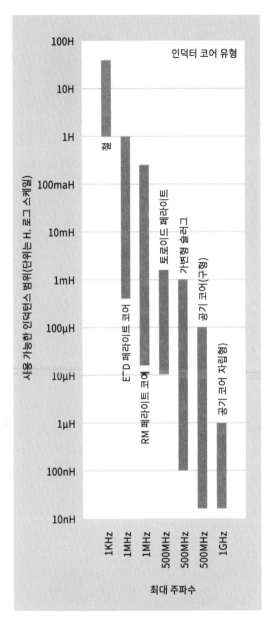

그림 14-17 흔히 사용되는 인덕터 코어와 그 특성. R.Clark@surrey. ac.uk의 "Producing wound components"에서 가져옴.

자이레이터

자이레이터gyrator는 소규모 네트워크로 간혹 실리 콘 칩에 포함되며, 저항, 반도체, 커패시터를 이용

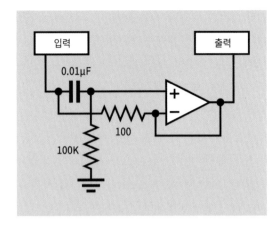

그림 14-18 코일을 대체할 수 있는 자이레이터 회로. 일반적으로 코일이 너무 커서 사용할 수 없을 때 사용할 수 있다.

해 코일 기반 인덕터의 기능을 전부는 아니지만 일부 구현한다. 여기에 들어가는 반도체는 회로에 따라 트랜지스터 또는 커패시터를 사용한다. [그 림 14-18]은 예제 회로도다. 자이레이터는 자기 효 과를 유도하지 않으므로 코어에 감긴 코일에서 발 생하는 포화saturation나 히스테리시스 같은 문제를 전혀 일으키지 않는다. 또한 역기전력도 발생하지 않는다. 자이레이터는 단지 신호를 약화시킨 후 리액턴스를 서서히 낮추어 인덕터의 기능을 흉내 낼 뿐이다.

자이레이터는 코일 크기가 너무 커 사용할 수 없을 때(휴대전화 같은 경우), 또는 신호 품질이 다른 무엇보다도 중요할 때 사용한다. 예를 들어 그래픽 이퀄라이저graphic equalizer나 프리앰프처럼 입력 단계에서 신호를 처리하는 기타 오디오 부품 에서는 자이레이터를 사용한다.

자이레이터를 사용할 때는 회로 설계에 약간의 제한이 있다. 인덕터는 접지를 할 필요가 없지만, 자이레이터는 접지 연결이 필요하다. 그러나 자이 레이터가 갖는 장점은 대단하다. 기생 효과parasitic effect 없이 높은 인덕턴스를 구현할 수 있으며, 보다 정확한 캘리브레이션이 가능하고(더 예측 가능한 성능을 이끌어냄), 다른 부품에 영향을 미치는 자기장도 발생하지 않는다.

부품값

인덕턴스 계산

코일의 자기 인덕턴스magnetic inductance를 측정할 때는 헨리(H)라는 단위를 쓴다. 이 이름은 전자기학의 선구자인 조셉 헨리Joseph Henry의 이름에서 땄다. 인덕턴스는 하나의 코일에 전류가 요동fluctuating을 치며 기전력을 생성한다고 가정한다. 만일 변동률rate of fluctuation이 초당 1A이고 유도되는 기전력이 1V라고 하면, 코일의 인덕턴스는 1H가 된다.

L은 흔히 인덕턴스를 나타내는 기호로 사용된다. 보다 실용적인 공식을 도출하기 위해 L은 마이크로헨리(mH)로 표현된다. D가 코일의 반지름, N이 코일을 감은 횟수, W를 코일의 폭이라고 하면([그림 14-19]와 같이 코일을 한쪽 방향으로 감는다고 할 때), 변수들 사이의 정확한 관계는 복잡하지만 대략적인 공식으로 도출될 수 있다.

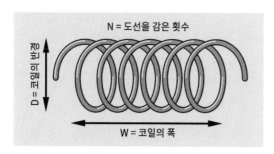

그림 14-19 코일의 크기로 대략적인 인덕턴스를 계산하는 공식을 세울 수 있다. 자세한 내용은 본문 참조.

nH	μH	mH
1	0.001	0.000001
10	0.01	0.00001
100	0.1	0.0001
1,000	1	0.001
10,000	10	0.01
100,000	100	0.1
1,000,000	1,000	1

그림 14-20 인덕턴스는 흔히 밀리헨리(mH), 마이크로헨리(μH), 나노헨리(nH) 등 작은 단위로 표현된다. 각각의 단위에 대해 같은 값을 표현했다.

$$L = approx \ (D^2 * N^2) / (18 * D) + (48 * W)$$

이 공식으로부터, 인덕턴스는 코일의 반경이 증가함에 따라 함께 증가하고, 감은 횟수의 제곱에도 비례함을 알 수 있다. 감은 횟수가 상수로 일정하면, 인덕턴스는 가늘고 긴 코일보다 짧고 통통한 코일이 더 크다.

헨리는 큰 단위이기 때문에, 전자회로의 인덕터는 보통 밀리헨리(mH), 마이크로헨리(μH), 나노헨리(nH) 등 작은 단위를 사용한다. 1H = 1,000mH, 1mH = 1,000μH, 1μH = 1,000nH이다. 이 관계는 [그림 14-20]에서 자세히 나타냈다.

리액턴스 계산

인덕터의 리액턴스(즉 교류에 대한 동적 저항)는 전류의 주파수에 따라 변한다. f를 AC 주파수(단위는 Hz)라 하고, L을 인덕턴스(단위는 H), 리액턴스를 X_L(단위는 Ω)이라고 하면, 다음의 공식이 성립한다.

$$X_L = 2 * n * f * L$$

이 공식에서, 주파수가 0으로 수렴하거나(DC 전류), 인덕턴스가 0으로 수렴하면(직선 도선의 짧은 부분) 리액턴스는 0에 가까워진다는 사실을 분명히 알 수 있다. 이와 반대로 인덕터는 주파수, 인덕턴스가 증가하면 이에 비례해 전류를 지연시킨다.

자기저항 계산

자기저항reluctance을 표시하는 기호로 흔히 S를 사용하고, 그리스 문자 μ는 투자율permeability을 표시한다(마이크로, 즉 10^{-6}을 나타내는 μ와 혼동하지 않도록 한다). A를 자기 회로의 단면적, L을 그 길이라 할 때, S는 다음과 같이 표현된다.

$$S = L / μ * A$$

데이터시트의 용어

제조업체의 데이터시트에는 인덕터의 인덕턴스 인덱스inductance index가 포함된다. 인덱스는 쇳가루 코어 인덕터에 도선을 감은 수(권선 횟수)로 100회당 μH로 표현하며, 페라이트 코어는 권선 횟수 1,000회당 mH로 표현한다.

DCR은 인덕터의 DC 저항DC resistance이며, 순수하게 도선의 반경과 길이로 도출된다.

SRF는 자기 공진 주파수self-resonant frequency다. 인덕터를 고를 때는 인덕터에 흐르는 AC 전류가 자기 공진 주파수에 절대로 근접하지 않는 것을

선택해야 한다.

ISAT(또는 I_{sat})는 포화 전류saturation current를 의미한다. 자기 코어 내부에 포화 전류가 생기면 자기 포화 상태가 발생하여 기능을 상실한다. 이런 일이 발생하면 인덕턴스가 떨어지고 전류 충전율은 급격히 상승한다.

직렬 및 병렬 구조

DC 전류가 흐르는 코일의 인덕턴스는 전류에 비례하기 때문에, 직렬 또는 병렬로 연결된 코일의 총인덕턴스를 구하는 계산식은 저항에 사용하는 공식과 동일하다.

직렬 연결일 때, 모든 코일에는 동일한 크기의 전류가 흐르며 총인덕턴스는 각 인덕턴스의 합이 된다. 코일이 병렬로 연결되었을 때 전류는 코일의 인덕턴스에 따라 분배된다. 따라서 L1을 첫 빈

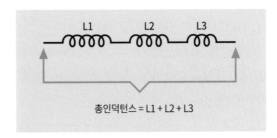

총인덕턴스 = L1 + L2 + L3

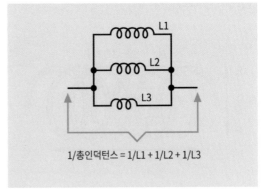

1/총인덕턴스 = 1/L1 + 1/L2 + 1/L3

그림 14-21 직렬(위)과 병렬(아래)로 연결된 인덕터들의 총인덕턴스 계산

째 코일의 자기저항, L2를 두 번째 코일의 자기저항이라 하고, 이후 계속 된다면, 회로의 총자기저항 L은 다음 공식으로 구할 수 있다.

$$1/L = 1/L1 + 1/L2 + 1/L3 + \cdots$$

이 내용은 [그림 14-21]에서 확인할 수 있다. 실제 상황에서는 코일의 물리적 특성 차이(예를 들어 전기 저항)와 코일 자기장의 상호 영향으로 이보다 훨씬 복잡한 관계식이 성립한다.

시간 상수

커패시터에 저항을 통해 전원을 가할 때 특정 비율까지 충전되는 시간을 정의한 것이 커패시터의 시간 상수time constant라면, 인덕터의 시간 상수는 인덕터가 생성하는 기전력을 거슬러 특정 비율까지 전류가 흐르는 시간으로 정의한다. 시간 상수는 두 경우 모두 최대치의 약 63%까지 이르는 데 걸리는 시간을 초(sec)로 표현한 것이다. 인덕터의 경우에는 전원의 내부 저항, 인덕터의 코일 저항, 초기 전류를 모두 0으로 가정한다. 코일의 인덕턴스를 L, 직렬 저항의 값을 R이라 하고 시간 상수를 TC라 하면 TC는 다음과 같이 구한다.

$$TC = L / R$$

따라서 10mH인 코일(0.01H)이 100Ω 저항과 직렬로 연결되어 있다면 전체 전류의 63%를 통과시키는 데 걸리는 시간은 0.0001초, 즉 1/10ms이 된다. 마찬가지로 회로의 최대 전류와 다시 충전된 양의 63%까지 도달하는 데에도 1/10ms이 소요된

다. 이론적으로, 코일의 리액턴스는 절대 0으로 수렴하지 않지만, 실제로는 시간 상수의 5배면 최대 전류가 흐르기에 적절한 시간으로 간주한다.

사용법

인덕터의 인덕턴스는 전류가 증가하면서 최대치에 도달하고 이후 서서히 감소하기 때문에, 인덕터는 고주파수를 차단하거나 감쇄하는 장치로 이용할 수 있다. 이런 회로를 저대역 필터low-pass filter라고 한다. [그림 14-22]는 저대역 필터의 기능을 보여 주는 회로도와 그래프다. 가장 기본적인 응용 제품이 확성기 시스템의 크로스오버 회로crossover network로, 고주파 신호를 저주파 드라이버low frequency driver로 차단해 고주파 드라이버high-frequency driver로 흘러가게 한다.

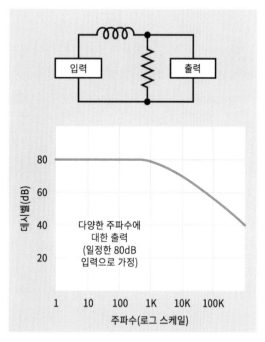

그림 14-22 저대역 필터는 특정 대역의 주파수를 차단하는 인덕터 기능을 이용해 고주파수를 차단할 수 있다.

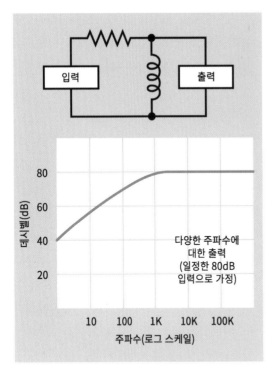

그림 14-23 이 회로에서는 인덕터가 낮은 주파수를 출력으로부터 걸러내고, 높은 주파수를 통과시킨다.

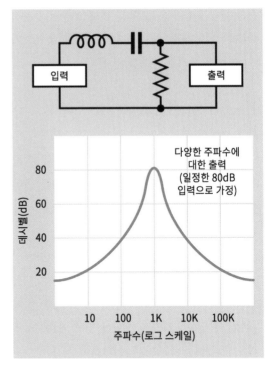

그림 14-24 커패시터의 값과 인덕터의 값을 정확히 산텍한 후 이 둘을 연결하면, 인덕터는 고주파수를 차단하고 커패시터는 낮은 주파수를 차단하는 대역 통과 필터가 된다. 이 필터는 좁은 대역의 주파수만 통과시킨다.

인덕터의 위치를 이동하면 주파수 출력이 바뀌어 결과가 반대가 되고, 회로는 고대역 필터high-pass filter가 된다. [그림 14-23]은 고대역 필터 기능을 보여 주는 회로도와 그래프다.

커패시터도 주파수 필터를 제작하는 데 사용할 수 있지만, 그 기능이 인덕터와 반대이기 때문에 회로 내에서 커패시터의 위치는 인덕터의 위치와 반대가 된다. 커패시터를 이용한 필터 회로의 예는 본 백과사전의 커패시터 장에서 찾아볼 수 있다.

인덕터는 커패시터와 결합해 대역 통과 필터bandpass filter를 구성할 수 있다(그림 14-24) 참조). 이러한 회로에서는 인덕터가 고주파수를, 커패시터가 낮은 주파수를 차단해 제한된 주파수 대역만

통과시킬 수 있다.

또 주파수 출력을 바꾸기 위해 부품의 위치를 바꾸면 결과는 반전된다([그림 14-25] 참조). 이러한 회로를 노치 필터notch filter라고 한다.

이러한 필터의 성능은 부품값에 좌우되는데, 대부분 다른 부품을 추가해야 한다. 복잡한 구성의 필터 회로는 본 백과사전의 범위를 벗어나므로 다루지 않는다.

인덕터는 DC-DC 변환기와 AC-DC 전원 공급기처럼 빠른 스위칭으로 전압의 변화가 일어나는 장비에서 매우 중요한 기능을 한다. 이에 관한 추가 정보는 관련된 장에서 확인하도록 한다.

일반적으로 전자기기는 점점 더 소형화되고 있

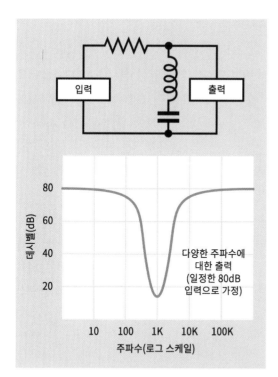

그림 14-25 이 회로에서는 커패시터와 인덕터가 좁은 대역을 제외한 모든 주파수를 차단하고, 결과를 반전시킨다. 이런 필터를 노치 필터라 한다.

고, 상대적으로 크기가 큰 인덕터는 그 사용이 제한되고 있다. 그러나 인덕터는 여전히 오실레이터를 조정하거나 전원 공급기의 급작스러운 스파이크를 차단하는 데 사용되며, 갑작스런 전압 스파이크로부터 장비를 보호하는 용도로도 사용된다(예, 컴퓨터 장비의 서지 억제기surge suppressor).

코어의 선택

공기 코어 인덕터는 상대적으로 인덕턴스가 낮다. 그 이유는 공기의 낮은 투자율 때문이다. 그러나 GHz에 이르는 높은 주파수 대역에서도 동작할 수 있으며 높은 피크 전류도 수용할 수 있다.

철심을 넣은 인덕터는 인덕터에 흐르는 AC 주파수가 증가함에 따라 히스테리시스와 맴돌이 전류로 인한 전력 손실 문제를 발생시킨다. 결론적으로 말하면, 철심을 넣은 인덕터는 10KHz 이상의 주파수에는 적합하지 않다.

소형화

작은 크기의 제품을 만들 때는 회로 기판에 나선을 새김으로써 작은 값의 인덕터를 만들 수 있다. 이 방법으로 집적회로 칩에 인덕터를 포함할 수도 있다. 그러나 휴대전화와 같은 소형 기기에서는 앞서 설명한 바와 같이 자이레이터로 코일을 대체해 사용하는 게 보다 일반적이다.

주의 사항

현실 세계의 결함

이론적으로 이상적인 인덕터는 저항이나 커패시턴스가 없고 에너지 손실이 발생하지 않는다. 그러나 현실에서 인덕터는 저항과 커패시턴스를 모두 가지며, 전기적 잡음을 발생시키거나 흡수하기도 한다. 인덕터는 누설자계stray magnetic field를 생성하는 경향이 있는데, 저항이나 커패시터를 다룰 때보다 더 골치가 아프다.

기생 용량parasitic capacitance은 인접한 코일 사이에서 발생한다. 기생 용량은 높은 주파수에서 더욱 크기가 커지며, 궁극적으로 코일이 자기 공진self resonant하도록 이끈다.

이 문제를 해결하기 위해 코일의 기하학적 모양과 코어 재질을 적절히 선택해야 한다. 이 내용은 본 백과사전의 범위를 넘어선다.

인덕터를 사용하기가 어렵거나 지나치게 비

싸다면 자이레이터gyrator가 가능한 대안이 될 수 있다.

포화

인덕턴스는 코일에 흐르는 전류가 증가함에 따라 증가하지만, 자기 코어를 사용하면 코어가 자기적으로 포화saturated되는 순간 인덕턴스의 증가에 영향을 끼치지 않는다. 다른 말로 하면, 코어 안에 임의로 분포되어 있던 모든 자기 구역magnetic domain이 자기장과 나란한 방향으로 늘어서도록 유도된다면, 코어는 더 이상 자화하지 못하고 인덕턴스에 기여하는 것을 멈춘다. 코어가 포화 수준에 접근하면서 자화를 거스르는 데 더 큰 에너지가 필요하기 때문에 히스테리시스가 증가하게 된다. 포화에 대한 해결책으로는 코어의 크기를 키우거나, 전류를 낮추거나, 권선 횟수를 적게 하거나, 투자율이 낮은 코어(예, 공기)를 사용하는 것 등이 있다.

RF 문제

라디오 주파수radia frequency(RF)는 인덕터의 효율을 떨어뜨리는 다양한 문제를 일으킨다. 표피 효과skin effect는 주파수가 높은 AC 전류가 주로 도선 표면으로 흐르려는 경향을 말한다. 근접 효과proximity effect는 도선에서 발생한 자기장이 인접 코일에 맴돌이 전류를 유도하려는 경향을 말한다. 이러한 문제들로 인해 코일의 실효 저항effective resistance이 증가한다. 이런 문제를 해결하기 위해 여러 가지 모양의 코일이 개발되었는데, 이 내용은 본 백과사전의 범위를 벗어난다. 기본적으로 알아두어야 할 사실은 RF용으로 제작한 코일은 RF용으로만 사용해야 한다.

15장

AC-AC 변압기

관련 부품

- AC-DC 전원 공급기(16장 참조)
- DC-DC 컨버터(17장 참조)
- DC-AC 인버터(18장 참조)

역할

변압기에는 교류 전류alternating current(AC)가 들어간다. 변압기는 전압을 입력받아 하나 이상의 전압값으로 변환하는 장치로, 출력 전압은 입력 전압보다 높을 수도 낮을 수도 있다.

변압기의 크기는 마이크로폰 같은 오디오 부품의 소형 임피던스 매칭impedance matching 유닛부터 국가 전력망에 높은 전압을 공급하는 수 톤급 장비에 이르기까지 다양하다. 민간에 전원을 공급하는 대다수 전기 장비에는 변압기가 들어가야 한다.

[그림 15-1]은 소형 변압기다. 뒤쪽 변압기는 125VAC 전원에 연결할 때 0.8A/36VAC를 공급한다. 앞의 소형 변압기는 라디오섀크RadioShack 사의 제품으로, 300mA/12VAC를 공급할 수 있는 제품이다. 이 제품은 부하에 전류가 흐르지 않을 때는 16VAC까지도 공급할 수 있다.

변압기의 회로 기호는 다음 페이지 [그림 15-2]

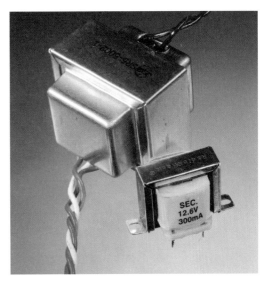

그림 15-1 소형 변압기. 뒤쪽 제품은 크기가 1″×2″×2″(2.5cm×5cm×5cm)이고 규격은 0.8A/36VAC이다. 크기가 작은 변압기에 쓰인 'SEC'는 secondary의 준말로, 이차 코일 출력 규격을 뜻한다.

에 나와 있다. 왼쪽과 오른쪽 기호의 코일 모양이 다르지만 기능은 동일하다. 위 그림은 자기 코어가 든 변압기로 코어는 자화될 수 있다. 아래는 공기 코어가 든 변압기다(이러한 유형의 변압기는

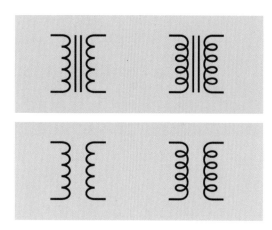

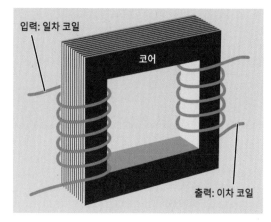

그림 15-2 강자성 코어(위)와 공기 코어(아래)를 사용한 변압기 기호. 오른쪽과 왼쪽 코일의 모양이 다르지만 기능은 동일하다.

그림 15-3 변압기의 기본 부품 세 가지. 그림은 변압기 구조를 단순하게 표현한 것이다.

효율이 낮기 때문에 찾아보기 어렵다). 변압기의 입력은 언제나 왼쪽에서 들어오는 것으로 가정한다. 따라서 왼쪽 코일을 일차 코일primary coil이라고 한다. 출력은 오른쪽으로 나가는데, 오른쪽 코일을 이차 코일secondary coil이라고 한다. 대부분 두 코일을 감은 횟수(권선 수)가 다른데, 이 차이에 따라 변압기의 출력 전압이 입력 전압보다 낮은지(이차 코일의 권선 수가 적을 때) 또는 높은지(일차 코일의 권선 수가 적을 때)가 결정된다.

작동 원리

[그림 15-3]은 단순한 변압기의 예이다. 교류 전류가 일차 코일(주황색)을 통해 흐르면 얇은 판을 여러 겹 붙여 만든 코어에 자속magnetic flux이 유도된다. 자속의 변화는 이차 코일(초록색)에 전류를 유도하며, 이로 인해 변압기에 출력이 발생한다(실제로 코일은 에나멜선이라는 얇은 마그넷 와이어magnet wire를 수천 번 이상 감아 제작한다. 여기에 여러 다양한 코어가 사용된다).

이 과정을 상호 유도mutual induction라고 한다.

만일 부하를 이차 코일과 연결하면, 부하와 일차 코일 간에 아무런 전기적 연결이 없더라도 일차 코일의 전류를 끌어간다.

이상적이라면 손실이 없는 변압기는 두 코일 간의 권선 수 비율에 따라 출력 전압이 입력 전압보다 높은지 낮은지 아니면 동일한지 결정된다. V_p와 V_s를 각각 일차 코일과 이차 코일에 걸리는 전압, N_p와 N_s를 일차 코일과 이차 코일의 권선 수라 하면, 이들의 관계는 다음 공식과 같다.

$$V_p / V_s = N_p / N_s$$

코일을 조금 감으면 전압이 낮고, 많이 감으면 전압이 높다고 기억하면 쉽다.

승압 변압기step-up transformer는 출력 전압이 입력 전압보다 더 높고, 강압 변압기step-down transformer는 출력 전압이 입력 전압보다 더 낮다. [그림 15-4]를 참조한다.

이상적이라면 손실이 없는 변압기에서 입력과 출력은 같다. V_{in}과 V_{out}을 각각 입력 전압과 출력

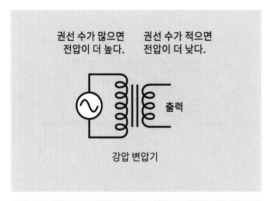

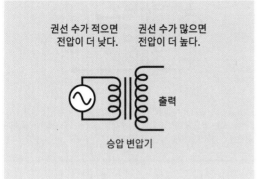

그림 15-4 입력 전압과 출력 전압의 비율은 일차 코일 권선 수와 이차 코일 권선 수의 비율과 같다. 이때 변압기는 100% 효율이라고 가정한다.

전압, I_{in}과 I_{out}을 각각 입력 전류와 출력 전류라고 하면, 이들의 관계는 다음 공식으로 구할 수 있다.

$$V_{in} * I_{in} = V_{out} * I_{out}$$

따라서 변압기가 전압을 2배 증폭하면 이차 코일에 유도되는 전류는 반으로 준다. 만일 전압이 반으로 떨어지면 출력 전류는 두 배가 된다.

변압기의 효율은 100%까지는 아니지만 98% 이상 구현할 수 있으며, 전압, 전류, 코일 권선 수 사이의 공식도 현실에서는 어느 정도 그대로 적용할 수 있다.

변압기에 부하가 걸리지 않으면 일차 코일은

단순 인덕터가 되는데, 그 리액턴스로 인해 전류가 흐르지 않는다. 따라서 변압기는 전원 플러그를 빼놓거나 부하를 연결하지 않으면 전기를 거의 소모하지 않는다. 변압기가 소모하는 에너지는 열로 발산된다.

코어

강자성ferromagnetic 코어는 철로 만든다고 알려져 있지만, 실제로는 투자율이 높은 실리콘강으로 제작하는 경우가 많다. 코어는 맴돌이 전류로 인한 손실을 줄이기 위해 얇은 판을 여러 장 겹쳐 만든다. 판과 판 사이에는 니스 광택제나 이와 유사한 절연체를 얇게 발라 분리시킨다. 맴돌이 전류는 각각의 판 안에서만 머무는 경향이 있다.

DC 전압은 코어에 자기 포화magnetic saturation를 일으키기 때문에, 변압기는 교류 전류 또는 전류 펄스로 작동시켜야 한다. 변압기 코일을 감는 방식이나 모양은 동작하도록 설계된 주파수 대역, 전압, 전류에 따라 최적화된다. 이 값을 크게 벗어나면 변압기가 손상될 수 있다.

탭

변압기의 탭tap은 일차 코일이나 이차 코일의 중간 접점을 말한다. 일차 코일의 시작점과 중간 지점 사이를 연결하면 전압이 걸린 코일의 권선 수가 줄게 되고, 따라서 입력 코일 권선 수에 대한 출력 코일 권선 수의 비율이 증가해 출력 전압이 증가하게 된다. 이차 코일 쪽에서 탭을 이용하면 전압이 걸리는 코일의 권선 수가 줄면서 입력 코일 권선 수에 대한 출력 코일 권선 수의 비율이 감소해 출력 전압이 감소한다. 이 내용은 이렇게 요

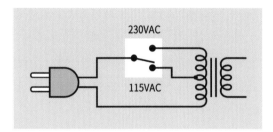

그림 15-5 전 세계 공용 전원 어댑터는 쌍접점 스위치를 이용해 일차 코일에 230VAC를 걸거나 코일 중간의 탭을 이용해 115VAC를 입력하도록 할 수 있다.

약할 수 있다.

- 일차 코일 쪽의 탭은 출력 전압을 증가시킨다.
- 이차 코일 쪽의 탭은 출력 전압을 감소시킨다.

전 세계에서 공용으로 사용하는 전원 어댑터는 쌍접점 스위치가 달려 있어 일차 코일을 전부 사용할지, 아니면 중간에 탭을 이용할지 선택해 입력 전압을 결정할 수 있다[그림 15-5] 참조). 현대의 전자제품은 제품 내부의 전압 조정기voltage regulator나 DC-DC 컨버터DC-DC converter가 넓은 범위의 입력 전압을 처리하면서 상대적으로 일정한 출력 전압을 제공하기 때문에 전압 어댑터가 필요하지 않은 경우가 많다.

변압기 이차 코일에서도 탭을 이용해 출력 전압을 선택할 수 있다. 이차 코일에 탭을 추가하는 비용은 상대적으로 매우 저렴하기 때문에 대다수 변압기는 두 개 이상의 출력을 제공한다. 탭을 이용하는 것 말고 이차 코일을 두 개 이상 사용하는 방법도 있는데, 이때 출력은 서로 전기적으로 절연되어야 한다. [그림 15-6]을 참조한다.

변압기의 일차 코일과 이차 코일이 같은 방향으로 감겨 있다면, 출력 전압은 입력 전압과 180°

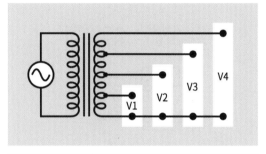

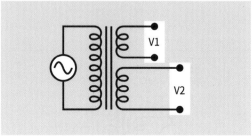

그림 15-6 변압기 이차 코일의 탭을 이용해 여러 출력 전압을 얻을 수 있다(위). 또는 별도의 이차 코일을 두 개 이상 사용하기도 한다(아래). 이때 출력은 전기적으로 서로 절연되어 있다.

의 위상차를 갖는다. 회로도에서는 변압기 코일의 한쪽 끝에 점을 찍어 코일의 시작점을 표시한다. 만일 일차 코일의 점과 이차 코일의 점이 같은 쪽에 있으면, 입력과 출력에는 180°의 위상차가 생긴다. 대부분의 경우 (특히 변압기 출력이 DC로 변환되는 경우) 이는 크게 중요하지 않다.

이차 코일 가운데의 탭을 접지하면, 이차 코일의 두 출력 신호는 서로 위상이 반대가 된다. [그림 15-7]을 참조한다.

다양한 유형

코어의 모양

셀 코어shell core는 [그림 15-3]과 같이 폐쇄된 사각형 모양이다. 이 모양은 효율이 높지만 제조 비용이 가장 많이 든다. 이와 다른 옵션으로 C 형태의

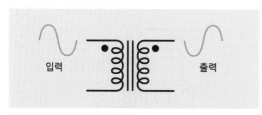

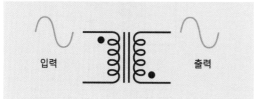

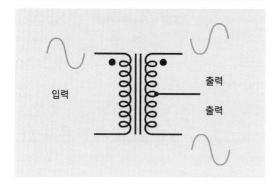

그림 15-8 [그림 15-1]의 소형 변압기를 가로로 잘라 내부 구조를 보이게 하였다.

그림 15-7 코일 옆의 점은 코일의 시작점을 표시한다. 일차 코일과 이차 코일이 같은 방향으로 감겨 있으면 출력 전압은 입력 전압에 대하여 180°의 위상차를 갖는다. 코일의 점이 서로 반대 방향으로 찍혀 있으면 출력 전압은 입력 전압과 같은 위상을 갖는다. 이차 코일의 가운데 탭을 접지하면 두 출력 신호는 위상이 서로 반대가 된다.

코어가 있지만(직사각형의 세 변), 가장 널리 쓰이는 코어는 E-I 모양이다. 이 모양은 E 모양의 판을 여러 장 겹치고, E의 아래위 두 변에 코일을 감거나, E의 가운데 변을 동축으로concentrically 감는다. 여기에 직선 모양의 판으로 E의 개방 부분을 막아 자기 회로를 형성한다.

　[그림 15-8]은 [그림 15-1]의 소형 변압기를 톱과 연마기로 쪼갠 코일의 단면을 볼 수 있게 한 것이다. 사진을 보면 일차 코일과 이차 코일이 동축임을 분명히 확인할 수 있다. 코어의 구조는 E-I 형태로 되어 있다. [그림 15-9]에서는 E-I 구조를 보다

그림 15-9 변압기의 코어를 구성하는 'E-I' 모양의 판이 뚜렷이 보인다.

명확히 확인할 수 있다.

전력 변압기

전력 변압기power transformer는 전자제품 내에서 섀시에 나사로 고정하거나 케이스의 내부 또는 캐비닛에 납땜이나 커넥터로 연결해 설치한다. 외부로는 전원 코드와 연결하고 안쪽으로는 회로 기판에

연결된다. [그림 15-1]의 소형 변압기는 '스루홀' 유형이어서 핀을 직접 기판에 삽입할 수 있다.

플러그인 변압기

일반적으로 플라스틱 케이스로 밀봉해 벽 콘센트에 직접 꽂을 수 있다. 이러한 제품은 겉보기에는 AC 어댑터AC adapter와 똑같이 생겼지만, DC 출력이 아닌 AC 출력을 한다.

절연 변압기

일차 코일, 이차 코일 권선 수의 비가 1:1이어서 1:1 변압기1:1 transformer라고도 한다. 이 변압기는 출력 전압과 입력 전압이 같다. 전자제품을 절연 변압기isolation transformer에 꽂으면, AC 전원의 그라운드와 분리된다. 이로써 전자제품과 그라운드 사이의 전위차는 무시할 수준이 되어, 작동 중인 제품을 다룰 때 발생할 수 있는 사고 위험을 줄일 수 있다. 즉, 전기가 통하는 제품의 전선과 접지된 물체를 동시에 만져도 치명적인 전류가 몸을 통과하는 일은 일어나지 않는다.

단권 변압기

단권 변압기autotransformer는 하나의 코일만을 사용하고 탭을 이용해 전압을 출력한다. 코일의 단면 사이에서는 상호 유도가 일어난다. 코일이 두 개인 변압기는 출력 전압과 입력 전압이 전기적으로 절연되는데, 이와 달리 단권 변압기는 입력과 출력이 공통 그라운드에 연결된다. [그림 15-10]을 참조한다. 단권 변압기는 주로 오디오 회로에서 임피던스impedance 매칭에 사용되며, 출력 전압값은 입력 전압에 비해 아주 약간만 달라진다.

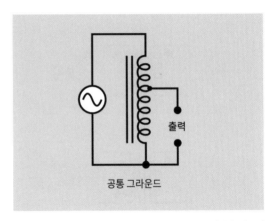

그림 15-10 단권 변압기는 단 하나의 코일과 코어로 구성된다. 감소된 출력 전압은 코일 탭에서 얻을 수 있다. 출력 전압과 입력 전압은 그라운드를 공유한다.

가변 변압기

가변 변압기variable transformer는 바리악variac이라고도 하며, 권선형 포텐셔미터와 유사하다. 코일은 하나만 이용된다. 와이퍼wiper가 회전하면서 코일의 임의 지점과 접촉하는 방식이며, 탭의 위치가 이동하는 것처럼 사용된다. 가변 변압기도 단권 변압기처럼 입력 전압과 출력 전압이 그라운드를 공유한다.

오디오 변압기

다른 임피던스를 갖는 회로의 두 위상 사이에 신호가 전송되면, 신호는 부분적으로 반송되거나 감쇠된다(임피던스 단위는 Ω이지만, 리액턴스와 커패시턴스를 고려하기 때문에 DC 저항과는 다르며 주파수에 따라 변한다).

특정 장치의 입력 임피던스가 낮으면 전원에서 상당한 양의 전류를 끌어당기는데, 이때 전원의 출력 임피던스가 높으면 그 결과로 전압이 상당히 떨어진다. 일반적으로 어떤 장치의 입력 임피던스는 그 장치를 구동하는 장치의 출력 임피던스보다 최소 10배 이상이어야 한다. 수동 소자(저항, 커패시터, 코일 등)는 임피던스 매칭에 사용할 수 있으나 소형 변압기가 더 효율적일 때가 있다.

N_p와 N_s를 각각 변압기의 일차, 이차 코일의 권선 수라 하고, Z_p를 변압기 입력단에 연결하는 장치(예, 오디오 앰프)의 임피던스, Z_s를 변압기 출력단에서 에너지를 전달받는 장치(예, 스피커)의 임피던스라고 하면 공식은 다음과 같다.

$$N_p / N_s = \sqrt{(Z_p / Z_s)}$$

오디오 앰프의 출력 임피던스가 640Ω이고, 이 앰프가 임피던스가 8Ω인 스피커를 구동한다고 가정하자. 매칭에 사용되는 오디오 변압기는 일차 코일과 이차 코일의 권선 수 비율이 다음과 같도록 선택해야 한다.

$$\sqrt{(640/8)} = \sqrt{80} = 약 9 : 1$$

그림 15-11 스루홀 형태의 변압기. 자세한 내용은 본문 참조.

그림 15-12 스루홀 형태의 변압기. 자세한 내용은 본문 참조.

[그림 15-11]의 두 변압기는 스루홀 부품으로 통신 장비용으로 제작된 것이지만, 프리앰프의 임피던스 매칭과 같은 작업에 사용할 수 있다.

[그림 15-12]의 변압기는 오디오 커플링용으로 제작된 것이다. 오른쪽 제품은 임피던스가 500Ω(일차), 8Ω(이차)이다. 왼쪽 제품은 완전히 밀봉된 라인 매칭 변압기로 권선 수의 비율이 1:1이다.

분할 보빈 형태의 변압기

분할 보빈 변압기split-bobbin transformer는 일차 코일과 이차 코일이 나란히 놓여 있어, 용량 결합capacitive coupling을 최소화한다.

표면 장착형 변압기

이 제품은 각 변의 길이가 0.2″(0.5cm) 이하로, 임피던스 매칭, 선로 커플링line coupling, 필터링에 사용된다. 다음 페이지 [그림 15-13]은 표면 장착형 변압기의 예다.

그림 15-13 표면 장착형 변압기. 크기는 0.2"(0.5cm)보다 작아 통신 장비에서 주로 사용된다. 5MHz 이상의 주파수에 적합하다.

부품값

전력 변압기를 선택할 때 가장 먼저 고려할 항목은 전력 처리 용량이다. 이 값을 VA라고 하는데, 'volts times amps(전압 곱하기 전류)'라는 말에서 따온 것이다. VA를 와트(W)와 혼동해서는 안 된다. 와트는 DC 회로로 바로 측정할 수 있지만, AC 회로는 전압과 전류의 값이 끊임없이 변한다. VA는 실제로 피상 전력apparent power이며, 리액턴스를 고려한 값이다.

VA와 와트 사이의 관계는 장치마다 다르다. 최악의 시나리오를 가정하면 다음과 같다.

W = 0.65VA (대략적인 값)

다른 말로 하면, 변압기에서 끌어낼 수 있는 평균 전력은 VA 값의 2/3 정도라는 뜻이다.

변압기 규격에는 보통 입력 전압, 출력 전압, 부품 무게 등이 포함되며, 이들은 모두 따로 설명이 필요하지 않다. 커플링에 사용되는 변압기는 입력 임피던스와 출력 임피던스가 포함되기도 한다.

사용법

대다수 전자회로에서 전력 변압기는 AC를 DC로 변환하는 정류기rectifier와 공급 전원을 평탄화하는 평활 커패시터smoothing capacitor와 함께 구성해 사용한다. 전원 공급기를 직접 제작하는 것보다는 필요한 부품이 모두 포함된 기성품 전원 공급기나 AC 어댑터를 사용하는 게 시간 또는 비용 절감 측면에서 유리하다. 16장을 참조한다.

주의 사항

입력과 출력의 부정확한 연결

가정용 AC 전압 115VAC를 입력받아 10V를 출력하는 변압기를 가정해 보자. 만일 변압기를 뒤바꿔 연결한다면 출력 전압은 1,000V 이상이 되는데, 이 정도 전압이면 연결된 부품이 파손되는 것은 둘째치고 사용자가 사망할 수도 있는 수준이다. 입출력을 잘못 연결하면 변압기 자체도 파손된다. 전력 변압기를 연결할 때는 대단히 조심해야 한다. 출력 전압을 확인할 때는 측정기를 사용해야 한다. 변압기를 포함하는 제품은 양극과 음극 단자에 모두 퓨즈를 연결해야 한다.

그라운드에서 감전 위험

단권 변압기를 이용하는 장치로 작업할 때, 외부 케이스chassis는 변압기를 거쳐 115VAC의 한쪽과 연결된다. 반대 극성으로 꽂는 것을 방지하는 전원 플러그를 사용하면, 외부 케이스는 '중성'을 유지한다. 그러나 부적절한 전원선power cord을 사용하거나 전기 콘센트를 부정확한 극성으로 연결하면, 외부 케이스에 살아 있는 전류가 흐르게 된다. 이런 일을 방지하기 위해 115VAC 전원과 단권 변압기를 함께 사용하는 장치에서 작업할 때는, 장치 플러그를 직접 벽의 전원에 꽂지 말고 별도 변압기에 연결한 후, 그 변압기로 벽의 전원과 연결하도록 한다.

DC 입력

DC 전류가 변압기 입력단으로 흘러들어가면, 상대적으로 저항이 낮은 일차 코일에 높은 전류가 흘러 부품이 파손될 수 있다. 변압기는 교류 전류에서만 사용해야 한다.

과부하

변압기에 과부하가 걸리면 열이 발생하는데, 이 열로 인해 코일 사이의 얇은 절연막이 파손될 수 있다. 그 결과 입력 전압이 예기치 않게 출력단에서 나타날 수 있다. 일차 코일과 이차 코일이 중첩되는 토로이드(원형) 코어toroidal core를 사용하는 변압기는 특히 위험하다.

전부는 아니지만 일부 전력 변압기는 온도 퓨즈를 포함하고 있어 온도 임계점을 넘으면 녹는다. 퓨즈가 파손되면 변압기는 폐기해야 한다.

대체로 과부하로 인한 결과는 눈에 잘 띄지 않지만, 시간이 지나면서 축적된다. 전력 변압기에 인접한 장치들을 설계할 때는 환기 장치나 열 흡수재heat sinkage를 고려해야 한다.

부정확한 AC 주파수

미국의 단상 교류 전원single-phase AC power 주파수는 60Hz이지만 영국과 기타 국가는 50Hz의 교류 전원을 사용한다. 대부분 전력 변압기는 두 주파수와 모두 호환되도록 규격이 정해져 있지만, 변압기가 특별히 60Hz에서만 사용하도록 설계되었다면, 50Hz 전원에서 사용할 때 과열로 손상될 우려가 있다(50Hz 변압기는 60Hz AC에서 안전하게 사용할 수 있다).

16장

AC-DC 전원 공급기

AC 어댑터로도 알려져 있다. 손바닥 만한 플라스틱 케이스로 포장해 벽 콘센트 플러그에 직접 꽂는 제품은 일상생활에서는 소형 변압기라고 부른다.

관련 부품

- 변압기(15장 참조)
- DC-DC 컨버터(17장 참조)
- DC-AC 인버터(18장 참조)

역할

AC-DC 전원 공급기는 교류 전류alternating current(AC)를 직류 전류direct current(DC)로 변환하는 장치이며, 보통 전압도 함께 낮춘다. 따라서 전원 공급기라는 이름과 달리 실질적으로는 외부에서 동작에 필요한 전원을 공급받아야 한다.

컴퓨터나 스테레오 기기같이 크기가 큰 제품들은 대체로 장치 내부에 전원 공급기를 내장하고 있어 벽 콘센트에 직접 연결하도록 되어 있다. 이보다 크기가 작아 배터리로 전원을 공급하는 장치들, 이를테면 휴대전화나 소형 미디어 플레이어 같은 제품들은 벽 콘센트에 직접 연결하는 작은 플라스틱 상자 모양의 외부 전원 공급기를 사용하며, 소형 커넥터를 제품에 꽂아 DC를 공급한다. 이런 전원 공급기의 외부 유형을 AC 어댑터AC

adapter라고도 한다.

AC-DC 전원 공급기는 단일 부품은 아니지만, 부품 공급업체에서 이미 조립된 모듈 형태로 판매한다.

다양한 유형

전원 공급기는 크게 선형 전압 조정기형 전원 공급기linear regulated power supply와 스위칭 전원 공급기switching power supply 두 종류로 나눈다.

선형 전압 조정기형 전원 공급기

이 부품은 3단계를 거쳐 AC를 DC로 변환한다.

1. 전력 변압기가 AC 입력의 전압을 낮춘다.
2. 정류기rectifier가 AC를 평탄화되지 않은 DC로

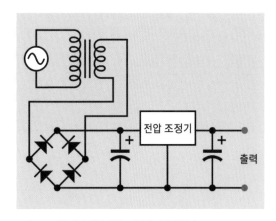

그림 16-1 기본적인 선형 전압 조정기형 전원 공급기

변환한다. 정류기는 본 백과사전의 다이오드 장에서 논의한다.

3. 전압 조정기와 하나 이상의 커패시터를 결합해 DC 전압을 제어하고 평탄화하며 과도 신호transient를 제거한다. 전압 조정기는 선형 전압 조정기linear voltage regulator라고도 하는데, 이는 전압 조정기 내부의 트랜지스터가 포화 상태에 이르기 전에 베이스 전류의 변화에 따라 선형적으로 응답하기 때문이다. 이 명칭으로 인해 선형 전압 조정기형 전원 공급기라는 이름이 생겼다.

[그림 16-1]은 선형 전압 조정기형 전원 공급기의 회로도이다.

이 유형의 전원 공급기는 변압기 기반transformer-based이라고도 하는데, 전원 공급기의 첫 번째 단계에서 AC 입력 전압을 정류하기 전에 변압기가 전압값을 낮추기 때문이다.

일반적으로 전원 공급기의 정류기는 AC 펄스를 한 쌍의 실리콘 다이오드로 통과시키기 때문에, 피크 전류에서 약 1.2V가량의 전압 강하가 일

어난다. 평활 커패시터는 전류의 리플ripple을 제거하면서 전압을 약 3V가량 떨어뜨린다. 여기에 전압 조정기는 보통 입력과 출력 간에 최소 2V의 차이가 있어야 한다. AC 입력 전압이 규격보다 낮은 값에서 변화한다는 사실을 감안하면, 전력 변압기의 출력은 원하는 DC 출력보다 최소 8VAC 정도는 높아야 한다. 초과 전력은 열로 발산될 것이다.

선형 전압 조정기형 전원 공급기의 기본 원리는 라디오 수신기 같은 초기 전자기기 설계에서 유래하였다. 트랜지스터를 사용한 이 부품은 1990년대에도 여전히 널리 사용되었다. 이후 반도체 가격이 떨어지고, 조립 비용은 줄고, 고전압 트랜지스터가 출시되고, 강압 변압기step-down power transformer 없이도 정류된 선형 전압을 회로에서 직접 사용할 수 있게 되면서 스위칭 전원 공급기가 점점 더 인기를 얻게 되었다.

외부 AC 어댑터의 일부는 여전히 변압기 기반이지만 이 제품은 그 수가 점점 줄고 있다. 변압기 기반 AC 어댑터는 상대적으로 크고 무거워 쉽게 알아볼 수 있다. 변압기 기반 AC 어댑터는 [그림

그림 16-2 변압기 기반의 단순한 전원 공급기는 플라스틱 케이스에 들어 있으며, 벽 콘센트에 바로 꽂을 수 있다. 그러나 오늘날에는 더 가벼우면서도 작고 저렴한 스위칭 전원 공급기를 사용하는 제품이 늘고 있다.

그림 16-3 가격이 저렴한 구형 AC 어댑터는 가장 기본적인 부품만 포함하고 있는데, 전자제품에 필요한 조정된 전압을 적절히 공급하지 못한다.

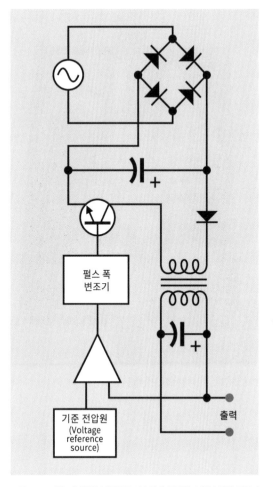

그림 16-4 가장 기본적인 부품들로 단순하게 구성한 스위칭 전원 공급기의 회로도. 115VAC 전력 변압기가 없다는 사실에 주목할 것. 이후 회로에 추가되는 변압기는 고주파 스위칭 장치와 결합해 초소형의 가볍고 저렴한 제품을 만들 수 있다.

16-2]에 나와 있다.

[그림 16-3]은 저렴한 구형 AC 어댑터의 내부 부품들을 보여 주고 있다. 전력 변압기의 출력은 다이오드 4개로 직접 연결되고(작은 검정색 원통형 부품), 이후 전파 정류기full-wave rectifier로 연결된다. 전해 커패시터 하나가 평탄 작용을 제공하지만, 전압 조정기가 없기 때문에 출력은 부하에 따라 크게 변한다. 이 유형의 AC 어댑터는 민감한 전자기기의 전원용으로 적합하지 않다.

스위칭 전원 공급기

SMPSswitched-mode power supply 또는 스위처switcher라고도 한다. 이 제품은 두 단계에 걸쳐 AC를 DC로 변환한다.

1. 정류기rectifier가 전력 변압기 없이 AC 입력을 평탄화하지 않은 DC로 변환한다.

2. 평균 실효 전압을 낮추기 위해 DC-DC 컨버터가 펄스 폭 변조pulse-width modulation를 이용해 초고주파수에서 DC 신호의 스위치를 켜고 끈다. 흔히 컨버터는 변압기를 포함하는 플라이백flyback 방식이지만, 고주파 스위칭이 가능해 변압기의 크기가 선형 전압 조정기형보다 훨

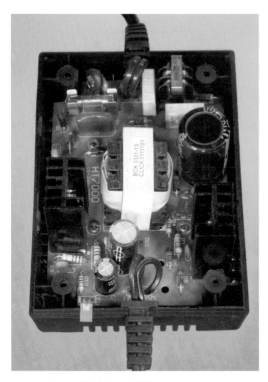

그림 16-5 초기 스위칭 전원 공급기의 내부 구조.

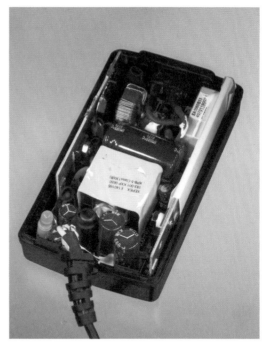

그림 16-6 노트북 컴퓨터 전원 공급용 스위칭 전원 공급기의 내부 구조.

씬 작아진다. 본 백과사전 DC-DC 컨버터 장의 작동 원리 설명을 참조한다.

[그림 16-4]는 스위칭 전원 공급기의 구조를 단순하게 표현한 회로도이다.

[그림 16-5]는 4A/12VDC를 전달하도록 설계된 초기 스위칭 전원 공급기의 내부 구조이다. 이 제품은 열 발생이 상당하기 때문에 부품을 잘 배치하고 환기 장치도 함께 이용해야 한다.

[그림 16-6]은 노트북 컴퓨터 전원 공급용으로 널리 사용되는 소형 스위칭 전원 공급기다. [그림 16-5]의 구형 전원 공급기와 비교해 크기가 작고 부품 수도 적다는 것을 알 수 있다. 현대의 제품은 상대적으로 더 많은 전력을 전달하는 대신 열을

덜 발생시킨다. 그림의 제품은 정격 전류가 5A임에도, 변압기의 크기는 겨우 500mA만을 전달하는 구형 AC 어댑터보다도 작다(그림에서는 가운데 노란색 포장지 아래 가려져 있다).

현대의 전원 공급기는 완전히 밀봉되어 있지만, 초기 제품은 환기를 위해 개방되어 있었다. 스위칭 전원 공급기 아래쪽으로는 플라스틱 케이스에 금속판을 대어 고주파의 전자파를 차단한다.

무조정 전원 공급기

무조정 전원 공급기unregulated power supply는 보통 변압기와 정류 다이오드로 구성되며, 출력 신호는 거의 평탄화를 거치지 않으며 출력 전압의 제어도 되지 않는다.

가변 전원 공급기

가변 전원 공급기adjustable power supply는 선형 전원 공급기가 가변 전압 조정기와 결합된 것이다. 가변 전원 공급기는 실험실에서 많이 사용하며, 제품 개발 단계에서 전자제품 설계 프로젝트의 전원 공급용 테스트 장비에서 찾아볼 수 있다.

전압 증배기

복사기나 레이저 프린터, 텔레비전, 브라운관, 전자레인지 같은 제품들은 가정용 AC 전압보다 훨씬 높은 전압이 필요하다. 전압 증배기voltage multiplier는 DC 컨버터 앞에 강압 변압기를 결합한 것이다. 자세한 내용은 본 백과사전의 범위를 벗어나므로 생략한다.

형태

개방형open frame 전원 공급기는 회로 기판 위에 부품을 배치하는 형태로, 보통은 금속 틀 위에 설치하지만 겉 케이스나 냉각 팬은 없다.

밀폐형covered 전원 공급기는 금속 보호 케이스에 부품을 넣은 것으로, 필요하다면 구멍을 뚫어 냉각 팬을 설치한다. 데스크톱 컴퓨터용으로 판매되는 전원 공급기가 이러한 형태이다.

전원 공급기는 랙 장착형rack-mount과 딘 레일 DIN rail형으로도 출시되어 있다.

사용법

스위칭 전원 공급기는 전력 변압기가 들어 있지 않기 때문에 가볍고 크기가 작으며, 선형 전력 공급기보다 가격이 더 저렴하다. 또한 효율이 높고 열이 덜 발생한다. 이러한 장점 때문에 스위칭 전

	스위칭 전원 공급기	선형 전원 공급기
부품 수	많음	중간
부하 조정	0.05%~0.5%	0.005%~0.2%
선 전압 변동률	0.05%~0.2%	0.005%~0.05%
리플(RMS)	10mV~25mV	0.25mV~1.5mV
효율	70%~85%	40%~60%
EMI	높음	대단히 낮음
누수	높음	낮음
크기	작음	큼
무게	가벼움	무거움
열 관리	팬으로 냉각	대류로 냉각

그림 16-7 선형 전압 조정기형 전원 공급기와 스위칭 전원 공급기의 특성 비교(Acopian Technical Company에서 발췌).

원 공급기는 전자제품의 DC 전원 공급 용도로 널리 사용되고 있다. 그러나 고주파 스위칭은 전자기 간섭electromagnetic interference(EMI)을 일으킬 수 있으므로, 필터링으로 제품의 출력을 보호하고 간섭 신호가 AC 전원선으로 되먹임하지 않도록 해야 한다. 고주파 스위칭된 전원은 고조파harmonics를 발생하는데, 이 또한 차단해야 한다.

고사양 선형 전압 조정기형 전원 공급기는 지금도 실험실 장비나 저잡음 신호 처리용으로 사용되며, 그 밖에도 조정 성능이 우수하고 리플이 낮은 출력을 필요로 하는 곳에서 이용되고 있다. 선형 전압 조정기형 전원 공급기는 상대적으로 무겁고 크며 효율이 낮다.

[그림 16-7]은 선형 전원 공급기와 스위칭 전원 공급기의 장단점을 비교한 것이다.

주의 사항_____

고압 감전

전원 공급기 내부의 커패시터는 벽에서 플러그를
제거한 이후에도 한동안 높은 전압을 유지할 수
있다. 검사나 수리를 위해 전원 공급기를 개방한
상태라면 부품을 만질 때 주의를 기울여야 한다.

커패시터 불량

스위칭 전원 공급기의 전해 커패시터가 불량이어
서(제조 과정에서의 오류 또는 장기간 사용하지
않거나 오래되었을 경우), 교류 전류가 직접적으
로 통과하게 되면, 고주파 스위칭 반도체 역시 불
량을 일으켜 입력 전압이 예기치 않게 출력 전압
과 커플링을 일으키게 된다. 또한 커패시터의 불
량은 선형 전원 공급기를 사용하는 과정에서 문제
를 일으킬 수 있다. 커패시터 불량에 관한 추가적
인 내용은 12장을 참조한다.

전기 잡음

전해 커패시터electrolytic capacitors는 계속 사용하다
보면 서서히 손상되면서 스위칭 전원 공급기 내의
고주파 스위칭 쪽에서 전기 잡음을 더 많이 발생
시킨다.

돌입 첨두

스위칭 전원 공급기에서는 커패시터에 전하가 축
적됨에 따라 초기 돌입 전류inrush of current 또는 서
지 전류가 생길 수 있다. 이는 회로의 다른 부품
에 영향을 미칠 수 있으므로 일반적인 전력 소모
에서 짧지만 큰 편차를 감당하는 퓨즈를 사용해
야 한다.

17장

DC-DC 컨버터

스위칭 레귤레이터switching regulator라고도 하며, 때로는 스위칭 전원 공급기와 혼동을 피하기 위해 스위처switcher라고도 한다.

관련 부품

· AC-DC 전원 공급기(16장 참조)

· 전압 조정기(19장 참조)

· DC-AC 인버터(18장 참조)

역할

DC-DC 컨버터는 단순히 컨버터converter라고도 하는데, DC 전압을 입력받아 조정된 DC 전압으로 변환해 출력하는 장치다. 출력 전압은 입력 전압보다 높거나 낮으며, 외부 저항을 추가해 사용자가 출력값을 조정할 수 있다. 또한 사용하는 컨버터 종류에 따라서는 출력 전압을 입력 전압으로부터 전기적으로 완전히 절연할 수도 있다. 전체 효율은 90% 이상이며, 입출력 전압 간의 차이에 크게 영향받지 않는다. 또한 열 발생이 적어 크기가 작은 제품을 제작할 수 있다.

DC-DC 컨버터는 집적회로 패키지로, 내부에 고속 스위칭 장치(대부분은 MOSFETmetal-oxide semiconductor field-effect-transistor이다)가 들어가고 여기에 발진 회로oscillator circuit, 인덕터, 다이오드가

결합된다. 선형 전압 조정기linear regulator와 비교해 보면, 선형 전압 조정기는 대체로 양극성 트랜지스터를 중심으로 구성한다. 이 부품의 입력 전압은 항상 출력보다 높아야 하며, 효율은 발생하는 전압 강하에 반비례한다. 더 자세한 내용은 본 백과사전의 전압 조정기voltage regulator 장에서 확인할 수 있다.

DC-DC 컨버터를 표시하는 회로 기호는 따로 없다. 흔히 사용되는 컨버터의 작동 원리를 보여 주는 단순한 회로도는 '다양한 유형' 절에서 다룬다.

DC-DC 컨버터는 스위칭 AC-DC 전원 공급기의 출력단에서도 찾아볼 수 있다.

작동 원리

컨버터 내부에는 발진기oscillator가 있어 DC 입력

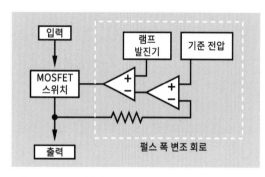

그림 17-1 DC-DC 컨버터는 MOSFET의 스위치를 중심으로 구성된다. MOSFET 스위치는 고주파 펄스 폭 변조로 작동하며 조절 가능한 DC 출력을 생성한다.

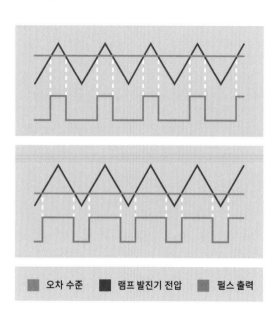

■ 오차 수준   ■ 램프 발진기 전압   ■ 펄스 출력

그림 17-2 펄스 폭 변조를 얻기 위해서는 컨버터의 출력과 기준 전압을 비교해 오차 수준 전압을 결정한다. 그림에서 주황색으로 표시한 오차 수준은 이후 램프 발진기의 출력에서 제거된다. 이에 따라 펄스 폭이 변하게 된다.

을 스위칭하는 반도체를 제어한다. MOSFET 반도체는 50kHz에서 1MHz 사이의 고주파수로 스위칭한다. 출력 전압은 발진 회로의 사용률duty cycle 변화에 따라 조정된다. 사용률은 각각의 OFF 펄스에 대한 ON 펄스의 상대적 길이를 뜻한다. 이는 펄스 폭 변조pulse-width modulation(PWM)로 알려져 있다. 사용률은 컨버터 출력을 샘플링해 제어

하고, 비교기를 이용해 기준 전압과 출력 전압의 차로 오차 전압을 추출한다. 이를 또 다른 비교기에 통과시켜 발진기의 램프 신호ramp signal로부터 오차 전압을 추출한다. 오차가 증가하면 발진기 신호의 샘플링 비율을 높이고, 따라서 on/off 펄스 길이의 실효 비율이 바뀐다. PWM 회로도는 [그림 17-1]에 있으며, 이해를 위해 다른 부품들은 생략하고 단순하게 표현했다. 펄스 폭 변조 신호를 얻기 위해 발진기의 램프 전압에서 오차 전압을 추출하는 시스템은 [그림 17-2]에 있다.

DC-DC 컨버터 효율의 핵심은 인덕터에 있다. 인덕터는 펄스가 ON 상태일 때 자기장의 에너지를 저장하고 방전 단계에서 에너지를 내보낸다. 따라서 인덕터는 임시 저장소로 사용되며 리플 전류ripple current를 최소화한다. 모든 컨버터는 이러한 용도로 코일을 사용하는데, 다만 코일의 위치는 기본 회로를 구성하는 다이오드와 커패시터에 따라 달라진다.

다양한 유형

DC-DC 컨버터에서는 4가지 기본 스위칭 회로가 사용된다. 이 절에서는 입력 전압(V_{in})과 출력 전압(V_{out})의 비율을 정의하는 수식으로 각각의 회로를 정의한다. 수식에서 변수 D는 내부 MOSFET 스위치를 통해 발생하는 펄스 열pulse train의 사용률이다. 사용률은 총 on-off 사이클에서 'on' 펄스가 차지하는 비율이다. 다시 말해 T_{on}이 'on' 펄스의 지속 시간, T_{off}를 'off' 시간이라고 하면, 사용률은 다음과 같이 표현된다.

$D = T_{on} / (T_{on} + T_{off})$

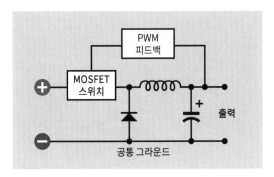

그림 17-3 벅 DC-DC 컨버터의 기본 구조

벅 컨버터

벅 컨버터buck converter를 이해하기 위해 [그림 17-3]을 보자. 출력 전압은 입력 전압보다 낮다. 입력 신호와 출력 신호는 공통의 그라운드와 연결되어 있다. 이 회로에서 출력은 다음과 같은 수식으로 표현된다.

$$V_{out} = V_{in} * D$$

부스트 컨버터

부스트 컨버터boost converter의 이해를 위해 [그림 17-4]를 보자. 출력 전압은 입력 전압보다 높다. 입력 신호와 출력 신호는 공통 그라운드와 연결되어 있다. 이 회로에서 출력은 다음과 같은 수식으

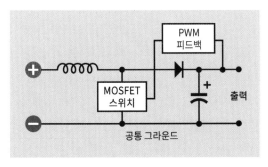

그림 17-4 부스트 DC-DC 컨버터의 기본 구조

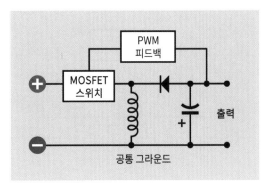

그림 17-5 플라이백 DC-DC 컨버터의 기본 구조

로 표현된다.

$$V_{out} = V_{in} / (1 - D)$$

인덕터가 포함된 플라이백 컨버터

플라이백 컨버터flyback converter를 벅-부스트 컨버터buck-boost converter라고도 한다. [그림 17-5]를 보자. 출력 전압은 입력 전압보다 낮을 수도 높을 수도 있다. 입력 신호와 출력 신호는 공통의 그라운드와 연결되어 있다. 이 회로에서 출력은 다음과 같은 수식으로 표현된다.

$$V_{out} = V_{in} * (D / (1 - D))$$

변압기가 포함된 플라이백 컨버터

다음 페이지 [그림 17-6]을 보자. 출력 전압은 입력 전압보다 낮을 수도 높을 수도 있다. 입력 신호와 출력 신호는 서로 절연되어 있다. 이 회로에서 출력은 다음과 같은 수식으로 표현된다.

$$V_{out} = V_{in} * (D / (1 - D))$$

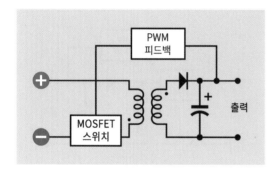

그림 17-6 플라이백 DC-DC 컨버터의 기본 구조(벅, 부스트, 플라이백 구조는 Maxim Integrated Products에서 제공받은 것이다).

컨버터에서 변압기를 사용하면 변압기 코일에서 공급되는 다양한 전압을 이용해 여러 가지 출력을 내보낼 수 있다.

형태

컨버터는 직사각형 모양의 케이스로 포장되므로 별 흡수재를 추가할 필요가 없다. 또한 PCB에 삽입하는 핀이 달린 제품도 있다. 크기는 대체로 2″×2″(약 5cm×5cm)가량이다. 전력의 범위는 5~30W이다. [그림 17-7]은 이러한 유형의 컨버터를 보여 준다(위는 입력 범위 9~18VDC. 고정 출력 3A/5VDC는 입력으로부터 완전히 절연되어 있다. 효율은 대략 80%다. 케이스는 구리로 제작되어 열 발산에 유리하면서도 전기적으로 차폐가 잘되어 있다. 가운데는 입력 범위 9~18VDC. 고정 출력 500mA/5VDC가 입력으로부터 완전히 절연되어 있다. 효율은 약 75%다. 외부 커패시터는 중요 작업에서 사용할 때 추가하면 된다. 아래는 SIP 형태. 고정 입력 12VDC, 고정 출력 600mA/5VDC는 입력으로부터 완전히 절연되어 있다. 효율은 약 75%다. 리플 제거를 위해 외부 커패시터가 필요하다).

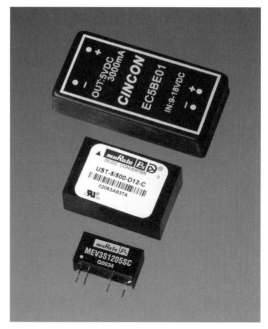

그림 17-7 여러 가지 밀폐형 DC-DC 컨버터.

저전력용 컨버터도 표면 장착형으로 출시되어 있다.

출력 조절이 가능한 일부 컨버터가 표면 장착형으로 미니보드에 미리 설치된 형태로 나온 제품도 있는데, 미니보드에는 PCB에 꽂을 수 있는 핀이 달려 있다. 이러한 제품은 효율이 높아서 크기에 비해 꽤 많은 전력을 처리할 수 있다. [그림 17-8]의 컨버터는 입력 전압의 범위가 4.5~14VDC이고, 출력은 0.6~6VDC까지 조절 가능하다. 정격 전력은 놀랍게도 10A 또는 50W이며 효율은 90%에 달한다. 그러나 부하가 없는 상태에서도 기본적으로 80mA를 소모하기 때문에 쉽게 과열될 수 있다. 컨버터에 부하를 연결하지 않은 상태로 오래 둘 경우, 열 차폐 장치나 자동 전원 차단 장치를 이용하는 게 좋다.

[그림 17-9]의 미니보드는 입력 전압의 범위가

그림 17-8 출력을 조절할 수 있는 DC-DC 컨버터. 정격 전력은 10A 또는 50W이다. 출력 전압은 외부 저항이나 트리머 포텐셔미터를 추가하여 결정한다. 외부에 평활 커패시터를 추가할지 여부는 데이터시트를 보고 확인한다.

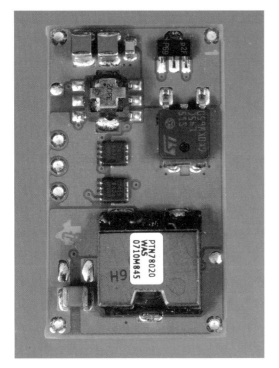

그림 17-9 가변 DC-DC 컨버터. 출력 전압은 외부에 저항이나 트리머 포텐셔미터를 추가해 결정한다. 외부에 평활 커패시터를 추가할 경우는 데이터시트에 명시되어 있다.

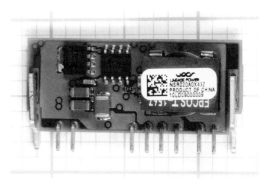

그림 17-10 가변 DC-DC 컨버터. 출력 전압은 외부에 저항이나 트리머 포텐셔미터를 추가해 결정한다. 외부에 평활 커패시터를 추가하는 경우는 데이터시트에 명시되어 있다.

7~36VDC이며, 출력 전압은 2.5~12.6VDC 사이에서 조절이 가능하다. 전류는 최대 6A이다. 절연되어 있지 않으며(그라운드로 연결되는 버스가 있다), 부하가 완전히 연결된 상태에서 95% 이상의 효율을 낼 수 있다고 한다.

[그림 17-10]의 미니보드는 입력 전압이 4.5~14VDC이며, 출력 전압은 0.6~6VDC 사이에서 조절이 가능하다. 전류는 최대 20A이다. 절연되어 있지 않으며(그라운드로 연결되는 버스가 있다) 부하가 완전히 연결된 상태에서 90% 이상의 효율을 낸다고 한다.

부품값

DC-DC 컨버터와 관련 있는 부품값은 다음과 같다.

정격 입력 전압과 주파수

PWM이 변함에 따라 입력 전압의 범위가 넓어진다. 컨버터를 사용하는 제품은 특별한 어댑터 없이 100VAC~250VAC 사이의 입력 전압과 50Hz~60Hz 사이의 주파수 전원이라면 전 세계 어디에서든 사용이 가능하다.

출력 전압

앞에서도 언급했듯이, 컨버터는 대부분 외부에 저항이나 포텐셔미터를 추가하는 식으로 출력 전압을 조절할 수 있다. 그렇지 않으면 여러 값의 출력 전압이 정해져 있어 패키지의 여러 핀 중 하나를 선택해 전압을 고를 수 있는 제품도 있다. 이들 제품도 양의 전압을 제공하고 그라운드 핀에 대해 음의 전압을 제공할 수 있다.

입력 전류와 출력 전류

컨버터의 입력 전압과 출력 전압이 다르므로, 전류 그 자체만으로는 신뢰할 수 있는 정격 전류의 지표가 될 수 없다.

데이터시트에서 명시하는 입력 전류는 부하가 없는 상태(출력단이 개방 회로인 경우)의 값이다. 이 전류는 전부 열로 발산되어야 한다.

부하 조정

부하 조정은 흔히 퍼센트로 표현되며, DC-DC 컨버터의 부하가 증가할 때 출력 전압이 풀다운pull down되는 범위를 뜻한다. V_{nil}을 부하가 없을 때 측정한 출력 전압, V_{max}를 최대 부하에서 측정한 출력 전압이라고 하면, 부하 조정은 다음과 같이 표현된다.

부하 조정 = 100 * (V_{nil} - V_{max}) / V_{max}

그러나 일부 컨버터는 설계할 때 출력에 부하가 전혀 걸리지 않는 상황은 고려하지 않는다는 점을 감안해야 한다. 이때 V_{nil}은 최소 규격의 부하가 걸렸을 때의 전압이 된다.

효율

효율은 얼마나 많은 입력 전류가 열로 발산되는지를 나타내는 정도다. 12V 입력의 컨버터가 최대 300mA의 입력 전류를 쓸 때, 소비 전력은 3.6W(3,600mW)이다. 효율이 80%인 컨버터는 전력의 약 20%, 즉 720mW를 열로 소모한다.

리플과 잡음

R/N으로 축약해 표현하기도 한다. 리플과 잡음은 mV나 퍼센트로 측정된다. 외부 평활 커패시터를 추가해야 하는지 결정하기 위해 제품 사양에서 R/N값을 주의 깊게 살펴야 한다. 그런 경우가 많다.

절연 또는 비절연

이 정보는 매우 중요해 제품 세부 사양이 아닌 데이터시트 맨 위에서 찾아볼 수 있다.

사용법

컨버터는 전기 잡음을 발생하기 때문에 커패시턴스가 큰 바이패스 커패시터bypass capacitors를 입력 핀과 출력 핀 가까이에 최대한 붙여 주위 부품에 영향을 주는 것을 방지해야 한다. 컨버터는 대부분 외부 커패시터가 필수이며, 실효 직렬 저항effective series resistance은 최대한 낮아야 한다(본 백과사전의 커패시터 장에서 실효 직렬 저항을 설명하고 있다). 이러한 이유로 전해 커패시터보다는 내구성이 강한 탄탈륨 커패시터가 더 바람직하다. 일부 제조업체에서는 탄탈륨 커패시터를 전해 커패시터와 병렬로 연결해 사용할 것을 권장하기도 한다. 커패시턴스가 0.1μF 정도인 소형 세라믹 커패시터를 커패시턴스가 큰 커패시터 바깥쪽에 추가하도록 권하는 경우도 흔히 있다.

각 커패시터의 정격 전압은 회로 내 실제 전압의 두 배가 되어야 한다. 일반적으로 전류가 높은 컨버터에서 더 큰 커패시턴스의 커패시터가 필요하다. 커패시턴스는 일반적으로 100μF이 흔하지만, 높은 전류에서는 1,000μF까지 커질 수 있다.

간혹 데이터시트가 몇몇 부품에 대해서는 부정확할 때가 있는 데 반해, DC-DC 컨버터의 데이터시트는 바이패스 커패시터에 관해 대단히 상세하게 지시한다. 이 내용은 꼭 지켜야 한다. 바이패스 커패시터를 언급하지 않는 경우는 매우 드물며, 설령 그렇다 하더라도 커패시터가 필요 없다는 의미가 전혀 아니다. 제조업체에서는 커패시터를 당연히 사용해야 하는 것으로 가정한다.

컨버터는 다양한 제품에서 사용되며 수십mA~수십A 사이의 전력을 다룬다. 전력이 낮은 휴대전화, 노트북 컴퓨터, 태블릿 PC 같은 제품에는 다양한 전압을 필요로 하는 부회로subcircuit가 들어 있으며, 그중 일부는 제품에 전원을 공급하는 배터리보다 더 높은 전압을 필요로 하기도 한다. 컨버터는 일정 범위의 입력 전압에 대응해 고정 출력을 유지하도록 설계되므로, 장기간 사용된 배터리의 전압이 서서히 감소할 때 이를 보상할 수 있다.

LED 플래시 전등은 1.5V 건전지를 사용하는데, LED의 전원을 켜는 데 3V가 필요하다면 부스트형 컨버터boost-type converter를 이용해 전압을 2배로 늘릴 수 있다. LCD 모니터에 백라이트를 공급하는 냉음극 형광 램프cold-cathode fluorescent lamp를 가동할 때도 부스트형 컨버터는 필요한 전압을

제공할 수 있다.

예를 들어 주로 5VDC 부품들로 구성되고 균일한 5VDC 전원 공급기로 전원을 공급받는 회로에서, 아날로그-디지털 컨버터나 시리얼 데이터 연결과 같은 특별한 용도로 12VDC가 필요하다면 컨버터를 사용해 이를 공급할 수 있다.

전기기계식 릴레이나 기타 유도성 부하가 논리칩logic chips 또는 마이크로컨트롤러 같은 부품들과 그라운드에 함께 연결되어 있다면, 전압 스파이크로부터 민감한 부품들을 보호하기 어려울 수도 있다. 플라이백 컨버터를 변압기와 함께 사용해 출력을 입력으로부터 분리하면, 컨버터 자체가 소음을 유발하지 않는 이상 회로의 '소음'을 분리할 수 있다. 컨버터가 유도하는 전자기 간섭(EMI)은 모델마다 다르기 때문에 사양을 주의 깊게 확인해야 한다.

저전력 부품은 컨버터에 연결된 도선이나 트레이스에서도 EMI의 영향을 받을 수 있다. 이런 회로에서는 잡음을 충분히 억제하기가 불가능해 컨버터 사용이 적합하지 않다.

주의 사항

출력의 전기 잡음

고주파수의 평탄화에는 전해 커패시터가 부적절하며, 적층 세라믹 커패시터나 탄탈륨 커패시터가 필요하다. 제조업체의 데이터시트에서 최솟값과 최댓값을 확인해야 한다. 또한 데이터시트에서 입력단뿐만 아니라 출력단의 커패시터 위치도 확인해야 한다.

부하가 없을 때의 과열

일부 컨버터는 부하 없이 전원에 연결하면 과열된다. 제조업체의 데이터시트에서는 이런 식의 잠재적인 문제를 자세히 다루지 않는다. 부하가 없는 조건에서 정의된 입력 규격(대부분 mA로 표시된다)을 확인해야 한다. 이 전류는 모두 열로 배출되어야 한다. 그리고 크기가 작은 컨버터들 여러 개가 좁은 영역에 밀집해 있으면, 열 흡수재를 붙이기가 까다로워 그 부분의 온도가 높아질 수 있다.

낮은 부하에서의 부적절한 출력 전압

컨버터 중에는 최대 규격의 최소 10%에 해당하는 부하를 항상 연결한 상태에서 작동하도록 설계된 것이 있다. 부하가 이보다 낮을 때는 출력 전압이 대단히 부정확할 수 있다. 데이터시트를 주의 깊게 읽고 다음과 비슷한 문구가 있는지 확인한다.

"10% 이하의 부하에서는 출력 전압이 증가할 수 있으며, 5% 이하일 때는 출력 전압이 2배로 증가할 수 있다."

다양한 부하와 연결할 때는 컨버터의 출력 전압을 측정기로 확인해야 한다. 컨버터를 회로에 설치하기 전에 항상 이 테스트를 시행하자.

18장

DC-AC 인버터

파워 인버터power inverter는 논리 인버터logic inverter와 혼동해서는 안 된다. 논리 인버터는 논리 회로logic circuits에서 사용되는 디지털 부품으로, 전압이 낮은 DC 입력의 위상을 바꿔 주는 역할을 한다. 논리 인버터는 2권에서 다룬다.

관련 부품

- AC-DC 전원 공급기(16장 참조)
- DC-DC 컨버터(17장 참조)

역할

파워 인버터는 전력 공급기나 AC 어댑터와 정확히 반대로 기능하는 부품이다. 인버터는 직류 전류direct current를 입력으로 받아(보통 자동차 배터리에서는 12VDC를 받는다), 전력 소모가 적은 장치의 전원으로 적합한 110VAC~120VAC 또는 220VAC~240VAC 범위의 교류 전류alternating

그림 18-1 175W 인버터의 내부 부품들

current를 출력으로 내놓는다. [그림 18-1]에서 저비용 인버터의 내부 구조를 볼 수 있다.

작동 원리

인버터의 첫 단계는 12VDC 입력을 내부 DC-DC 컨버터를 이용해 더 높은 DC 전압으로 올리는 것에서 시작된다. 그다음 스위칭 회로로 AC 전압의 특성인 사인파형sinusoidal을 대략적으로 생성한다.

디지털 스위칭 부품은 사각파square waves를 생성하는데, 사각파는 파형이 단순해서 고주파 또는 고조파harmonics가 드러나지 않는다. 고조파는 일부 장치에서는 무시되지만(특히 전기를 열로 변환하는 기기들) 일부 전자제품에서는 문제가 될 수 있다. 인버터 설계의 1차 목표는 사각파를 변형하거나 합쳐 수용할 만한 정확도를 지닌 AC 사인파를 만드는 데 있다. 간단히 말해 사인파에 가

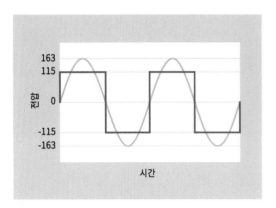

그림 18-2 AC 전압 사인파(초록색)와 같은 주파수의 사각파(빨간색)의 비교. 대략적으로 둘 다 비슷한 양의 전력을 전달한다.

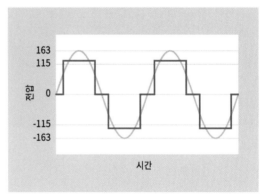

그림 18-3 사각파의 펄스 사이에 0V 구간을 삽입하면 사인파에 조금 더 가까운 모양을 만들 수 있다.

까운 파형을 정확히 만들 수 있는 인버터는 그만큼 가격이 더 비싸다.

초기 인버터는 [그림 18-2]에서 보는 바와 같이 단순한 사각파를 생성했다. 그림에서는 비교를 위해 사인파(초록색)를 겹쳐서 표시했다. 115V 규격의 교류 전류는 실제로 피크 전압이 최대 163V까지 이를 수 있다는 점을 감안해야 한다. 115V라는 값은 단일한 양의 사이클 동안 전압의 RMSroot mean square(실효값)이기 때문이다. 다른 말로 하면, 전압이 한 사이클에서 x번 샘플링 되었다고 가정할 때, RMS 값은 각 샘플을 제곱한 후 샘플의 값을 모두 더하고 x로 나눠, 그 결과에 루트를 씌워 구한다. 여기에 전류를 곱해 대략적인 와트 값을 얻기 때문에, RMS 값은 실제로 전달되는 전력을 계산하는 데 대단히 중요한 수단이 된다.

다양한 유형

개선된 사인파를 향한 첫 번째 단계로, 사각파의 펄스 사이에 0V의 구간을 삽입한다. 이렇게 '구간을 삽입한gapped' 사각파는 [그림 18-3]에서 볼 수 있다.

여기에 [그림 18-4]와 같이 더 짧은 구간의 더 높은 전압을 추가하면 더 나은 모양이 형성된다. 이 유형의 출력을 변형 사인파modified sine wave라고 하지만, 실제로는 사인파를 흉내 낸 사각파다. 이 파형이 갖는 부정확성은 총고조파 왜곡total harmonic distortion(THD)으로 표현된다. 일부 전문가들은 구간이 삽입된 사각파 출력의 THD가 약 25%가량일 것으로 추정하며, 이보다 더 짧은 구간이 삽입되면 THD는 감소해서 약 6.5%에 이른다고 한다. 이 내용에 대해 동의하는 사람은 거의 없지만, 이렇게 '층층이 쌓인' 사각파가 사인파에

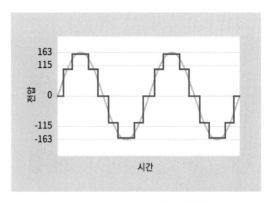

그림 18-4 이차로 좁은 사각파 펄스를 추가하면 인버터 출력의 정확도를 개선할 수 있다.

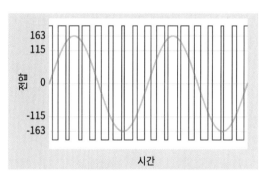

그림 18-5 펄스 폭 변조는 펄스의 폭을 높은 주파수로 전달할 수 있다. 펄스 폭은 평균을 냈을 때 사인파의 근사치와 가까워지도록 조정한다.

더 가까워진다는 것은 확실하다.

순수 사인파 인버터true sine wave inverter는 보통 펄스 폭 변조pulse-width modulation(PWM)를 이용해 THD를 1% 미만으로 구현한다. 사인파 인버터는 AC 출력보다 훨씬 높은 주파수로 일련의 펄스를 생성하며, 평균 전압이 사인파의 전압 변조와 비슷하도록 펄스 폭을 변화시킨다. 이러한 원리를 [그림 18-5]에서 간략히 설명하고 있다.

부품값

소형 인버터는 보통 100W를 전달하도록 규격이 정해져 있으며, 자동차의 12VDC 시거 잭cigarette lighter에 맞게 되어 있다. 저렴한 인버터는 효율이 80% 정도밖에 되지 않기 때문에, 100W/135VAC 규격이 10A/12VDC로 떨어질 수도 있다. 자동차의 시거 잭은 일반적으로 15~20A에서 퓨즈가 작동하므로 100W는 합리적인 값이다. 150W 이상의 규격을 갖는 인버터는 대부분 12V 배터리 단자에 직접 연결하는 대형 악어 클립이 부착된 케이블을 사용한다.

차량용 배터리의 저온 시동cold cranking 규격은 100A 이상이지만, 이 배터리는 전원을 단 1회, 최대 30초까지만 공급하도록 설계되어 있다. 500W 이상의 규격을 지닌 인버터는 단일 자동차 배터리의 일반 용량을 넘지만, 배터리가 자동차에 설치되어 있으면 엔진이 가동되면서 교류 발전기와 부하를 일부 나누게 된다. 500W 인버터는 2개 이상의 12V 자동차 배터리를 병렬로 연결해 전원을 공급받는 것이 바람직하다.

사용법

소형 인버터는 일반적으로 자동차에서 휴대전화를 충전하거나 미디어 플레이어, 노트북 컴퓨터의 전원을 공급할 때 사용한다. 대형 인버터는 공공 전력을 이용하지 못하는 지역에서 태양광 패널이나 풍력 발전 시스템의 내부 부품으로 사용된다. 이 시스템에서 배터리 전원을 가정용 AC 전원으로 변환해야 하기 때문이다. 무정전 전원 공급기uninterruptible power supply(UPS)는 짧은 시간 동안 컴퓨터 장비를 가동하는 배터리와 인버터를 포함하고 있다. AC 모터를 장착한 배터리로 구동되는 전기 자동차의 인버터는 예외적으로 높은 정격 전류를 가지고 있다.

저렴한 사인파 인버터로 전자제품에 전원을 공급할 때 발생하는 유해한 효과에 대해서는 논의가 부족한 상태이다. 사례로 봤을 때 전자제품들이 자체적인 스위칭 전원 공급기나 AC 어댑터를 사용하는 경우(내부에 포함되었거나 외부 패키지 상태로 이용하거나), 전원 공급기 내부의 필터링 작용이 인버터의 고조파를 차단하는 것으로 알려져 있다.

다른 사례에서는 AC 전원으로 직접 구동되는 동기 전동기synchronous motor를 포함하는 제품에서

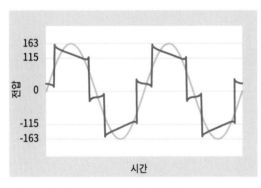

그림 18-6 저렴하게 제작된 인버터는 순수한 사각파보다 더 잡음이 심한 왜곡된 파형을 만들어 낼 수 있다. 이 예제는 실제 오실로스코프에서 가져온 것이다.

값싼 인버터는 부정적인 영향을 미칠 수도 있음을 시사한다. 형광등과 카메라 플래시에는 변형 사인파 인버터를 사용하는 게 부적절하다는 보고도 있다. 그러나 제품 설계나 부품 품질의 차이로 인해 달라질 수도 있으므로, 하나의 사례를 일반화하는 것은 불가능하다. 저렴하게 제작된 인버터는 사각파에 근접한 파형조차 생성하지 못하는 경우가 있다. [그림 18-6]을 참조한다.

주의 사항

여러 개의 배터리를 병렬로 연결해 두꺼운 도선으로 대형 인버터에 전원을 공급할 경우, 배터리의 규격과 사용 연한이 모두 동일하고, 동등하게 충전되어 있어야 한다. 그렇지 않으면 자체적으로 평형 상태에 도달하려는 경향으로 인해 배터리 사이에 전류가 흘러 대단히 위험하다. 배터리 사이의 연결은 깨끗한 배터리 단자에 단단히 고정해야 한다. 이에 대한 내용은 본 백과사전의 배터리 장을 참고한다.

인버터와 관련된 문제는 흔히 일어난다. 인버터의 12V 연결 위에 옷이나 침구류 같은 물건들을 놓으면 과열될 위험이 있다. 고전력 냉각 팬이 달린 인버터는 냉각 팬 배치가 잘못되거나 먼지가 누적되어 손상될 경우 과열될 수 있다. 또 모터 같은 유도성 부하로 전력 서지가 일어나면 인버터의 차단기breaker가 가동될 수 있다. 특히 다른 장치와 함께 사용하는 경우 이러한 일이 자주 발생한다.

항상 그렇지만, 몇 V를 전달하든지 높은 전류는 늘 신중하게 다루어야 한다.

19장

전압 조정기

정확히는 '선형 전압 조정기'라고 해서 스위칭 전압 조정기switching regulator나 DC-DC 컨버터와 구분한다. 그러나 완전한 명칭을 사용하는 경우는 드물며, '전압 조정기'라고 하면 대체로 선형 전압 조정기를 가리킨다.

관련 부품

- DC-DC 컨버터(17장 참조)
- AC-DC 전원 공급기(16장 참조)

역할

전압 조정기voltage regulator는 불규칙한 DC 입력 신호를 받아, 엄격하게 조정된 DC 출력을 제공한다. DC 출력은 조정기에 걸린 부하 여부에 상관없이 한정된 범위 내에서 일정한 신호를 유지한다. 전압 조정기는 저렴하고 단순하며 내구성이 대단히 강하다.

회로도에서 전압 조정기를 표시하는 기호는 따로 없다.

가장 널리 사용되는 1A DC 출력 조정기의 겉모습은 [그림 19-1]에서 볼 수 있다. LM7805, LM7806, LM7812 등 LM78xx 시리즈와 유사 조정기들은 그림과 같은 케이스에 들어 있으며, 핀 간격은 0.1″(0.25cm)이다. 핀의 기능은 그림에 표시했다. 다른 유형의 조정기는 겉모양이 다르거나, 겉모양은 동일하지만 핀의 기능이 다를 수 있다.

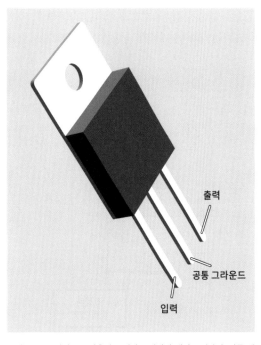

그림 19-1 보편적으로 사용되는 전압 조정기의 케이스 디자인. 다른 제품들은 이와 매우 다를 수 있으며, 핀 기능도 바뀔 수 있다. 제조업체의 데이터시트를 참고할 것.

출력

공통 그라운드

입력

전압 조정기를 사용하기 전에 항상 데이터시트를 확인해야 한다.

작동 원리

모든 선형 전압 조정기는 출력으로부터 피드백을 받는다. 피드백받은 출력 신호를 기준 전압(대부분 제너 다이오드에서 받는다)과 비교해 오찻값을 도출하고, 이 오찻값을 이용해 조정기의 입력과 출력 사이에 있는 패스 트랜지스터pass transistor의 베이스를 제어한다. 패스 트랜지스터는 포화상태 이전에서 작동하기 때문에, 출력 전류가 베이스 전류에 대하여 선형적으로 응답한다. 그래서 선형 전압 조정기라는 이름이 붙었다. [그림 19-2]는 전압 조정기의 원리를 단순화한 그림이다. [그림 19-3]은 조금 더 상세히 표현했는데, 달링턴 증폭기darlington pair가 패스 트랜지스터로 사용되있다. 증폭기의 베이스는 다른 트랜지스터 두 개와 오차

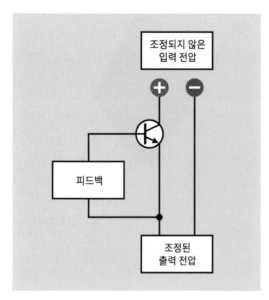

그림 19-2 선형 전압 조정기는 기본적으로 트랜지스터를 포함하며, 출력 신호로부터 피드백을 받아 트랜지스터의 베이스를 제어한다.

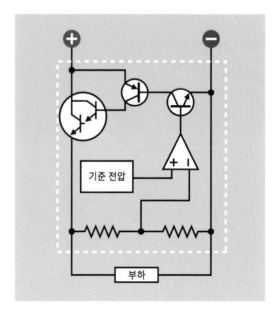

그림 19-3 표준형 전압 조정기의 기본적인 내부 구조. 달링턴 증폭기, 트랜지스터 두 개, 분압기, 비교기, 기준 전압 소스 등이 흰 점선 안에 표시되어 있다.

진입을 진달하는 비교기로 제이힌다. 그림과 같은 구조의 전압 조정기가 표준형standard type이다.

NPN 트랜지스터의 베이스와 이미터emitter 사이의 전압 차는 최소 0.6V여야 한다. 표준형 전압 조정기에서는 트랜지스터를 여러 개 사용하기 때문에, 입력과 출력 사이에는 최소한의 총전압 차가 필요하며 그 값은 2VDC이다. 이 전압 차를 드롭아웃 전압dropout voltage이라고 한다. 만일 전압 차가 드롭아웃 전압 이하로 떨어지면, 입력 전압이 다시 올라갈 때까지 조정기에서 내보내는 출력 전압은 신뢰할 수 없다. LDO 조정기low dropout regulators는 전압 차가 더 낮아도 동작하지만, 가격이 비싸서 잘 사용하지 않는다. LDO 조정기는 '다양한 유형' 절에서 자세히 설명한다.

이론적으로 별개의 부품들을 조립해 전압 조정기를 구성할 수도 있지만, 이러한 작업은 이미 수

십 년 전에 비용 효율이 떨어졌다. 이제 전압 조정기라는 용어는 단일 소형 집적 패키지를 일컫는 용어로 쓰이며, 기본 회로에 과부나 과열에 대한 자동 보호 기능이 추가되기도 한다. 과부하가 걸리면 조정기는 타는 대신 작동을 멈춘다. 대다수 전압 조정기는 전원 연결 방향이 우연히 바뀌거나(배터리의 방향을 잘못 연결할 때), 회로 기판에 조정기를 반대 방향으로 삽입하는 사고에 대해서도 대비하고 있다.

다른 부품으로 전압을 줄여 전력을 전달할 수도 있다. 가장 단순한 예로, 직렬로 연결된 두 저항을 전원에 병렬로 연결하면, 이 저항들은 분압기voltage divider가 되어 이들 사이에 걸리는 전압의 1/2을 출력한다. 그러나 이 전압은 입력 전압의 변동이나 부하의 임피던스에 따라 변한다. 전압 조정기는 입력 신호가 조금 튀거나 부하의 소비 전력에 변동이 생겨도 안정된 전압을 공급하는 가장 단순한 방법이다.

표준형 전압 조정기의 단점은 효율이 낮다는 점이다. 특히 상대적으로 높은 입력 전압을 낮은 출력 전압으로 전달할 때 효율이 떨어진다. V_{in}을 입력 전압, V_{out}을 출력 전압, I_{out}을 출력 전류라 하면, 평균 전력 손실 P는 다음 공식으로 구한다.

$$P = I_{out} * (V_{in} - V_{out})$$

예를 들어 출력 전류가 1A이고 입력 전압이 9VDC, 출력 전압이 5VDC라 하면, 44%의 입력 전력이 손실되어 부품 효율은 56%밖에 되지 않는다. 손실 전력(이 경우 약 4W)은 열로 발산된다. 표준형 조정기가 최소 규격인 2VDC 드롭아웃 전압에서 작동한다고 해도, 0.5A를 전달할 때는 1W의 손실이 발생한다.

다양한 유형

패키지

LM78xx 시리즈 조정기의 패키지는 [그림 19-1]에 나와 있다. 이 제품은 구멍을 뚫은 알루미늄 판에 결합되어 있어 방열판에 고정할 수 있다. 최대 출력 전압이 낮은 전압 조정기(예로 100mA)는 방열판이 필요 없는 경우도 있어, 모양은 비슷하지만 크기는 더 작은 패키지를 사용하기도 한다.

일부 집적회로에서는 전압 조정기가 2개 들어가는 경우도 있는데, 이 둘은 서로 절연되어 있다.

널리 사용되는 유형

LM78xx 시리즈에서 부품 번호의 마지막 두 자리는 출력 전압을 뜻하며 고정되어 있다. 따라서 LM7805의 출력 전압은 5VDC, LM7806은 6VDC이다. 조정기의 출력 전압에 소수점이 있는 경우(3.3VDC가 가장 흔하다), 부품 번호에 글자가 삽입된다. 78M33과 같은 식이다.

여러 제조업체에서 LM78xx 시리즈의 복제품을 생산하고 있어, 부품 번호에 제조업체나 기타 기능을 표시하는 글자가 추가될 수 있으나 기능은 동일하다.

LM78xx 조정기는 대부분 정확도가 4% 이내지만, 실제 샘플에서는 항상 이보다 더 정확한 전압을 제공한다.

가변 조정기

대다수 조정기가 고정 출력값을 제공하지만, 일부 제품은 사용자가 하나 이상의 저항을 붙여 출력을 조절하도록 허용한다. LM317이 가장 흔한 예이다. LM317의 출력 전압 범위는 1.25VDC에서 37VDC까지로, 저항과 트리머 포텐셔미터를 이용해 출력값을 설정할 수 있다. 이 내용은 [그림 19-4]에서 확인할 수 있다. 그림과 같이 R1을 고정 저항, R2를 트리머 포텐셔미터라고 하면, 출력 전압 V_{out}은 다음과 같이 구할 수 있다.

$$V_{out} = 1.25 * (1 + (R2 / R1))$$

R1, R2의 일반적인 값은 각각 240Ω과 5K이다. 트리머 포텐셔미터의 값을 이 중간으로 잡으면, V_{out}은 1.25 * (1 + (2500 / 240)) = 약 15VDC가 되며, 따라서 입력 전압은 최소 17VDC가 되어야 한다. 그러나 트리머 포텐셔미터의 값을 720Ω으로 줄이면, 출력은 5VDC가 된다. 실제로 트리머 포텐셔미터의 값은 중간 정도 값에서 원하는 출력이 맞춰지도록 선택해야 한다. 이렇게 해야 출력 전압을 세밀하게 조정할 수 있다.

가변 조정기는 여러 기능을 갖추고 있어 매력적이지만, 이 조정기 역시 입출력 간 전압 차이에 비례해 전력 손실이 발생한다. 열 손실을 최소화하려면 입출력 전압 차가 드롭아웃 전압보다 필요 이상으로 커서는 안 된다.

가변 조정기는 고정 출력값을 갖는 조정기보다 더 큰 바이패스 커패시터를 요구한다. [그림 19-4]는 제조업체가 추천하는 LM317의 구성이다.

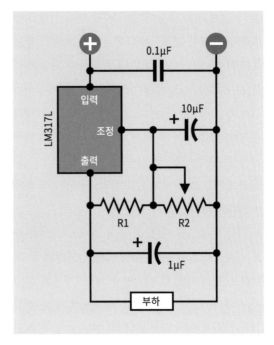

그림 19-4 LM317L 가변 전압 조정기의 도면. 내셔널 세미컨덕터 (National Semiconductor) 사가 권고하는 회로에 기반을 둔 것이다. 바이패스 커패시터가 추가되어 리쁠(ripple)를 세서한다.

부전압 조정기와 양 전압 조정기

선형 전압 조정기가 대부분 양 전압값을 입력받도록 설계된 반면(통상적인 전류의 흐름이 입력에서 출력으로 향함), 간혹 음전압을 입력받도록 설계된 제품이 있다. 이러한 조정기negative voltage regulator는 공통 단자는 양이고, 입력과 출력은 이에 대한 음이다.

LDO 선형 조정기

LDO 조정기low-dropout regulator는 PNP나 MOSFET 트랜지스터를 사용하므로 훨씬 낮은 드롭아웃 전압에서 동작할 수 있다. LDO 조정기는 효율은 최대화하고 열 발산은 최소화해야 하는 배터리를 전원으로 사용하는 제품에서 인기가 있다. 예를 들어, LM330은 출력이 5VDC인 조정기인데, 드롭아웃 전압이 0.6V이다. 따라서 AAA 건전지 4개를 입력 전압으로 사용할 수 있다. LDO 조정기에서 드롭아웃 전압은 실제로 부하 전류load current에 따라 변하는데, 출력 전류가 작을 때는 규격의 1/10까지도 줄일 수 있다.

LDO 조정기는 대부분 표면 장착형 패키지로 판매되며, 최대 출력은 100~500mA로 설계된다. 이를 벗어나는 경우는 극히 드물다. LDO 조정기는 2V 드롭아웃 규격의 조정기보다 가격이 조금 비싼 편이다.

[그림 19-5]에는 3종의 전압 조정기가 있다. 왼쪽에서 오른쪽으로, 규격은 각각 5VDC/1A, 12VDC/1A, 5VDC/7.5A이다. 크기가 작은 조정기 2개는 LM78xx 시리즈다. 크기가 큰 조정기는 최대 드롭아웃 전압이 1.5VDC라고 한다. 출력 전압은 외부의 포텐서미터와 저항을 이용해 조절할 수 있다.

그림 19-5 LM78xx 전압 조정기 시리즈 중 2종. 세 번째 제품은 고전류, 낮은 드롭아웃 특성을 지닌 가변 조정기로 규격은 5VDC(상향 조정 가능)/7.5A이다.

쿼지 LDO 선형 조정기

표준 조정기에서는 달링턴 증폭기를 패스 트랜지스터로 사용하고 LDO는 단일 PNP 트랜지스터를 사용하는데 반해, 소위 쿼지 LDOQuasi-LDO는 NPN과 PNP를 결합하여 사용하며 드롭아웃 전압은 그 중간쯤으로 최대 1.5VDC 정도가 된다. 그러나 LDO와 쿼지 LDO라는 용어는 업계에서 정확히 정의되어 있지 않다. 어떤 제조업체는 쿼지 LDO 조정기를 LDO 조정기로 판매하며, LDO 조정기는 Very Low Dropout 조정기로 분류한다. 이름과 상관없이 제품 규격은 데이터시트를 참조해야 한다.

추가 핀 기능

일부 전압 조정기에는 추가 핀이 포함되어 있는데, 이를 인에이블 핀enable pin이라 한다. 이 핀에는 마이크로컨트롤러나 논리 게이트 신호에 응답해 장치의 스위치를 끄는 기능이 있다.

일부 조정기에서는 상태 핀status pin을 추가 옵션으로 제공하기도 한다. 이 핀은 조정기의 출력이 규격보다 훨씬 낮은 값으로 떨어지는 오류가 발생할 때 마이크로컨트롤러로 신호를 보내 이를 알린다.

배터리를 전원으로 사용하는 장치에서는 저전력 센서 기능을 사용하는 게 바람직하다. 입력 전원이 충분하지 않으면, 조정기가 아무런 경고 없이 꺼질 수 있기 때문이다. LP2953 같은 조정기는 추가 핀으로 저전력 경고 신호를 보낸다.

부품값

단일한 고정 출력값을 갖는 선형 전압 조정기는 일반적으로 3.3, 5, 6, 8, 9, 10, 12, 15, 18, 24V의

DC 출력을 제공하며, 그 사이의 소숫값을 제공하는 제품도 일부 있다. 가장 흔히 사용되는 값은 5, 6, 9, 12, 15V이다. 입력 전압은 35VDC 정도이다.

일반적인 3핀, 스루홀, TO-220형의 최대 출력 전류는 보통 1A 또는 1.5A이며, 표면 장착형으로도 출시되어 있다. 그 밖의 표면 장착형 조정기는 최대 전력이 낮다.

정확도는 퍼센트 또는 부하 조정을 위한 수치인 mV로 표시한다. 일반적인 부하 조정값은 50mV 정도이고, 전압 조정의 정확도는 1~4%가량으로 제조업체와 부품에 따라 달라진다. LDO 조정기가 일반적으로 효율이 높은 반면, 그라운드 핀의 전류는 더 높아야 한다. 이는 매우 중요한 요소는 아니다.

사용법

구형 CMOScomplementary metal-oxide semiconductor 칩이나 555 타이머의 TTLtransistor-transistor logic 버전 같은 부품은 입력 전압의 범위가 넓지만, 현대의 논리 칩과 마이크로컨트롤러는 대부분 정확히 제어된 전원을 입력받아야 한다. 보통 이러한 입력값을 제공하기 위해 LM7805 같은 조정기를 사용한다. 특히 이 조정기는 적정 수준의 전류를 사용하고 배터리나 AC 어댑터로부터 전원을 공급받는, 상대적으로 크기가 작고 단순한 장치에서 유용하게 쓰인다. 이런 장치에 일반적인 스위칭 전원 공급기를 사용하면 과도한 입력을 제공할 수 있다.

선형 전압 조정기는 입력 전압의 변화에 즉각적으로 반응할 수 없다. 따라서 입력값에 전압 스파이크가 있을 경우 조정기를 그대로 통과할 수

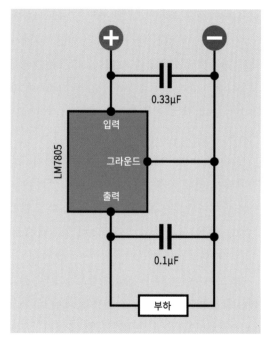

그림 19-6 LM7805 조정기의 사용 예. 커패시터 값은 페어차일드 세미컨덕터(Fairchild Semiconductor) 사의 추천에 따른 값이다.

있다. 이를 방지하기 위해 바이패스 커패시터를 사용해야 한다. [그림 19-6]은 제조업체가 권하는 LM7805 조정기와 바이패스 커패시터의 사용 예다.

오랜 시간 대기 전력만 사용하고 총전력full power은 간헐적으로만 필요한 배터리 전원을 사용하는 제품에서, 전압 조정기에 걸리는 최소 부하로 인한 대기 전류quiescent current를 중요하게 고려해야 한다. 현대의 LDO 조정기에 아주 소량의 부하가 걸려 있을 때 대기 전류는 100μA로 매우 적다. 다른 유형의 조정기에서는 이보다 훨씬 많은 대기 전류를 소모한다. 실제 응용에서 가장 적합한 부품을 찾기 위해서는 데이터시트를 확인해야 한다.

DC-DC 전원 컨버터는 적은 부하가 걸릴 때 높은 전류가 흘러 상당한 열을 발산한다. 따라서 이

런 경우에는 LDO를 사용하는 게 바람직하다.

주의 사항

부적절한 열 관리

LM317과 같은 가변 조정기는 균일한 24VDC 입력을 받아 비교적 범위가 넓은 5VDC~18VDC의 출력 전압을 얻을 수 있기 때문에, "하나의 부품으로 모든 것을 만족시키는" 용도로 사용하고 싶은 충동을 느끼게 된다. 그러나 1A 출력 전류를 가정할 때 최악의 경우 전력 손실은 20W에 달한다. 합리적 수준의 효율을 얻고 관리 가능한 수준의 열 발산을 유지하기 위해서는 입력 전압과 출력 전압 사이의 차이가 드롭아웃 전압의 크기를 넘어서는 안 된다.

전압 조정기를 정확하게 사용하고 있다고 하더라도, 회로 개발 과정에서 요구사항이 바뀌면 예상보다 더 많은 열이 발생할 수 있다. 처음에 부품 몇 개만 사용할 때는 100mA 정도만 흐르지만, 더 많은 기능이 요구되어 그에 따라 부품을 추가하면 (특히 릴레이나 LED 디스플레이 등) 전력 소모량이 가파르게 상승한다. 이때 조정기에 적절한 열 흡수재가 없다면 예상 밖으로 많은 열이 발생하고, 원인 불명의 셧다운shutdown도 일어날 수 있다.

과도 응답

부하로 인해 큰 요동이 발생하는 경우(예를 들어, 회로 어느 지점에서 유도성 장치의 전원이 갑자기 켜진 경우), 전압 조정기에는 스스로를 조절하고 정격 출력 전압을 유지하기 위한 일정한 시간이 필요하다. 이 시간 지연을 과도 응답transient re-sponse이라고 한다. 순간적인 요동이 발생할 가능성이 있고 회로의 부품들이 이러한 요동에 민감하다면, 전압 조정기의 출력과 그라운드 사이에 커패시턴스가 큰 커패시터를 연결해야 한다.

저렴한 AC 어댑터를 전원으로 사용하면 어댑터의 출력 신호가 평탄화되지 않아 조정기의 입력 전압에 예상치 못한 스파이크가 섞일 수 있는데, 이를 차단하기에는 과도 응답 시간만으로 충분하지 않을 수 있다. 이때는 1μF 바이패스 커패시터를 조정기의 입력과 출력단에 추가하면 전력 요동을 효과적으로 차단할 수 있다.

부품 확인 오류

대다수 선형 전압 조정기들은 겉모습이 비슷하다. 따라서 고정 전압 조정기와 가변 조정기를 구분할 때 주의가 필요하다. LM78xx 시리즈를 사용할 때는 부품 번호의 마지막 두 자리 숫자를 꼼꼼히 확인해야 한다. 출력을 구분하는 정보는 이 두 자리 숫자가 유일하기 때문이다. LM7805 대신 실수로 LM7808를 사용한다면, 5VDC의 논리 회로 칩 정도는 쉽게 손상된다. 전압 조정기를 회로에 연결하기 전에 측정기를 이용해 출력값을 확인하는 것이 바람직하다.

핀 확인 오류

LM78xx 시리즈 전압 조정기의 핀 배열은 대단히 직관적이고 명확하며 일관성이 있다. 즉 핀을 아래로 향하게 한 다음 조정기를 앞면에서 바라보면, 왼쪽이 입력, 가운데가 그라운드, 오른쪽이 출력이다. 불행하게도 핀 배열이 일정하다 보니 사용자들이 확인 없이 경솔하게 연결하는 경향이 있다. LM79xx 시리즈의 부전압 조정기는 입력 핀과 그라운드 핀의 위치가 바뀌어 있고, 가변 조정기는 아예 다른 구조로 되어 있다. 연결하기 전에 제조업체의 데이터시트를 확인하는 것이 가장 좋은 습관이다.

저전압 배터리로 인한 전압 강하

정격 출력 전압이 6VDC이고 드롭아웃 전압이 2VDC인 조정기가 9V 배터리에서 전원을 공급받는 경우, 배터리를 오래 사용하거나 기전력이 큰 폭으로 떨어지게 되면 입력 전압이 허용 가능한 값인 8VDC 이하로 떨어질 수 있다. 그러면 조정기의 출력 전압이 낮아지거나 진동할 수 있다.

부정확한 출력 전압

선압 소성기는 술력 핀과 그라운드 핀 사이에서 출력 전압을 유지한다. 회로 기판의 얇은 트레이스trace나 아주 가는 굵기의 긴 도선은 전기 저항을 일으켜 실제 부품에 전달되는 전압을 떨어뜨린다. 옴의 법칙에 따라 트레이스(또는 가는 도선)로 인해 강하되는 전압은 이를 통과하는 전류에 비례한다. 예를 들어, 전압 조정기의 출력 핀과 부품 사이의 저항을 0.5Ω이라 하고 전류를 0.1A라 하면, 전압 강하는 0.05V가 된다. 그러나 전류가 1A로 증가하면 전압 강하는 0.5V가 된다. 이 사실을 기억하면 선형 전압 조정기를 전압에 민감한 부품 가까이에 배치해야 한다는 사실을 알 수 있다. PCB 설계에서 전력을 전달하는 트레이스는 저항이 커서는 안 된다.

가변 전압 조정기를 사용할 때 부하의 양의 끝단에 저항 R1을 연결해 전달되는 전압을 '보다 정

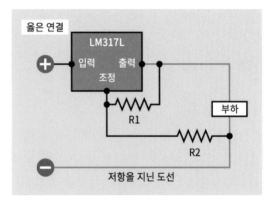

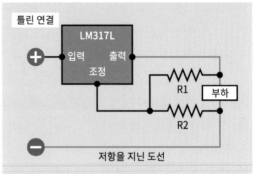

그림 19-7 가변 전압 조정기와 부하 간의 연결에 크기가 상당히 큰 저항이 있을 때(그림에서 회색 '저항을 지닌 도선'), 위 도면과 같이 R1은 항상 조정기 핀에 최대한 가깝게 연결해야 한다(내셔널 반도체(National Semiconductor) 사가 제공한 회로도에서 발췌).

확하게' 얻고 싶은 유혹을 느끼게 된다. 이런 식의 구성으로는 원하는 결과를 만들어 내지 못한다. R1은 항상 전압 조정기의 출력 핀과 조정 핀 사이에 연결해야 하며, R2는 조정 핀과 부하의 음극 단자에 연결해야 한다. 이 내용은 [그림 19-7]에서 다루고 있다. 각각의 그림에서 회색으로 표시한 도선은 도선의 저항이 상당히 큼을 나타내는 것이다.

20장

전자석

이 책에서 전자석이라는 용어는 강자성체 코어가 들어 있는 코일을 뜻하며, 이때 코어의 위치는 코일을 기준으로 볼 때 움직이지 않는다. 코어는 오로지 자기장을 형성하는 데에만 사용되며, 이 자기장은 자기 성분을 지닌 다른 물체를 끌어 당기거나 밀어낸다. 코일의 전류가 유도한 자기력에 반응하여 코어가 움직이는 경우는 솔레노이드 장에서 논의한다. 인덕터 장에서 설명하는 인덕터는 강자성체 코어를 포함하거나 하지 않는 코일이며, 이 코일은 전자회로에서 리액턴스나 자기 유도를 생성하는 특별한 용도로 사용된다. 전자석은 흔히 교류 전류와 함께 사용되며, 저항이나 커패시터와 결합해 사용하기도 한다. 인덕터 장에서 전기를 생성하는 자기력에 대한 기본 논의와 설명을 다루고 있다.

관련 부품

· 솔레노이드(21장 참조)

· DC 모터(22장 참조)

· AC 모터(23장 참조)

역할

전자석은 전류에 응하여 자기장을 형성하는 코일로 구성되어 있다. 자기장은 자성체(즉 자화될 수 있는 물질) 코어로 전달되고 강화된다. 전자석은 모터, 발전기, 스피커, 마이크로폰, 자기부상 열차와 같은 산업용 응용에서 사용된다. 단독으로 사용할 때는 전류를 이용해 자기장이 유도될 수 있는 물체를 붙들거나 들어 올리거나 옮기는 데 사용된다.

[그림 20-1]은 직경이 1인치(2.5cm) 정도 되는 초소형 기본 전자석이다. 회로도에서 전자석을 표

그림 20-1 직경 약 1인치(2.5cm) 전자석. 12VDC에서 0.25A가 흐른다.

시하는 기호는 따로 없으며, 14장 인덕터의 [그림 14-1](세 기호 중 가운데)과 같이 코어가 있는 인덕션 코일의 기호를 대신 사용한다.

작동 원리

원형 도선(또는 나선 구조의 도선이나 코일)에 전류가 흐르면 가운데에 자기장이 유도된다. 이 내용은 본 백과사전의 인덕터 장에서 다루었으며, [그림 14-3], [그림 14-4], [그림 14-5], [그림 14-6]을 참조한다.

원형 도선이나 코일 중앙에 강자성체 조각이 있으면 자기력이 강화된다. 그 이유는 강자성체의 자기저항reluctance이 공기의 자기저항보다 훨씬 낮기 때문이다. 코일과 코어의 조합을 전자석이라 한다. 이 내용은 [그림 20-2]에 나와 있다. 이 효과에 대한 보다 자세한 설명은 '자기 코어'(132쪽 참조)를 참고한다.

DC 전류를 가정할 때 전자기 자속 밀도flux den-

sity의 강도는 코일에 흐르는 전류에 비례한다.

다양한 유형

전자석의 설계는 용도에 따라 달라진다. 가장 단순한 디자인은 막대 주위에 코일을 감고 고철 등을 들어 올리도록 판을 댄 것이다. 이러한 모양은 자기 회로가 전자석 주위의 공기에서 완결되기 때문에 상대적으로 효율이 좋지 않다.

효율을 높이기 위해, 예전의 디자인은 U자 모양 코어에 하나 또는 두 개의 코일을 감는다. U자 코어가 부드럽게 휘어진 곡선의 형태로 되어 있다면 말굽 자석horse-shoe magnet 모양과 비슷해진다([그림 20-3] 참조). 직각 모양 코어와 막대 모양 코어에 도선을 감고 결합하는 방법이 더 저렴하기 때문에 최근에는 U자 코어를 찾아보기 어렵다. 그러나 말발굽 모양은 U자 코어의 개방된 방

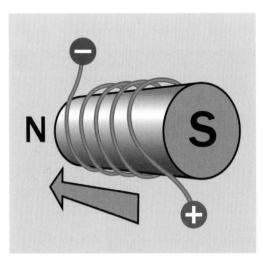

그림 20-2 강자성체 막대에 감긴 코일에 직류 전류가 흐르면 막대에는 자기력이 유도된다. 통상적으로 이 힘은 남에서 북으로 향한다고 표현한다.

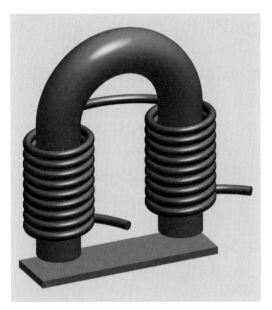

그림 20-3 그림 속의 구형 전자석은 그 역사가 100년 이상 거슬러 올라간다. 말굽 전자석은 끌어당기는 물체를 통해 자기 회로가 완결되기 때문에 효율이 극대화된다.

향으로 N극과 S극을 유도하고, 자기 회로는 말발굽 끝에 붙는 물체로 완결되기 때문에 효율이 대단히 높다. [그림 20-3]에서 전자석이 잡아당기는 물체는 직사각형 금속판이다. 자기 회로는 자연스럽게 그 범위를 제한하려 노력하고, 회로가 완결되면 이 목표가 달성되므로, 금속판이 밀착하면서 회로가 완결되는 U자형 자석의 인력(引力)은 최대가 된다.

직류로 전원을 공급받는 전자석은 극성이 바뀌지 않으면서 안정적인 자기장을 형성한다. AC 전류로 전원을 공급할 때 전자석은 자성을 띠지 않으나, 자화될 수 있는 물체를 끌어당기는 데 이용할 수 있다. 전자석은 AC 전원의 주파수와 거의 동일한 주파수로 극성이 바뀌며, 끌어당기는 물체에는 이와 동일하면서 방향은 반대로 바뀌는 극성이 유도되어 상호 인력이 발생한다. 자석의 코어는 AC 전류로 인해 맴돌이 전류가 유도되는 것을 방지하기 위해 얇은 절연판으로 분리한다. 그러나 AC용 전자석은 여전히 DC용 전자석보다 효율이 좋지 않다. 그 이유는 코어의 자기 구역의 극성이 계속해서 반전되며 전력을 소비하다 보면 코어에 히스테리시스hysteresis 효과가 남기 때문이다.

AC 전원으로도 사용할 수 있는 일부 전자석은 AC를 DC로 변환하는 정류기rectifiers가 포함되어 있다.

부품값

전자석을 정의하는 부품값은 전력 소모량과 유지력retaining force(들어 올릴 수 있는 물체의 무게)이다. 유지력의 단위는 그램이나 킬로그램이다.

사용법

전자석은 대부분 다른 장치 안에 포함되어 있다. 전자석이 들어가는 장치로는 모터, 발전기, 릴레이, 스피커, 디스크 드라이브 등이 있다. 또한 오디오와 비디오 테이프 레코더에 들어 있는 전자석은 오디오 신호의 강도에 따라 자기장이 변하면서 테이프 표면의 산화철을 자화해 신호를 녹음한다. 이때 간격이 매우 좁은 말굽 자석 모양의 전자석이 사용되며, 이 간격의 폭과 헤드를 지나가는 테이프의 속도에 따라 전자석이 녹음할 수 있는 가장 높은 주파수를 결정한다.

테이프의 녹음 과정을 반대로 진행할 수도 있다. 전자석이 테이프의 신호를 '읽고', 그 신호를 약한 교류 전류로 변환하고 증폭시켜 이 소리를 스피커로 재생한다.

전자석을 응용하는 간단한 방법으로 구형 초인종이 있다. 하나 또는 두 개의 코일이 스프링이 장착된 레버를 끌어당기면 레버의 윗부분이 종을 치는 구조이다. 레버가 종 쪽으로 당겨지면 전자석에 전원을 공급하는 접촉이 끊어진다. 이로써 레버는 다시 원위치로 돌아가게 되어 회로가 복원된다. 종에 전원을 가하면 이 과정이 되풀이된다. 이런 식의 초인종은 부품의 크기가 크고 무거운 반면, 상대적으로 소형 스피커가 들어 있는 전기식 초인종은 점점 저렴해지기 때문에 구형 초인종은 더 이상 쓸모없게 되었다. 그러나 단순 벨소리를 내는 초인종에서는 여전히 솔레노이드가 사용된다.

음극선관cathode-ray tube을 사용하는 장치에서는 튜브(관)의 목 부분에 요크yoke를 형성할 때 전자석 코일을 사용하는데, 전자선beam of electrons의 방향을 스크린 쪽으로 향하게 만든다. 전자 현미경도 이와 비슷한 원리가 적용된다. 경우에 따라서는 정전기를 띤 판을 동일한 용도로 사용하기도 한다.

전자석은 리드 스위치reed switch([그림 9-7]의 회로도 참조)를 활성화하는 데도 사용할 수 있다. 이 경우 전자석과 스위치의 결합은 릴레이처럼 작동한다.

전자석에 교류 전류로 전원을 공급하면 다른 물체의 자기를 제거degauss하는 데 사용될 수 있다(이를 다른 말로 소자消磁라고 한다). 자기장을 0으로 수렴하려면 AC 전류를 점차 줄이면서 자기장의 극성을 서서히 0에 접근시키거나, 전자석을 목표물에서 서서히 멀어지게 하여 자기장의 영향이 (실질적으로) 0에 가까워지도록 하는 방법이 있다. 이 중 주기적으로 녹음된 신호를 소자하고 테이프 레코더의 헤드를 재생하는 데에는 후자의 방법이 사용된다. 그렇지 않으면 잔여 자기력이 계속 쌓이게 되어 테이프를 재생할 때 배경 잡음이 생기게 된다.

가장 오래된 전자석의 응용은 폐차 같은 무거운 물체나 고철을 들어 올려 옮기는 일이다. 현대의 응용 분야 가운데 규모가 큰 것으로는 의학용 자기 공명 영상(MRI) 등이 있다.

전자석을 이용한 더 큰 응용으로는 입자 가속기가 있다. 입자 가속기 내 여러 자기 코일이 순차적으로 에너지를 받고, 그 후 핵융합 발전기도 에너지를 받는다. 핵융합 발전기에서는 자기장으로 인해 고온 플라즈마가 발생한다.

주의 사항

전자석은 자기력을 유지하기 위해 일정한 힘이 필요하지만 목표물이 자석의 코어와 접촉한 상태로 고정된 동안에는 실제로 하는 일이 없기 때문에, 자석의 코일에 흐르는 전류는 완전히 열로 방출되어야 한다. 이 문제에 대한 추가 논의는 본 백과사전 솔레노이드 장의 '열'(189쪽 참조)에서 다룬다.

21장

솔레노이드

솔레노이드라는 용어는 예전에는 자기 코어가 없는 코일을 가리킬 때 사용했다. 현재는 더 일반적으로 코일 내부에 코일로 유도되는 자기장에 반응해 움직이는 원통형 플런저plunger가 있는 부품을 묘사할 때 사용한다. 본 백과사전에서는 전자석을 하나의 독립된 장에서 설명하고 있는데, 여기서 말하는 전자석은 중앙에 강자성체 물질을 감은 코일로서 코어의 위치가 코일에 대하여 변하지 않는 부품을 말한다. 전자석은 오로지 자성을 지닌 다른 물체를 끌어당기거나 미는 용도로 사용된다. 인덕터 장에서 설명하는 인덕터는 강자성체 코어를 포함하거나 하지 않는 코일이며, 이 코일은 전자회로에서 리액턴스나 자기 유도를 생성하는 특별한 용도로 사용된다. 흔히 교류 전류와 함께 저항이나 커패시터와 결합된 형태로 사용하기도 한다. 인덕터 장에서는 전기를 생성하는 자기력에 대한 기본 논의와 설명을 다루고 있다.

관련 부품

- 인덕터(14장 참조)
- 전자석(20장 참조)

역할

일반적인 솔레노이드solenoid는 원통형이나 상자 모양으로 되어 있으며, 개방 면이 있는 프레임frame 안에 속이 비어 있는 코일이 들어 있다. 원통형 솔레노이드에서 양쪽 끝 면을 자극 면pole face이라고 한다.

자극 면의 최소 하나에는 구멍이 나 있어 이 구멍으로 솔레노이드가 플런저plunger(또는 철심armature이라고도 한다)를 밀고 당긴다. 따라서 솔레노이드는 코일에 흐르는 전류로 선형적인 힘을 가하는 장치다. 대다수 솔레노이드에서 이 힘을 유지하기 위해서는 전류가 유지되어야 한다.

다음 페이지 [그림 21-1]은 크기가 작은 개방형 솔레노이드이다. 위 그림은 솔레노이드의 세 가지 기본 부품인 프레임, 압축 스프링, 플런저를 보여 주고 있다. 아래 그림에서는 조립된 부품 모양을 보여 준다.

[그림 21-2]는 [그림 21-1]의 솔레노이드보다 큰 원통 모양의 밀폐형 솔레노이드로 플런저와 스프링은 분리되었다.

[그림 21-3]에서는 단순화한 가상의 원통형 솔레노이드를 반으로 자른 모양을 보여 주고 있다.

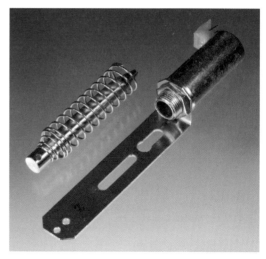

그림 21-2 대형 솔레노이드. 규격은 24VDC.

그림 21-1 소형 12VDC 솔레노이드.

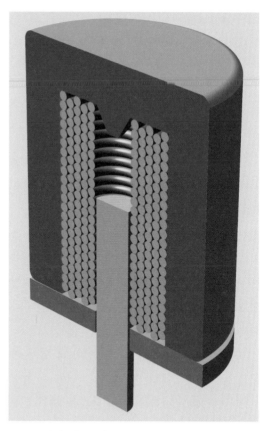

그림 21-3 솔레노이드를 반으로 자른 단면. 단순화한 도면이라 기본 부품만 표시했다.

[그림 21-3]에서 회색 원통형 케이스는 흔히 프레임이라고 하는 부품이며 코일은 주황색으로 표시했다. 플런저는 자기장으로 인해 코일 안쪽으로 당겨지며, 삼각형 모양의 스톱이 있어 플런저가 코일을 지나 밀려 나가는 것을 막아 준다. 솔레노이드의 프레임은 단순히 코일을 보호할 뿐만 아니라 플런저로 완결되는 자기 회로의 경로를 제공하기 위해서도 필요하다.

플런저 아래쪽은 스테인리스강으로 된 요크yoke(자성을 띠고 있지 않다)나 구멍이 뚫린 판에 끼워져 있다. 솔레노이드를 당기고 미는 용도로 동시에 사용하는 경우 스톱이 솔레노이드 내부 관(이 또한 스테인리스강으로 제작된다)에 꼭 맞도록 되어 있다. 플런저의 힘을 조절하거나 코일의 전류가 차단될 때 원래 위치로 복원하는 스프링은 그림에서 생략되었다.

솔레노이드는 회로도에서 표현하는 표준 기호가 따로 없고 일반적으로 밸브와 결합한 형태로 널리 사용되기 때문에, 솔레노이드가 포함된 회로도는 액체나 기체의 흐름을 강조하는 데 더 중점을 둔다. 이런 회로도에서 솔레노이드는 단순히 직사각형으로 표시되기도 한다. 그러나 [그림 21-4]의 기호를 사용하는 경우도 간혹 있다.

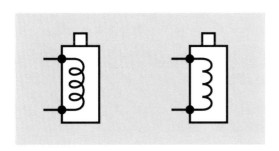

그림 21-4 솔레노이드를 표시하는 표준 기호가 따로 없지만, 간혹 이 기호를 사용하는 경우가 있다.

작동 원리

코일에 흐르는 전류는 자기력을 발생시킨다. 이 내용은 본 백과사전의 인덕터 장에서 설명하고 있으며, [그림 14-3], [그림 14-4], [그림 14-5], [그림 14-6]을 참조한다.

플런저가 연철이나 이와 유사한 물질로 제작되었다면, 코일은 플런저에서 크기는 같고 방향이 반대인 자극magnetic polarity을 유도할 것이다. 이에 따라 플런저는 코일 내에서 플런저의 끝이 코일 끝에서 같은 거리만큼 떨어진 자리에 놓이게 된다. 플런저 끝부분 중 코일과 연결되지 않은 쪽에 칼라collar를 추가하면 플런저가 실린더 끝에 가까울 때 플런저의 당기는 힘을 증가시킬 수 있다. 그 이유는 칼라와 솔레노이드 프레임 사이에 자기력의 추가적인 인력(引力)이 작용하기 때문이다.

솔레노이드에 스프링을 추가하면, 플런저가 코일 안으로 깊이 들어가 당기는 힘을 증가했을 때 이에 대한 복원력을 가할 수 있다. 스프링은 또한 코일에서 전류가 차단되었을 때, 부분적이나마 플런저를 밖으로 빼는 용도로도 사용할 수 있다.

플런저가 영구 자석이면, 코일에 흐르는 DC 전류의 방향이 바뀔 때 플런저가 움직이는 방향도 함께 바뀐다.

솔레노이드에 비자성체 플런저가 들어 있으면 AC 전류를 전원으로 사용할 수 있다. 그 이유는 코일이 유도하는 자기장의 극성이 반대로 바뀔 때, 플런저에도 크기는 같고 방향은 반대인 극성이 유도되기 때문이다. 그러나 AC용 솔레노이드와 DC용 솔레노이드는 힘 곡선force curve 모양이 다르다(다음 페이지 [그림 21-5] 참조). 교류 전류는 소음과 진동을 유발할 수 있다.

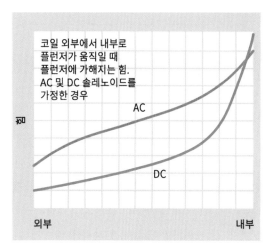

코일 외부에서 내부로
플런저가 움직일 때
플런저에 가해지는 힘.
AC 및 DC 솔레노이드를
가정한 경우

힘

AC

DC

외부   내부

그림 21-5 플런저에 유도된 힘의 비교. AC와 DC 솔레노이드라고 가정할 때 코일 내부로 들어가는 플런저의 길이를 비교한 것이다.

솔레노이드의 프레임은 자기 회로를 형성할 때 자기저항reluctance(회로에서 전기 저항과 동일한 개념)이 공기보다 훨씬 낮아 코일이 유도하는 자기력을 승가시킨다. 이 내용에 관한 보다 자세한 설명은 본 백과사전 인덕터 장의 '자기 코어'(132쪽 참조) 부분을 참조한다. 코일에 흐르는 전류가 계속 증가해 프레임이 자기적으로 포화saturated 지점에 도달하면, 솔레노이드의 당기는 힘은 그 순간 평형 상태를 이룬다.

솔레노이드에 힘이 유지되는 상태에서는 열이 발생하는데, 솔레노이드를 제작할 때 바이패스 스위치bypass switch로 작동하는 스위치와 직렬 저항을 추가하면 발열을 줄일 수 있다. 스위치는 평상시에 닫혀 있다가 플런저가 실린더의 끝에 도달하면 기계적으로 개방되면서, 직렬 저항을 통해 전기를 우회시킨다. 이로 인해 전류가 흘러 저항에서 열이 발생하지만, 전체 시스템의 총저항을 증가시킴으로써 외부로 발산되는 열은 감소하게 된다. 저항값은 플런저의 위치를 실린더 끝 쪽으로

유지하는 데 필요한 최소 에너지를 제공하도록 선택한다.

다양한 유형

가장 일반적인 형태는 튜브 모양이며, 개방형 프레임은 옵션으로 제공된다. 튜브형 솔레노이드는 [그림 21-2]에서 볼 수 있다.

그 밖에 몇 가지 유형을 소개한다.

높이가 낮은 구조

길이가 짧고 굵기가 굵은 솔레노이드는 실린더의 길이가 짧을 때 사용한다.

래칭

플런저가 실린더의 끝까지 움직이면 영구 자석이 플런저를 잡는다. 이후 솔레노이드의 전원이 끊어져도 계속해서 고정을 풀지 않는다. 플런저 자체도 영구 자석이기에, 코일에 반대 극성의 전류가 흐르면 고정을 푼다.

로터리

로터리형은 브러시가 없는 DC 모터brushless DC motor와 원리가 비슷한 유형으로, 철심이 직선상에서 움직이는 대신 고정된 각도로 회전한다(흔히 25°에서 90° 사이). 이 부품은 컨트롤 패널의 계기판에서 사용했으나 최근에는 전자식 계기판으로 대체되었다.

힌지 클래퍼

솔레노이드가 활성화되면 플런저 대신 힌지가 달린 소형 패널hinged panel(클래퍼clapper)이 움직인

다. 전원이 차단되면 스프링으로 원위치된다.

부품값

솔레노이드의 데이터시트에서는 스트로크 길이, 사용률duty cycle, 유지력holding force 등이 가장 중요하게 등장하는 부품값이다.

DC 솔레노이드의 유지력은 수 그램에서 수백 킬로그램에까지 이를 수 있다. 유지력은 모든 변수들이 동일한 조건에서 솔레노이드의 길이에 반비례한다. 솔레노이드가 플런저에 발생시킬 수 있는 유지력은 플런저가 실린더 안에 잠겨 있는 길이에 따라서도 변한다.

사용률은 솔레노이드가 플런저를 실린더 끝에 계속 고정하는 동안(솔레노이드는 래칭형이 아니라고 가정한다), 솔레노이드가 에너지를 소모하고 열을 발생하기 때문에 특히 중요하다. AC 솔레노이드에서 최초의 전류 서지는 추가적인 열을 발생한다.

사용률은 간단히 계산된다. T1을 솔레노이드가 켜져 있는 시간, T2를 꺼져 있는 시간이라고 하면, 사용률 D는 다음의 공식에 따라 퍼센트로 계산된다.

$$D = 100 * (T1 / (T1 + T2))$$

일부 솔레노이드는 100% 사용률을 견디도록 설계되지만, 대다수는 그렇지 않다. 그런 경우 D뿐만 아니라 사용률과 상관없는 'on' 시간의 피크 값에서도 최댓값이 존재한다. 솔레노이드의 충격 계수 규격이 25%라고 가정하자. 만일 솔레노이드가 1초간 켜지고 3초간 꺼진다면, 과부하에 도달하기 전에 열을 발산할 수 있다. 그러나 솔레노이드가 1분간 켜지고 3분간 꺼진다면, 사용률은 여전히 25%지만 1분간 '켜져 있는' 주기에 축적된 열은 'off' 상태에서 열을 전부 발산하기도 전에 부품 과열을 일으킬 수 있다.

코일 크기 대 힘

코일을 많이 감으면 더 큰 자기력을 유도하기 때문에, 크기가 큰 솔레노이드가 작은 것보다 힘이 더 센 경향이 있다. 그러나 이는 큰 솔레노이드와 작은 솔레노이드 둘 다 같은 거리에서 같은 힘을 생산하도록 설계한다면, 작은 솔레노이드의 권선수가 더 적기 때문에 더 많은 전류를 끌어당기고 따라서 발열도 더 심하다는 것을 의미한다.

사용법

솔레노이드는 주로 유체와 가스 회로에서 관을 작동하는 데 사용된다. 이러한 회로는 실험실이나 산업 공정 제어에서 찾아볼 수 있으며, 연료 분사기, 항공 시스템, 군사 장비, 의료기기, 우주선 등에서 사용된다. 솔레노이드는 전기 자물쇠, 핀볼 등에서도 사용되며, 로봇공학의 주요한 부품으로도 사용된다.

주의 사항

열

과열은 솔레노이드를 사용할 때 상당히 중요하게 다루어야 할 문제다. 특히 최대 'on' 시간을 초과하거나 사용률을 초과해 사용할 때 더욱 그렇다. 플런저가 실린더 끝에 도달하는 것을 막으면 이 또한 과열의 원인이 된다.

코일의 저항은 열로 인해 증가하므로, 뜨거워진 솔레노이드에는 전류가 덜 흐르고 따라서 생성되는 에너지 양이 줄어든다. 이러한 효과는 AC 솔레노이드보다는 DC 솔레노이드에서 더 두드러진다. 제조업체에서 제공하는 힘 곡선force curve은 규정된 최대 온도, 특히 섭씨 75도 근처와 실온인 섭씨 25도에서 솔레노이드의 성능을 명시해야 한다. 이 온도 범위를 벗어나면 솔레노이드는 정상적으로 작동하지 않는다. 마그넷 와이어magnet wire를 사용한 코일들은 과열되면 코일 절연막을 녹일 위험이 있다. 그 결과 코일이 녹아 붙어 단락이 일어나면 더 많은 전류가 흐르게 되어 심각한 과열이 발생한다.

AC 유입

AC 솔레노이드에서 플런저가 실린더 끝에 도달하면, 플런저가 갑자기 멈추면서 순기전력forward EMF이 발생하는데 이에 따라 열이 추가로 발생한다. 일반적으로 스트로크의 길이가 길면 서지가 더 커진다. 따라서 빠른 주기로 솔레노이드를 가동하면 코일이 더 심하게 과열된다.

원치 않는 EMF

코일을 포함하는 다른 장치들과 마찬가지로, 솔레노이드도 전원에 연결하면 역기전력이 발생하고 전원이 끊기면 순기전력이 발생한다. 전원 스파이크가 다른 부품에 영향을 미칠 수 있기 때문에 보호 다이오드가 필요할 수 있다.

헐거워진 플런저

대다수 솔레노이드에서 플런저는 프레임 내부에서 위치가 고정되어 있지 않다. 솔레노이드가 기울거나 과도한 진동으로 흔들리면 플런저가 떨어질 수 있다.

22장

DC 모터

이 장에서 말하는 '구형 DC 모터'는 예전 DC 모터를 가리킨다. 구형 DC 모터의 샤프트에는 두 개 이상의 전자기 코일이 부착되어 있고, 두 개의 브러시가 회전하는 정류자를 통해 이 코일에 전원을 전달한다. '브러시가 없는 DC 모터'(그러나 실제로 DC는 펄스 열pulse train로 변환된다)라는 말이 자주 쓰이는데, 이 책에서도 이 용어를 사용할 것이다. 실제로 모터의 전원도 DC이긴 하지만, 모터 내부에서 DC 전원은 펄스 폭 변조pulse-width modulation로 변경된다.

관련 부품

- AC 모터(23장 참조)
- 스텝 모터(25장 참조)
- 서보 모터(24장 참조)

역할

구형 DC 모터는 직류 전류로 자기력을 생성하며, 이 힘으로 샤프트를 회전시킨다. DC 전압의 극성이 바뀌면 모터의 회전 방향이 바뀐다. 일반적으로 모터가 생성하는 힘은 방향에 상관없이 동일하다.

작동 원리

두 개 이상의 코일이 모터의 샤프트에 장착되어 회전하도록 되어 있고, 이 코일에 전류가 흐른다. 이렇게 구성된 부분을 회전자rotor라고 한다. 전류로 생성되는 자기력은 코어나 연철로 만든 심 또는 고순도 실리콘강high-silicon steel에 모이고, 이 자기장은 회전자 주위에 놓인 영구 자석의 자기장과 상호작용한다. 이때 고정된 영구 자석을 고정자stator라고 한다.

코일이 받는 힘은 두 개의 브러시brush를 통해 전달된 것이다. 브러시는 대개 흑연graphite 화합물로 만든다. 전원을 가하면 스프링이 브러시를 슬리브sleeve 쪽으로 민다. 슬리브는 두 부분으로 나뉘어 코일에 연결되어 있고, 샤프트와 함께 회전한다. 슬리브 부분의 구조를 정류자commutator라고 한다. 정류자가 회전하면 정류자의 각 부품들은 브러시에서 받은 힘을 단순 기계식 스위칭 동작으로 순차적으로 모터 코일에 전달한다.

구형 DC 모터의 가장 기본적인 구조는 다음 페

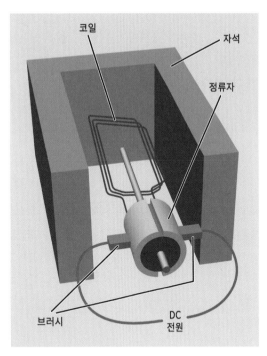

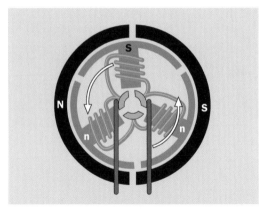

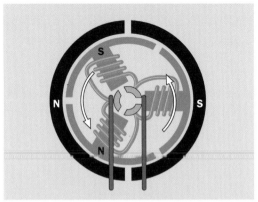

그림 22-1 가장 단순한 구형 DC 모터는 세 부분으로 구성된다. 코일, 샤프트, 정류자로 구성된 부분을 회전자라 하고, 고정된 영구 자석 부분을 고정자라 한다.

그림 22-2 일반적인 코일 3개형 DC 모터의 연속 동작을 샤프트 방향에서 바라본 것이다(샤프트는 그림에서 보이지 않는다). 자석 효과로 회전자가 회전하고, 이로 인해 코일로 흐르는 전류는 가운데 정류자에서 스위치된다.

이지 [그림 22-1]에 나와 있다.

실제로 일반적인 소형 DC 모터는 회전자 내에 3개 이상의 코일이 들어 있어 부드러운 연속 동작이 가능하다. 코일이 3개인 모터의 작동은 [그림 22-2]에서 볼 수 있다. 이 그림은 모터가 회전하는 것을 시간에 따라 3개의 연속적인 스냅샷으로 표현한 것으로, 회전자는 계속해서 반시계 방향으로 회전한다. 양 전압과 음전압을 공급하고 있음을 나타내기 위해 브러시는 각각 빨간색과 파란색으로 표시했다. 코일은 직렬로 연결되어 있고, 정류자로 전달되는 힘은 각 코일 쌍의 가운데 지점에 가해진다. 각각의 코일에서 전류의 방향이 자기장의 극성을 결정하며, 이는 N과 S로 표시했다. 두 개의 코일 사이에 가해지는 힘 없이 직렬로 에너

지를 전달받는 경우, 각각의 코일이 유도하는 자기장의 세기는 코일 각각이 에너지를 전달받는 경

그림 22-3 소형 1.5VDC 모터. 크기는 0.7″(1.8cm) 정도밖에 되지 않는다.

그림 22-4 원통형 케이스를 제거한 일반적인 DC 모터. 모터의 브러시는 아래 왼쪽의 하얀색 플라스틱 부품에 부착되어 있다. 배경 모눈의 큰 눈금 한 칸의 크기는 1″, 작은 눈금의 크기는 0.1″이다. 이 모터는 소형 오수 배출 펌프에서 사용되던 것이다.

우에 비해 적다. 이 내용은 그림에서 흰색 소문자 n과 s로 표시했다. 코일 양 끝의 전위차가 없을 때는 코일은 자기장을 전혀 생성하지 않는다.

고정자는 원통형의 영구 자석으로 구성되어 있으며, 두 개의 극이 있다. [그림 22-2]에서는 검은색 반원 두 개로 표시되었으며, 이해하기 쉽게 가운데 약간의 틈을 두었다. 실제로 자석은 한 조각으로 구성된다. 회전자와 고정자의 극이 서로 반대면 끌어당기고, 같은 극이면 서로 밀어낸다.

[그림 22-3]에서 보는 바와 같이, DC 모터는 크기가 대단히 작아 한 변의 길이가 약 0.7″(1.8cm) 정도밖에 되지 않는다. 크기는 작지만 상당히 강력하다. [그림 22-4]는 모터를 분해한 것으로, 이 모터는 시간당 500갤런(1,892리터)을 처리하는 12VDC 오수 배출 펌프에서 가져왔다. 모터의 출력은 오른쪽 회전자에 붙어 있는 작은 임펠러im-peller에서 전달되며, 대단히 강력한 네오디뮴 자석과 회전자에 부착된 코일 다섯 개가 결합해 회전

한다. 자석은 모터의 케이스(왼쪽 위) 내부에 보인다.

다양한 유형

코일 구조

[그림 22-2]에서 보이는 것과 같은 코일의 직렬 연결을 델타 구조delta configuration라고 한다. 그 밖에도 와이 구조wye configuration(또는 Y 구조Y configuration, 성형 구조star configuration)가 있다. 다음 페이지 [그림 22-5]는 이를 단순화한 도면이다. 일반적으로 빠른 속도를 요하는 작업에서는 델타 구조가 가장 최적화된 구조지만, 상대적으로 속도가 느리고 토크torque가 낮다. 와이 구조는 낮은 속도에서 높은 토크를 제공하지만, 최고 속도에 제한이 있다.

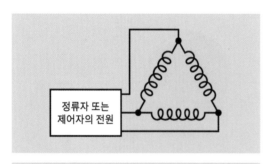

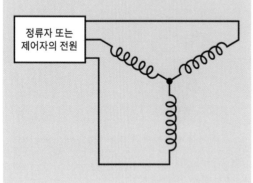

그림 22-5 구형 DC 모터의 회전자 코일은 델타 구조(위) 또는 와이 구조(아래)로 연결된다.

기어헤드 모터

기어헤드 모터gearhead motor(또는 기어 모터gear motor라고도 한다)는 감속 기어reduction gear와 결합한 부품으로, 감속 기어가 회전 속도를 낮추면서 출력 샤프트의 토크를 증가시킨다. 구형 DC 모터의 실효 속도가 약 3,000~8,000RPM인데, 일반적인 작업에서 적용하기에는 지나치게 고속이라는 점을 감안하면 기어헤드 모터를 사용하는 것이 바람직한 경우가 많다. 기어와 모터는 흔히 단일 밀폐형 원통 패키지 안에 들어 있다. [그림 22-6]은 두 종류의 기어헤드 모터다. [그림 22-7]은 분해된 모터를 보여 주고 있는데, 캡 아래에 기어 열의 절반이 보이고 나머지 절반은 분리된 원형판에 붙어 있다. 모터를 조립하면 기어도 결합된다. 오수 배

그림 22-6 일반적인 소형 기어헤드 모터

그림 22-7 기어헤드 모터의 평 기어는 속도를 낮추고 토크를 증가시킨다.

출 펌프의 경우 고정자 자석은 원통형 케이스 안쪽에 장착된다. 흰색 플라스틱 원형판 안쪽 브러시에는 전압 스파이크를 억제하기 위해 저항과 커패시터가 연결되어 있다.

평 기어spur gear는 감속에 널리 사용되는 기어

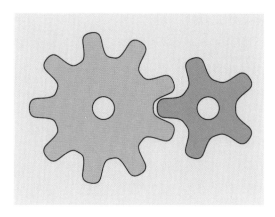

그림 22-8 평 기어 한 쌍.

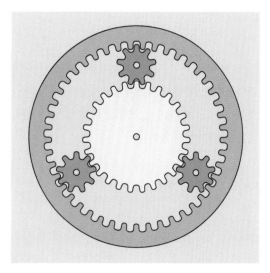

그림 22-9 유성 기어 장치는 단순 평 기어보다 이의 개수가 많아 모터의 토크를 분담한다.

다. 유성 기어planetary gear 또는 epicyclic gear 장치는 가격이 약간 비싸다. [그림 22-8]의 평 기어는 3쌍 이상을 직렬로 연결해야 한다. 속도의 감속률은 각각의 기어에서 감속되는 비율의 곱으로 표현된다. 따라서 세 쌍의 기어가 각각 37:13, 31:15, 39:17의 비를 가지고 있다면, 총감속률 R은 다음과 같이 구할 수 있다.

R = (37 * 31 * 39) / (13 * 15 * 17)

따라서, 이를 계산하면 다음과 같다.

R = 44733 / 3315 = 약 13.5 : 1

대다수 데이터시트는 R을 정수로 표현한다. 예를 들어 [그림 22-7]의 모터에서 제조업체가 명시한 기어 열의 규격은 전체적인 감속률이 50:1로 되어 있다. 실제로는 감속률이 소수로 나올 것으로 예상된다. 이유는 만일 두 기어가 정수 비율을 갖게 되면, 작은 기어 이tooth의 제조상 결함이 회전할 때마다 큰 기어의 같은 지점과 계속 부딪치면

서 결국 수명이 짧아지기 때문이다. 이런 이유로 두 평 기어spur gear 이tooth의 개수는 위의 예에서 본 것처럼 공통 인수를 갖지 않는다. 또한 모터의 회전 속도가 500RPM이면, 50:1로 표시되는 기어의 비율이 정확히 10RPM으로 나올 가능성은 거의 없다. 높은 정밀도를 요구하는 작업에서 구형 DC 모터를 사용하는 일은 거의 없으므로 크게 중요한 문제는 아니지만 기억해 두어야 할 사항이다.

[그림 22-9]에서는 유성 기어planetary gear 장치를 보여 주고 있다. 바깥쪽에 큰 링annulus 기어가 있고, 중앙에 태양 기어sun gear가 있으며 중간에는 유성 기어가 캐리어carrier에 장착되어 있다. 외부의 링 기어를 고정하고 태양 기어를 움직일 때, 유성 기어의 캐리어로 출력을 얻으면 속도를 최대로 줄일 수 있다. 만일 A를 링 기어 이의 개수라 하고 S를 태양 기어 이의 개수라 하면, 전체 속도 감속 R은 다음 공식으로 구할 수 있다.

$$R = (S + A) / S$$

이 공식에서 유성 기어 이의 개수는 속도 감속과 무관하다는 점에 주목하자. [그림 22-9]에서 태양 기어 이는 27개이고 링 기어의 이는 45개다. 따라서 감속률은 다음과 같다.

$$R = (27 + 45) / 27 = 약 2.7 : 1$$

두 개 이상의 유성 기어 장치를 쌓아 첫 번째 기어의 캐리어를 다음 장치의 태양 기어에 물려 구동하도록 연결하면 속도 감속을 연속적으로 구현할 수 있다.

유성 기어 장치는 주로 모터에 무거운 하중이 걸릴 때 사용하는데, 기어의 개수가 많아 힘이 분산되면서 기어 이의 마모를 줄이고 연결 동작이 끊기는 것을 최소화한다. 유성 기어 열 역시 평 기어 열보다 크기가 작다. 이런 장점이 있는 반면, 가격이 비싸고 상호작용하는 기어의 개수가 많아 마찰이 증가한다는 문제도 따져 보아야 한다.

브러시가 없는 DC 모터

브러시가 없는 DC 모터brushless DC motor는 간단히 BLDC 모터라고도 한다. 이 모터에서 코일은 고정자 내부에 위치하고 영구 자석은 회전자로 이동해 있다. 이 구조의 가장 큰 장점은 전원을 코일에 직접 연결할 수 있어 브러시가 필요 없다는 점이다. 쉽게 마모되고 손상되는 브러시는 DC 모터 고장의 주요 원인이다. 그러나 DC 전류를 코일로 스위칭하는 정류자가 따로 없기 때문에, 전류를 스위칭하는 전자부품을 추가해야 한다. 여기서 추가

비용이 발생한다.

인러너inrunner 구조에서는 고정자가 회전자를 감싸고 있고, 아웃러너outrunner 구조에서는 고정자가 모터 중앙에 위치해 회전자가 링 또는 컵 모양으로 고정자 주위를 회전하도록 되어 있다. 이러한 설계는 소형 냉각 팬에서 자주 사용한다. 냉각 팬에서 팬 날개는 컵 외경에 부착되며, 컵 안쪽에는 영구 자석이 붙어 있다. 이 내용은 [그림 22-10]에서 확인할 수 있다. 그림에서 고정자의 코일은 잘 보이지 않으며 팬 케이스에 부착되어 있다(그림 위). 모터의 전원은 초록색 회로 기판에 장착된 표면 장착형 부품으로 제어된다. 팬 날개에

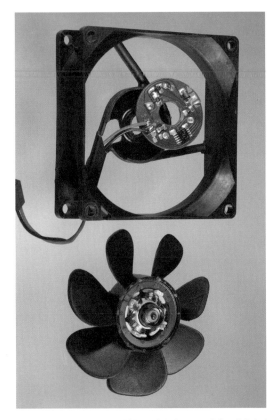

그림 22-10 브러시가 없는 일반형 DC 냉각 팬으로, 코일이 고정되어 있고 영구 자석이 그 주위를 회전한다.

부착된 컵에는 영구 자석이 들어 있다.

무접점 스위칭 시스템을 이용해 코일에 연속으로 에너지를 공급하는 방식을 전자식 정류electronic commutation라고 한다. 홀 효과hall effect 센서를 이용해 회전자의 위치를 검출하고 이 정보를 다시 주파수 제어 회로로 피드백해, 모터가 회전자보다 '한 상 앞서one step ahead' 있거나(속도를 높일 때) 또는 회전자와 동조하도록(일정 속도로 회전할 때) 한다. 이 시스템은 자기저항 모터reluctance motor 또는 동기 모터synchronous motor와 비교할 수 있다. 이러한 유형은 본 백과사전의 AC 모터 장에서 설명한다.

구형 DC 모터가 1800년대 후반부터 상업용으로 판매된 반면, BLDC 모터는 1960년대에 무접점 제어 부품을 이용한 모터 설계가 가능해진 후에 비로소 출시되었다.

선형 작동기

선형 작동기linear actuator는 직선상에서 밀거나 당기는 힘을 가할 수 있는 장치를 가리키는 말이다. 산업 현장에서는 공기나 물의 압력이 작동기의 동력을 공급하지만, 소형 작동기는 구형 DC 모터로 구동한다. 이런 부품을 전기기계식 선형 작동기electromechanical linear actuator라고 하지만, 일반적으로 쓰는 말은 아니다.

모터의 회전력은 너트나 칼라collar와 결합한 모터 샤프트를 이용해 선형 운동으로 변환된다. 모터는 제한 스위치limit switch가 달려 있는 케이스 안에 장착되어 있으며, 제한 스위치는 일정 시점에 모터를 자동으로 멈추게 한다. 제한 스위치에 대한 설명은 본 백과사전 스위치 장의 '제한 스위치'(52쪽 참조)를 참고한다.

부품값

제조업체의 데이터시트에는 부하가 걸린 모터의 최대 동작 전압, 일반 전류 소모와 함께 구속 전류stall current도 명시해야 한다. 구속 전류란 모터에 과부하가 걸려 회전을 멈출 때 모터가 끌어당기는 전류를 말한다. 데이터시트에 구속 전류를 표시하지 않은 경우에는 전류계(또는 멀티미터의 전류 측정 옵션을 선택)를 모터와 직렬로 연결하고 모터가 멈출 때까지 힘을 가한 후 그 순간의 전류를 측정하면 된다. 모터가 돌기 시작하거나 부하가 갑자기 바뀔 때, 발생할 수 있는 전원의 변동으로부터 모터를 보호하기 위해 지연형 퓨즈를 연결해야 한다.

데이터시트에서는 모터가 전달할 수 있는 토크torque도 명시해야 한다. 미국에서 토크는 일반적으로 파운드-피트pound-feet(소형 모터의 경우에는 온스-인치ounce-inch)로 표시한다. 토크는 한쪽 끝에 추를 매달고 회전하는 팔을 생각하면 된다. 회전축에서 발생하는 토크는 추의 무게에 팔의 길이를 곱해 구한다.

토크는 미터 시스템에서 g-cm, N(뉴턴)-m, dyn(다인)-m으로 표시된다. 1N은 100,000dyn이다. 1dyn은 1g의 질량을 가속하는 데 필요한 힘으로, 매초 속도를 1cm씩(1cm/sec) 증가시키는 힘이다. N-m는 약 0.738파운드-피트와 동일하다.

구형 DC 모터의 속도는 전압으로 조정할 수 있다. 그러나 규격의 50% 이하로 전압 강하가 일어나면 모터는 멈춘다.

모터가 운반하는 힘은 모터의 속도에 토크를

곱한 값으로 정의한다. 모터를 부하가 걸리지 않을 때의 속도unloaded speed의 절반이 되도록 구동하면서 구속 토크stall torque의 절반을 전달할 때 가장 큰 힘이 발생한다. 그러나 이런 조건에서 모터를 가동하면 과열을 일으켜 수명이 단축된다.

소형 DC 모터는 부하가 걸리지 않을 때의 속도의 70~90%에서, 그리고 구속 토크의 10~30%에서 작동되어야 한다. 이 범위에서 모터는 가장 높은 효율을 보인다.

감속 기어를 사용하는 DC 모터는 정격 전압보다 낮은 전압에서 사용해야 이상적이다. 이렇게 사용하면 오랜 수명을 기대할 수 있다.

모터를 선택할 때는 축 하중axial loading(모터의 축 또는 샤프트에 가해지는 무게 또는 힘)과 방사상 하중radial loading(축에 수직으로 가해지는 무게 또는 힘)을 고려하는 것이 중요하다. 두 데이터의 최댓값은 모터의 데이터시트에서 찾을 수 있다.

취미 분야에서 모형 비행기용 모터는 흔히 모터 무게당 와트(줄여서 w/lb)로 정의한다. 사용하는 모터는 보통 50~250w/lb 정도며, 일반적으로 값이 클수록 성능이 좋다.

구형 DC 모터에서 토크, 속도, 전압, 전류 사이의 관계는 모터의 효율을 100%로 가정할 때 다음과 같이 간단히 설명할 수 있다.

- 전류가 일정하면 토크도 모터의 속도와 관계없이 일정하다.
- 모터에 걸리는 부하가 일정하면(즉 모터에 일정한 토크를 가하면), 모터의 속도는 가하는 전압에 비례한다.

- 모터의 전압이 일정하면, 토크는 속도에 반비례한다.

사용법

구형 DC 모터는 가격이 저렴하고 단순하다는 장점이 있으나, 브러시와 정류자로 인해 수명에 제한이 있기 때문에 잠깐 동안만 사용하는 것이 좋다. 회전 속도를 정확히 알 수 없고 대략적으로만 파악할 수 있으므로 높은 정확도를 요구하는 작업에는 적합하지 않다.

브러시가 없는 DC 모터는 전자적인 제어가 간편하고 저렴해지면서 차츰 구형 DC 모터를 대체해 왔다. BLDC 모터는 수명이 길고 제어력이 좋아 하드디스크 드라이브, 컴퓨터 냉각 팬, CD 플레이어, 그 밖의 일부 작업용 도구로 사용되고 있다. 크기가 다양하고 출력 대 중량비power-to-weight ratio가 좋아 장난감이나 소형차에서도 사용되고 있으며, 원격 조정 모형 자동차, 비행기, 헬리콥터에서부터 세그웨이Segway(탑승자가 서서 균형을 잡으며 이동하는 1인용 탈 것 – 옮긴이) 같은 제품에서도 사용된다. BLDC 모터는 직접 구동 방식의 오디오 턴테이블에도 사용된다.

모터 샤프트의 회전을 선형 운동으로 변환하는 작업을 할 때, 크랭크에 로드나 캠 팔로워cam follower를 이용해 처음부터 설계하는 것보다 시중에서 판매되는 선형 작동기linear actuator를 이용하는 것이 신뢰도가 더 높고 간단하다. 대형 선형 작동기는 산업 자동화에 사용되며, 소형 작동기는 취미로 로봇을 제작하는 사람들에게 인기가 좋다. 또 가정에서 사용하는 출입문 원격 조정 장치 같은 소규모 시스템에서도 사용된다.

속도 제어

속도는 가감 저항기rheostat 또는 포텐셔미터를 구형 DC 모터와 직렬로 배치해 조절할 수 있다. 그러나 이 방법은 열을 발생시켜 전압을 떨어뜨리므로 효율이 좋지 않다. 가감 저항기는 적절한 규격의 제품을 사용해야 하며 권선형이어야 한다. 가감 저항기의 와이퍼와 입력 단자 사이의 전압 강하를 다양한 작동 조건에서 측정해야 하며, 회로 전류와 함께 정격 전원이 적절한지도 검증해야 한다.

펄스 폭 변조pulse-width modulation(PWM)는 구형 DC 모터의 속도 제어 수단으로 바람직하다. 이러한 용도로 사용하는 회로는 연속적으로 흐르는 전류를 끊어 펄스로 만들기 때문에 초퍼chopper라고도 한다. 일반적으로 펄스 폭 변조는 동일한 주파수를 가지며 펄스의 폭만 바뀐다. 펄스 폭에 따라 평균 전송 전력이 결정되는데, 주파수가 높아 모터의 부드러운 동작에 영향을 미치지 않는다.

프로그램이 가능한 단일 접합 트랜지스터programmable unijunction transistor(PUT)는 펄스 열을 생성하는 데 사용되며, 이미터에 포텐셔미터를 붙여 조절할 수 있다. 트랜지스터의 출력은 실리콘 제어 정류기silicon-controlled rectifier(SCR)로 연결된다. SCR은 모터와 직렬로 연결하거나, 모터의 크기가 작으면 모터에 직접 연결할 수도 있다. [그림 27-7]을 참조한다.

또는 555 타이머555 timer를 이용해 모터에 직렬로 연결된 금속 산화막 반도체 전계 효과 트랜지스터MOSFET를 제어해 펄스 열을 생성하는 방법도 있다.

펄스를 생성하는 데 마이크로컨트롤러를 사용할 수도 있다. 마이크로컨트롤러 중에는 PWM 기능을 탑재하고 있는 제품이 많다. 마이크로컨트롤러는 안정화된 전원 공급기를 단독으로 사용해야 하며(흔히 5VDC, 3.3VDC 또는 그 이하), 절연 게이트 양극성 트랜지스터insulated-gate bipolar transistor(IGBT) 같은 스위칭 부품을 이용해 모터에 충분한 전력을 공급하고 플라이백flyback 전압을 처리해야 한다. 이러한 추가 부품들로 인해 시스템의 비용이 올라가지만, 이미 수많은 현대 기기들은 사용자의 입력 신호를 처리하는 단순한 기능뿐 아니라 여러 경우에 활용하기 위해 마이크로컨트롤러를 사용하고 있다. 마이크로컨트롤러의 또 다른 장점은, 예를 들어 다른 특성을 가진 새로운 버전의 모터로 교체하거나 요구사항이 바뀔 때, 소프트웨어를 수정하는 것으로 출력값을 바꿀 수 있다는 점이다. 또한 속도 시퀀스를 미리 프로그래밍해서 사용자가 원하는 메모리에 저장할 수도 있고, 모터의 과다 전류 소비나 열 발생 같은 조건에 대응하는 복잡한 기능도 처리할 수 있다.

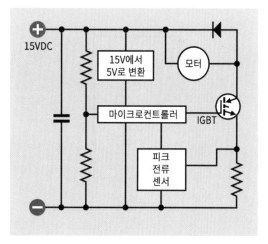

그림 22-11 펄스 폭 변조를 이용한 DC 모터 제어의 예제 회로도. 마이크로컨트롤러와 IGBT를 사용했다.

마이크로컨트롤러와 IGBT를 이용한 PWM 회로도는 [그림 22-11]에 있다.

방향 제어

H 브리지H bridge는 단순히 전원 공급기의 극성을 바꾸는 것으로 DC 모터의 방향을 반대로 바꾸는 초기 시스템이다. 이 내용은 [그림 22-12]에서 확인할 수 있다. 대각선으로 마주 보는 스위치들이 닫히고 나머지 두 스위치는 열린다. 이 상태에서 모터의 방향을 바꾸려면 각각의 스위치의 상태를 바꾸어 주면 된다. 상당히 원시적인 구조지만 'H 브리지'라는 용어는 여전히 사용되고 있다. 예를 들어 내셔널 세미컨덕터National Semiconductor 사의 LMD18200 H 브리지 모터 컨트롤러 칩 내부에는 H 브리지가 내장되어 있다.

[그림 22-13]에서 보는 바와 같이, 쌍극 쌍접점형 스위치나 릴레이로도 동일한 기능을 구현할 수 있다.

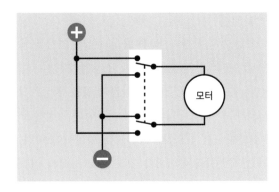

그림 22-13 DPDT 스위치나 릴레이를 이용해 전원 공급기의 극성을 바꿔 주어도 구형 DC 모터의 방향을 바꿀 수 있다.

제한 스위치

구형 DC 모터를 제한 범위의 동작 내에서 역방향으로 사용할 경우, 제한 스위치limit switches와 함께 사용하면 모터가 끝까지 돌아간 상태에서 구속되어 타 버리는 일을 방지할 수 있다. 제한 스위치는 본 백과사전 스위치 장의 '제한 스위치'(52쪽 참조) 부분에서 설명한다.

주의 사항

브러시와 정류자

DC 모터가 고장 나는 주요 원인은 브러시의 마모와 손상, 산화, 정류자에 축적되는 먼지 등이다. 일부 모터는 브러시를 교체하도록 설계되어 있다. 밀봉된 모터와 기어헤드 모터는 브러시 교체가 불가능하다. 높은 전류와 빠른 속도 역시 브러시와 정류자가 만나는 접촉 부분의 마모를 가속화한다.

전기 소음

구형 DC 모터의 브러시와 정류자 사이에 접촉이

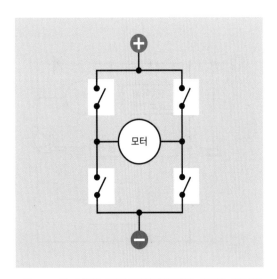

그림 22-12 이 기본적인 회로를 H 브리지라고 한다. 스위치는 대각선으로 마주 보는 스위치 쌍이 열리고 닫힘으로써 DC 모터의 방향을 바꾼다.

간헐적으로 일어나면서 전압 스파이크를 일으키고, 이것이 모터의 전원 공급기로 되돌아가 다른 부품에 영향을 미칠 수 있다. 정류자에서 발생하는 스파크는 전자기 간섭electromagnetic interference(EMI)의 심각한 원인이 될 수 있으며, 특히 값싸고 품질이 조악한 브러시를 사용할 때는 문제가 더욱 심각하다. 정류자에서 스파크가 발생하지 않는다고 해도 모터가 회전하면서 빠른 속도로 자기장이 생성된 후 붕괴되면, 스파이크가 발생해 전원 공급기로 피드백될 수 있다.

모터에 전원을 공급하는 도선은 꼬아서 EMI가 상쇄되도록 해야 한다. 전원 공급 선은 데이터 선이나 인코더 출력으로부터 먼 곳에 배치해야 하며, 필요하다면 차폐해야 한다. BLDC 모터의 센서 데이터 선 역시 차폐해야 한다.

커패시터를 모터의 단자에 병렬로 연결하면 EMI를 상당히 줄일 수 있다. 일부 모터는 내부에 커패시터가 들어 있는 경우도 있다. 모터가 밀폐된 케이스에 있다면, 커패시터가 들어 있는지 확인하기 위해 분해해야 할 경우도 있다.

열 효과

현실 세계의 모든 모터는 효율이 100% 이하다. 따라서 일부 전력은 정상적인 동작 중에도 모터로 인해 열로 손실된다. 온도가 오르면 모터 코일의 저항은 증가하고, 코일이 생성하는 자기력은 감소한다. 따라서 모터는 점점 더 효율이 떨어지고, 더 많은 전류를 끌어오면서 상황은 더 나빠진다. 제조업체가 정한 최대 온도를 주의 깊게 고려해야 한다.

코일 권선의 절연체 부분은 과열이 지속되면 모터에서 가장 취약한 지점이 된다. 절연체가 파손되면서 인접 코일 간에 회로 단락이 발생하면, 모터의 성능이 떨어지는 것은 물론 전력 소모량이 늘어 더 많은 열을 발생한다.

모터 케이스에 돌출 부분이 있다면, 이는 냉각을 위한 부분이므로 실온에 노출해야 한다.

작동과 중지, 방향 전환을 자주 반복하면 전력 서지로 인한 열이 발생하면서 모터 수명은 단축된다.

실온 조건

따뜻하고 건조한 환경에서 모터를 작동하면 베어링의 윤활유와 흑연 브러시가 건조된다. 반대로 아주 추운 환경에서는 베어링의 윤활유가 두꺼워진다. 특별한 환경에서 모터를 사용할 경우에는 제조업체에 문의해야 한다.

샤프트 유형 또는 반경의 오류

모터의 출력 샤프트 반경은 다양하며, 인치나 밀리미터로 표시한다. 또한 샤프트는 길거나 짧을 수 있으며, 단면이 D자형이거나 얇은 판형으로 되어 있어 기어, 도르래, 커플링 등의 부품과 맞추도록 되어 있다. 데이터시트와 부품 번호를 주의 깊게 살펴 호환성을 확인해야 한다. 취미로 전자공학 부품을 다루는 세계에서는 판매업자들이 특정 모터 샤프트에 맞춘 디스크나 암을 제공하기도 한다.

호환 불가능한 모터 유형

모터와 다른 부품의 결합을 위해 돌출부나 플랜지flange(관과 관, 관과 다른 기계 부분을 결합할 때 쓰는 부품 – 옮긴이)가 있는 경우도 있고 없는 경우도 있다. 있는 경우에도 사용자가 모터를 사용하는 환경과 맞지 않을 수 있다. 같은 모터라도 다양한 옵션이 있을 수 있는데, 옵션 내용에 따라 모터의 부품 번호에서 숫자나 글자 한 자리가 달라진다. 과거에는 사용되었던 장착 옵션이 이제는 구식이 되었거나 품절될 수도 있다. 다시 강조하지만 데이터시트를 주의 깊게 살펴야 한다.

백래시

백래시backlash는 기어 열이 느슨해지는 현상으로, 맞물려 있는 기어의 이 사이에 작은 틈새가 생기면서 발생한다. 기어를 일렬로 연결하면 백래시가 축적되며, 출력이 느린 기어헤드 모터에서는 백래시 현상이 상당히 심각할 수 있다. 출력 샤프트에서 측정하면 백래시는 일반적으로 1~7°가량 발생하며, 부하가 늘면 증가하는 경향이 있다. 기어가 달린 모터를 위치 결정 장치로 사용하거나 인코더와 결합해 모터 샤프트의 회전수를 카운트할 때, 모터를 제어하는 전자회로로 모터를 앞뒤로 움직여 백래시로 인한 히스테리시스를 극복하는 위치를 잡게 할 수 있다. 이런 작업에서는 스텝 모터stepper motor나 서보 모터servo motor를 선택하는 게 더 나을 수도 있다.

베어링

축 방향으로 무거운 하중을 견디지 못하는 모터를 사용할 때, 출력 기어의 푸시핏push-fit 또는 모터 샤프트의 도르래에 과도한 힘이 걸리면서 베어링이 손상될 수 있다. 베어링의 아주 작은 손상도 엄청난 소음을 일으킬 수 있는데(다음 내용 참조), 이는 모터의 수명을 단축한다.

BLDC 모터 고장의 주요 원인은 베어링의 훼손이다. 케이스를 벗겨 베어링에 윤활유lubricant를 바르는 조치는 문제 해결에 도움이 되지 않는다.

소음

일반적으로 전기 모터가 소음을 유발하는 부품으로 생각되지는 않지만, 모터의 케이스가 공명판 역할을 하기도 하고, 시간이 지남에 따라 베어링 소음이 증가하는 경향이 있다. 볼 베어링은 시간이 흐르면서 점점 소음을 발생하며, 기어는 원래 소음이 심하다.

모터를 여러 개 포함하는 장치를 사용하거나 소음에 민감한 사람이 주위에 있을 때는(예, 병원), 모터 샤프트의 균형이 정확히 맞는지 주의 깊게 살펴야 한다. 모터를 고무 부싱이나 슬리브에 장착하면 진동을 흡수할 수 있다.

23장

AC 모터

AC 모터와 DC 모터는 DC 모터를 위한 컨트롤러가 교류의 일종으로 볼 수 있는 펄스 폭 변조를 이용하는 경우가 점차 많아지면서 구분하는 것이 큰 의미가 없어지고 있다. DC 전원을 소비하는 모든 모터는 본 백과사전의 DC 모터에서 다루었는데, 이때 내부적으로 전력을 변조했는지 여부는 고려하지 않았다. 스텝 모터와 서보 모터는 특별한 경우로 간주해 따로 다루었다. 여기에서 말하는 AC 모터는 교류 전류를 소비하는 모터를 말하며, 교류 전류는 고정된 주파수의 사인 파형을 가진 전류로 정의한다.

관련 부품

- DC 모터(22장 참조)
- 스텝 모터(25장 참조)
- 서보 모터(24장 참조)

역할

AC 모터는 교류 전류를 전원으로 사용한다. 교류 전류는 주기적으로 위상이 바뀌는 자기장을 생성하고, 이 자기장이 샤프트를 회전시킨다.

작동 원리

모터는 움직이지 않는 고정자stator와 고정자 안쪽에서 회전하는 회전자rotor로 구성된다. 교류 전류가 고정자에 있는 하나 이상의 코일에 전원을 공급해 회전자와 상호작용하는 자기장을 생성한다. [그림 23-1]은 이 내용을 단순한 그림으로 표현한 것이다. 코일이 생성하는 자기력은 초록색 화살표

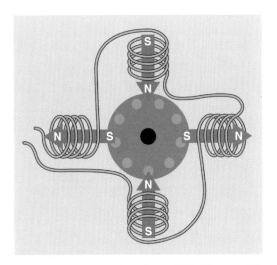

그림 23-1 기본적인 AC 모터의 단순한 구조. 초록색 화살표가 자기력을 표시한다.

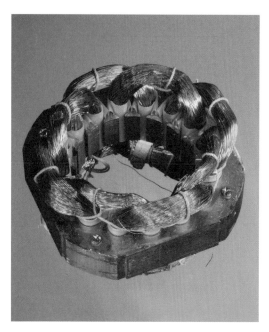

그림 23-2 대형 선풍기의 고정자. 각각의 코일은 구리 도선으로 만든 것으로, 가운데 구멍 안쪽을 향하는 돌출부에 중심이 맞춰져 있고 이 위에 회전자가 올라간다. 자기력을 높이기 위해 코일의 반경을 최대화했으므로 코일은 서로 중첩되어 있다. 각각의 코일은 외부의 로터리 스위치로 속도를 조절하도록 중간에 탭을 하게 되어 있다.

로 표시했으며, N은 N극, S는 S극을 뜻한다.

고정자의 구조

선풍기는 AC 모터를 사용한다. [그림 23-2]는 대형 선풍기의 고정자로서 코일의 반경이 커 자기장의 효과를 극대화한다. 크기가 작은 선풍기의 고정자는 [그림 23-3]에 나와 있으며, 여기에서는 코일이 하나만 사용된다(코일은 검정색 절연 테이프에 싸여 있다).

고정자 코어는 변압기transformer 코어와 비슷해서, 고순도 실리콘강(또는 알루미늄이나 주철) 웨이퍼wafers를 쌓는 식으로 구성한다. 각 층 사이에는 절연체로서 얇은 셸락shellac(또는 이와 비슷한 화합물)을 겹겹이 끼워 넣어 맴돌이 전류를 방지

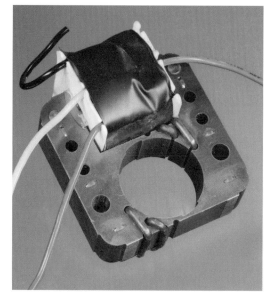

그림 23-3 이 고정자는 소형 선풍기에서 사용하는 것으로, 코일은 하나밖에 없다. 그림에서 코일은 검은색 테이프로 싸여 있다. 자기장을 유도하기에는 충분하지만 코일을 여러 개 이용하는 모터보다 효율은 낮다.

한다. 그렇지 않으면 맴돌이 전류가 고정자 전체를 순환하면서 효율을 떨어뜨린다.

고정자를 감은 코일은 모터를 회전시키는 자기장을 유도하기 때문에 계자 권선field winding이라고 한다.

회전자의 구조

대다수 AC 모터의 회전자에는 코일이 없고 모터의 다른 부분과도 전기적으로 연결되어 있지 않다. 회전자는 오로지 유도되는 자기장에서 에너지를 공급받는다. 따라서 이러한 유형의 모터를 유도 모터induction motor라고 한다.

AC 전압의 극성이 양에서 음으로 바뀌면, 고정자 내부에서 유도되는 자기력이 무너지고 반대 극성으로 새로운 자기장이 생성된다. 고정자는 비대칭 모양의 자기장을 생성하도록 설계되었기 때

문에, 회전자의 내부에 회전하는 자기장을 유도한다. 회전하는 자기장이라는 개념은 AC 모터의 기본 원리다.

고정자와 마찬가지로 회전자도 고순도 실리콘 강 웨이퍼로 제조한다. 웨이퍼 내부에는 자성이 없는 막대가 들어가는데, 재질로는 보통 알루미늄을 많이 쓰며 간혹 구리를 사용하는 경우도 있다. 막대의 방향은 회전축과 평행하게 놓는다. 이 막대들은 회전자 양쪽 끝에서 원형 고리로 서로 연결되어 전기가 흐르는 '케이지cage' 형태를 이룬다. 이러한 구조 때문에 AC 모터는 간혹 농형 유도 모터squirrel cage motor(다람쥐 케이지 모터)라는 이름으로 부르기도 한다.

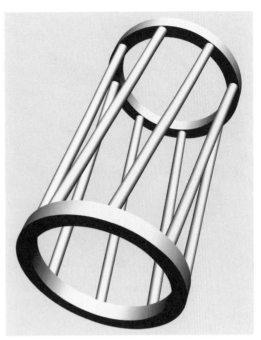

그림 23-5 모터의 회전을 부드럽게 하기 위해 케이지의 수직 막대가 약간 비스듬히 연결되어 있다.

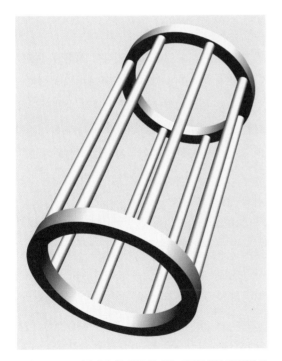

그림 23-4 AC 모터의 회전자는 알루미늄 또는 구리로 만든 케이지를 포함하고 있다. 회전자의 강철 프레임(그림에서는 이해를 위해 생략됨) 내부에서 회전하는 자기장으로 인해 케이지에서는 맴돌이 전류가 발생한다. 이러한 전류는 자체적으로 자기장을 형성해 고정자 코일에서 형성된 자기장과 상호작용을 일으킨다.

[그림 23-4]는 회전자의 케이지 구조를 보여 주고 있다. 겉을 감싸는 웨이퍼는 이해를 돕기 위해 그림에서 생략했다. 실제로 [그림 23-5]와 같이 케이지의 막대들은 조금씩 각을 이루어 회전을 부드럽게 한다. 이런 구조가 아니면 코깅cogging, 즉 불균일한 토크torque로 인해 회전할 때마다 덜그럭거리는 현상이 발생한다.

다음 페이지 [그림 23-6]은 회전자의 강 웨이퍼로, 막대의 방향이 비스듬한 알루미늄 케이지 내부에 들어간다. [그림 23-7]은 케이지가 포함된 회전자의 단면으로 분홍색이 케이지고 회색이 강 웨이퍼다.

유도 모터의 실제 회전자는 [그림 23-8]처럼 생겼다. 이 회전자는 [그림 23-3]의 고정자에서 제거한 것이다. 회전자 끝의 베어링은 고정자에 나사

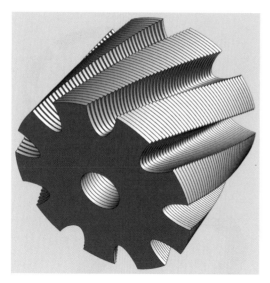

그림 23-6 AC 모터 회전자의 강 웨이퍼는 일반적으로 그림에서 보는 것처럼 되어 있다. 가장자리에 홈을 파 알루미늄 또는 구리 도체로 만든 케이지에 끼운다.

그림 23-8 소형 선풍기의 모터에서 사용하는 회전자. 회색인 부분이 알루미늄 케이지와 양 끝 부품이고, 짙은 색 부분은 강으로 제작된 판이다.

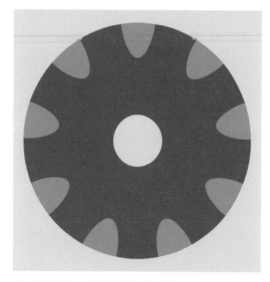

그림 23-7 강으로 제작된 회전자의 단면. 회색으로 보이는 부분이 알루미늄 케이지 내부에 들어가는 부분이고, 알루미늄 케이지는 분홍색으로 표시했다.

로 고정된다.

케이지는 자성이 없지만 전기적으로는 도체다. 따라서 회전자의 강 부분에서 유도되어 회전하는

자기장은 회전자 내부의 자기장이 회전자 자체보다 빠르게 회전하는 경우에 한해 케이지에 이차적인 전류를 발생시킨다. 케이지 세로 방향으로 흐르는 전류는 자체적으로 자기장을 생성해 회전자의 코일이 유도하는 자기장과 상호작용을 일으킨다. 이 자기장들이 밀고 당기는 힘이 회전자의 회전에 영향을 미친다.

회전자의 회전 속도가 고정자 코일의 교류 주파수와 일치하면 회전자 내부의 케이지는 더 이상 자기력선을 따라 회전하지 않으며, 외부로부터 어떠한 힘도 끌어당기지 않는다. 마찰력이 없는 이상적인 모터라면, 부하가 걸리지 않을 때의 속도는 AC 주파수와 동일하다. 물론 현실의 유도 모터는 절대 이 속도에 도달할 수 없다.

회전자가 돌지 않을 때 전원을 가하면 유도 모터는 단락된 변압기와 맞먹을 정도로 무거운 전류

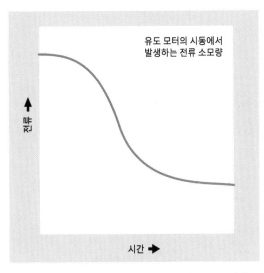

유도 모터의 시동에서
발생하는 전류 소모량

전류 ↑

시간 ➡

그림 23-9 정지 상태에서 출발하여 시간 경과에 따라 속도를 높일 때 AC
유도 모터가 소모하는 전류의 전형적인 형태를 보여 주는 그래프.

서지를 끌어당긴다. 전기적으로 고정자 코일은 변압기의 1차 코일, 회전자 케이지는 2차 코일에 비교할 수 있다. 멈춰 있는 회전자에 유도되는 회전력을 회전자 구속 토크locked-rotor torque라고 한다. 모터가 속도를 얻으면 전력 소모량은 감소한다. [그림 23-9]를 참조한다.

회전하는 모터에 기계적인 부하를 가하면 모터의 속도가 떨어진다. 속도가 감소하면서 회전자 안에 들어 있는 도체 케이지는 회전하는 자기장보다 더 느리게 회전한다. 자기장의 회전 속도는 AC 전원의 주파수로 결정되므로 일정하다. 자기장과 회전자의 회전 속도 간 차이를 슬립slip이라 한다. 슬립이 높으면 더 많은 힘을 유도하므로 유도 모터는 규격 내 부하에 대하여 자동으로 평형 상태를 찾게 된다.

부하가 완전히 걸린 상태에서 회전할 때 소형 유도 모터의 슬립값은 4~6% 사이다. 크기가 큰 유도 모터는 이 값이 더 작아진다.

다양한 유형

위에서 설명한 여러 유도 모터는 일반적으로 단상 single-phase 또는 삼상three-phase 교류의 장점을 활용하도록 설계된 것이다.

동기 모터synchronous motor는 회전자가 부하로 인해 동작에 작은 요동이 있더라도 일정한 회전 속도를 유지한다.

일부 AC 모터는 정류자commutator를 사용하기도 하는데, 정류자를 사용하면 외부에서 회전자에 장착된 코일에 접촉할 수 있고, 따라서 회전 속도를 조절할 수 있다.

직선형 모터linear motor는 두 개의 코일을 포함하는데, 일련의 펄스로 에너지를 공급받아 코일 사이의 영구 자석이나 전자석을 움직일 수 있다. 또는 직선형 모터 코일은 분할되어 고정된 레일과의 자기 상호작용의 결과로 움직이게 된다. 이에 대한 자세한 설명은 본 백과사전의 범위를 벗어난다.

단상 유도 모터

유도 모터는 대부분 단상 교류(가정용 전원)를 이용한다. 단상 유도 모터는 고정자 코일과 회전자가 대칭이기 때문에 원천적으로 자체 시동을 걸지 못한다. 이로 인해 회전보다는 진동을 야기하는 경향이 있다.

고정자의 구조는 회전을 시작하기 위해 비대칭적인 자기장을 유도하도록 개조되었다. 즉 자기장의 한쪽 방향을 다른 쪽 방향보다 더 강하게 유도되도록 만든다. 이를 위한 가장 단순한 방법은 고정자에 단락 코일shorting coil을 하나 이상 추가하는 것이다. 각각의 단락 코일은 두꺼운 구리 도선을 단순한 원의 형태로 만든 부품이다. 이 방법은 모터의 효율과 시동 토크starting torque를 낮추어, 보통 선풍기처럼 품질이 낮고 토크가 크게 중요하지 않은 소형 기기에서 주로 사용한다. 단락 코일이 자기장의 일부를 방해하기 때문에, 이러한 형태를 셰이딩 코일형 모터shaded pole motor라고도 한다.

[그림 23-3]의 선풍기 모터를 보면 구리 단락 코일이 있다.

커패시터는 가격은 비싸지만 단락 코일보다 효율이 좋은 대체재다. 커패시터를 통해 하나 이상의 고정자 코일로 전원을 전달하면, 고정자 코일과 모터 안의 코일 사이에 위상차가 생겨 비대칭 자기장이 유도된다. 모터가 정격 속도의 약 80%에 도달하면 커패시터가 더 이상 필요하지 않기 때문에 원심 스위치centrifugal switch로 커패시터를 회로에서 제거한다. 커패시터를 스위치로 제거하고 고정자 코일을 직접 연결하면 모터의 효율이 좋아진다.

세 번째 옵션은 고정자에 가는 도선을 더 적게 감은 두 번째 코일을 추가하는 것인데, 추가 코일은 저항이 더 높다. 결국 자기장이 약간 기울어지면서 모터의 회전을 시작하게 만든다. 이러한 구조를 분상 유도 모터split-phase induction motor라고 하며, 이때 시동 권선은 보조 코일auxiliary winding이라고 한다. 보조 코일은 모터 내에서 총 시동 코일의 30% 정도를 차지한다. 이때도 모터가 설계한 회전 속도의 75~80%에 도달하면, 원심 스위치를 이용해 보조 코일을 회로에서 제거한다.

앞에서 설명한 세 종류의 모터 회전 속도와 토크 간의 관계를 [그림 23-10]에서 그래프로 표시했다. 이 그래프는 단순화한 것으로 원심 스위치를

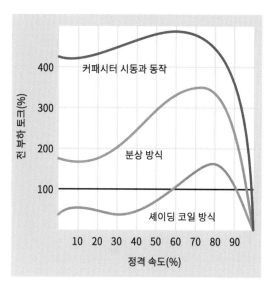

그림 23-10 세 유형의 단상 유도 모터의 속도와 토크 간의 관계 그래프 (그래프는 마이크로칩 테크놀로지(Microchip Technology Inc.) 사에서 발행한 'AC Induction Motor Fundamentals'에서 발췌했다).

이용해 발생된 효과는 표시하지 않았다.

삼상 유도 모터

대형 유도 모터는 대부분 삼상three-phase 방식이다. 삼상 AC(다상polyphase AC에서 가장 대중적인 방식)는 전력 발전소 등에서 세 개의 도선으로 전달되는데, 각각의 도선이 전달하는 세 교류 전류는 서로 120도의 위상차를 가지고 있다. 이 방식은 산업용으로 많이 사용된다. 삼상 모터 고정자 코일의 가장 일반적인 구조는 [그림 23-11]에서 볼 수 있다. 세 도선이 순서대로 피크 전압을 전달하기 때문에 이상적인 유도를 통해 모터의 고정자를 회전시키기에 적합하며, 시동을 위한 단락 코일이나 커패시터가 필요하지 않다. 중장비형 삼상 유도 모터는 브러시가 없으며 유지 보수가 따로 필요하지 않을 정도로 대단히 신뢰도가 높다.

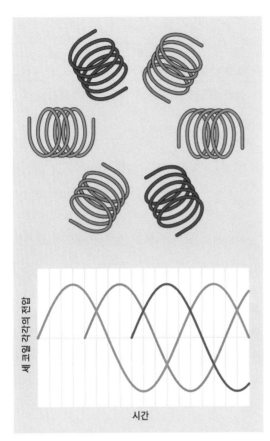

그림 23-11 그래프를 보면 삼상 전원 공급기를 구성하는 세 도선이 전달하는 전압을 알 수 있다(그래프의 색깔은 임의로 선택했다). 삼상 모터 코일의 개수는 3의 배수가 된다. 가장 흔한 경우가 그림처럼 여섯 개가 들어 있는 경우다. 전원 공급기의 세 도선은 코일에 직접 연결되어 회전하는 자기장을 유도한다.

동기 모터

동기 모터synchronous motor는 유도 모터의 한 형태로, 회전자가 AC 전원과 완벽하게 동기화하여 회전하면서 평형 상태에 도달하고 이를 유지하도록 설계되었다. 모터 속도는 고정자의 폴(자기 코일)poles 개수에 따라 달라지며, 전원 공급기의 상phases 개수와도 관련이 있다. R을 동기 모터의 RPM, f를 AC 전류의 주파수(단위 Hz), p를 위상당 폴의 개수라고 하면, 다음과 같은 공식으로 R을

구할 수 있다.

$$R = (120 * f) / p$$

이 공식은 60Hz AC 전류를 가정한 것이다. 50Hz AC 전류가 사용되는 국가에서는 상수 120을 100으로 바꾸어야 한다.

동기 모터는 두 가지 기본형이 있다. 여자(勵磁) 전류 또는 들뜸 전류exciting current가 필요한 모터는 시동을 위해 외부 전원이 필요하며, 들뜸 전류가 필요하지 않은non-excited 모터는 자체 시동이 가능하다. 전자제품에서 사용하는 동기 모터는 들뜸 전류가 필요 없는 경우가 더 일반적이며, 본 백과사전에서는 들뜸 전류가 필요한 모터는 다루지 않는다.

히스테리시스 모터hysteresis motor는 동기 모터의 일종으로 코발트강으로 만든 고형 회전자 캐스트a solid rotor cast를 포함하고 있다. 이렇게 만든 회전자는 보자력coercivity이 강하다. 보자력이 강하다는 것은 일단 자화된 다음에는 자기장의 극을 바꾸기 위해서는 상당한 크기의 자기장이 필요하다는 뜻이다. 따라서 회전자의 극성은 꾸준히 변하는 고정자의 극성에 뒤처지게 되고, 이때 인력이 발생하면서 회전자가 회전한다. 이 뒤처지는 극은 모터의 속도와 무관하므로, 이 모터는 시동 이후로 지속적으로 토크를 전달한다.

자기저항 모터

자기저항reluctance은 자기장에서 전기 저항과 같은 개념이다. 만일 자기장 안에서 자유롭게 움직이는 철 조각을 놓으면, 철 조각은 자기 회로에서

저항을 줄이는 방향으로 자기장과 함께 나란히 놓이게 될 것이다. 이 원리는 AC를 이용하도록 설계된 초창기의 자기저항 모터reluctance motor에서 사용되었으며, 전자공학에서 가변 주파수를 제어하는 비용이 저렴해짐에 따라 다시 활발히 사용되고 있다.

가장 단순한 형태의 자기저항 모터는 돌출부가 있는 연철 회전자가 고정자 내부에서 회전하는 구조로 되어 있다. 고정자 안쪽에는 자체적으로 폴이 튀어나와 있어 이로부터 자기 에너지를 받는다. 회전자는 자기저항을 최소화하려는 경향에 따라 회전자 돌출부와 고정자 폴이 나란히 일치할 때까지 회전한다.

기본적인 구조의 자기저항 모터의 예를 [그림 25-2]에 실었다. 이 그림을 스텝 모터 장에서 다루는 이유는 스텝 모터가 자기저항 원리를 응용한 가장 대표적인 부품이기 때문이다.

자기저항 모터는 대상 고정 주파수의 AC 전원에서도 사용할 수 있지만, 가변 주파수 드라이브 variable frequency drive를 사용할 때 자기저항 모터의 장점이 극대화된다. 주파수의 타이밍은 모터의 회전 속도로 조절되며, 이를 센서가 감지한다. 따라서 에너지 펄스는 회전자보다 '한 스텝 앞서' 있을 수 있다. 회전자는 자석이 아니기 때문에 역기전력을 형성하지 않으며, 따라서 속도가 대단히 빠르다.

자기저항 모터는 정류자, 브러시, 영구 자석, 회전자 코일이 필요 없는 단순한 구조이기 때문에 전자제품 비용을 상쇄하는 효과가 있다. 자기저항 모터의 특성은 다음과 같다.

- 부품이 저렴하다. 제조가 쉽고, 신뢰도가 높다.
- 크기가 소형이고 무게가 가볍다.
- 효율이 90% 이상이다.
- 높은 시동 토크와 고속 작동이 가능하다.

그러나 소음, 토크의 요동 같은 단점이 있고, 제조 공정에서도 회전자와 고정자 사이의 공기 갭을 최소화해야 하기 때문에 허용 오차가 매우 적다는 문제점이 있다.

자기저항 모터는 동기 기능을 갖도록 설계할 수 있다.

가변 주파수 드라이브

기본적인 유도 모터는 심각한 문제가 있다. 정지 상태에서 시작할 때 끌어당기는 전원의 서지가 전원 공급기의 전압을 강하하기 때문에, 전원 공급기를 함께 사용하는 다른 장치에 영향을 줄 수 있다(에어컨이나 냉장고의 컴프레서compressor가 처음 가동될 때, 형광등이 잠시 희미해지는 현상도 이런 이유에서다). 모터가 회전하면 전기 잡음이 발생해 전원 공급기로 피드백되고, 이것이 또 다른 제품에 문제를 일으킬 수 있다. 또한 AC 유도 모터의 회전 속도 범위가 좁은 것도 큰 단점이다.

저렴한 반도체 기술이 새롭게 등장하면서 유도 모터용 가변 주파수 전원 공급기variable-frequency power supply가 개발되었다. 모터의 임피던스는 주파수가 감소하면 따라서 감소하므로, 모터가 끌어당기는 전류는 증가하는 경향이 있다. 이를 방지하기 위해 가변 주파수 공급기가 전달하는 전압이 변경될 수 있다.

권선형 유도 모터

권선형 유도 모터wound-rotor AC induction motor의 고정자는 기본적으로 단상 유도 모터의 고정자와 동일하지만, 회전자는 자체 코일을 가지고 있다. 이 코일은 DC 모터와 마찬가지로 정류자commutator와 브러시brushes를 통해 접근할 수 있다. 최대 토크는 회전자 코일의 전기 저항에 비례하기 때문에, 외부에서 정류자를 거쳐 저항을 제거하거나 추가하면 모터의 특성을 조절할 수 있다. 저항이 높으면 낮은 속도에서 더 큰 토크를 형성하는데, 이때 회전자 속도와 고정자가 유도하는 자기장의

그림 23-12 유선 전동 드릴 모터는 브러시가 달린 회전자 코일을 이용해 다양하게 속도를 조절할 수 있다. 대다수 AC 모터는 속도를 조절할 수 없고, 회전자는 모터의 다른 부분과 전기적으로 연결되어 있지 않다.

회전 속도 사이에는 슬립이 최대가 된다. 이러한 특성은 특히 낮은 속도에서 높은 토크를 얻고자 전기 드릴 같은 유선 전력 도구를 사용할 때 유용하다. 그러나 외부 저항이 감소하면 모터는 최대 속도로 급속히 가속될 수 있다. 저항의 크기는 드릴의 방아쇠를 통해 조절된다.

[그림 23-12]는 권선형 유도 모터다. 이 구조의 단점은 모터를 사용하는 동안 회전자에 전원을 공급하는 브러시의 유지 보수가 필요하다는 점이다. 이보다 훨씬 큰 권선형 유도 모터는 신문 인쇄기나 엘리베이터 등 산업용으로 사용되는데, 이러한 장치에서는 속도를 다양하게 구현해야 하기 때문에 단순한 삼상 모터는 적합하지 않다.

직교류 겸용 모터

권선형 유도 모터는 회전자와 고정자의 코일이 직렬로 연결될 경우, 직교류 겸용 모터universal motor라고도 한다. 이 모터는 AC와 DC를 모두 전원으로 사용할 수 있다.

DC가 회전자와 고정자에 공급되면 자기장을 형성해 서로 밀어낸다. 회전자가 회전하면, 브러시는 분리된 정류자와 접촉하면서 회전자 코일의 전압 극성을 바꾼다. 이후 이 과정이 반복된다. 이러한 구조는 일반적인 DC 모터와 상당히 유사하지만, 직교류 겸용 모터의 고정자는 DC 모터의 영구 자석 대신 전자석을 이용한다.

AC 전원을 이용할 경우, 직렬로 연결된 고정자와 정류자 코일이 회전자와 중첩되어 상호 반발한다. 여기에 고정자에 추가된 단락 코일이 자기장을 비대칭으로 만들면서 모터가 회전한다.

직교류 겸용 모터는 AC 주파수로 제한되지 않

아 초고속 작업도 가능하다. 시동 토크가 높고 크기가 작으며 제조 단가도 저렴해 믹서기나 진공 청소기, 헤어드라이어 등에서 널리 사용된다. 작업장에서는 라우터와 드레멜Dremel 시리즈의 소형 전동기기 같은 제품에서 찾을 수 있다.

직교류 겸용 모터는 정류자와 브러시를 사용하기 때문에 간헐적으로 잠시 이용하는 용도로 활용하는 것이 좋다.

인버티드 AC 모터

일부 현대식 가정용 전자제품은 AC 모터가 들어 있는 것처럼 보이지만, 실제로 AC 전류는 DC로 정류된rectified 후 펄스 폭 변조로 처리되어 속도를 조절한다. 따라서 제품 내의 모터는 실제로는 DC 모터인 셈이다. 인버티드 AC 모터inverted AC motor에 대한 내용은 본 백과사전의 DC 모터 장에서 확인한다.

부품값

기본적인 AC 유도 모터는 전원 공급기의 주파수로 제어하므로, 4극 모터의 속도는 1,800RPM (50Hz AC를 쓰는 국가에서는 1,500RPM) 이하로 제한된다.

가변 주파수형, 직교류 겸용, 권선형 유도 모터는 이러한 제한을 받지 않아 10,000~30,000RPM까지 속도를 낼 수 있다. 동기 모터는 흔히 1,800 또는 1,200RPM에서 가동되며, 모터의 극 수에 따라 속도가 좌우된다(AC 주파수가 60Hz가 아닌 50Hz인 지역에서는 1,500 또는 1,000RPM이다).

모터의 토크에 관한 논의는, 본 백과사전 DC 모터 장의 '부품값'(197쪽 참조)을 참고한다.

사용법

턴테이블에 레코드 판을 올리고 고정 속도로 회전하는 구식 축음기와 전기 시계(아날로그형)는 동기 모터를 활용한 가장 대표적인 예다. 이러한 장치들은 AC 전원 공급기의 주파수를 이용해 모터의 회전 속도를 제어했다. 축음기와 전기 시계는 이제 CD 플레이어(일반적으로 브러시가 없는 DC 모터로 구동됨)와 전자시계(수정 발진기crystal oscillator를 사용함)로 대체되었다.

대다수 가정용 전자제품에서는 여전히 AC 유도 모터를 사용한다. 전자제품에서 사용하는 소형 냉각 팬은 AC 전원을 이용함으로써 DC 전원 공급기가 제공해야 하는 전류의 양을 줄인다. 유도 모터는 일반적으로 다른 유형에 비해 무게가 무겁고 효율이 낮은 경향이 있으며, AC 전원 공급기의 주파수에 따라 속도가 제한된다는 대단히 큰 단점이 있다.

단순한 유도 모터는 CD 플레이어나 DVD 플레이어, 잉크젯 프린터, 스캐너 같은 현대식 기기를 섬세하게 제어할 수 없다. 이러한 응용에는 스텝 모터, 서보 모터, 펄스 폭 변조로 제어되는 DC 모터를 사용하는 것이 더 바람직하다.

자기저항 모터reluctance motor는 진공 청소기, 선풍기, 펌프 등의 고사양 고속 장비에서 찾아볼 수 있다. 정격 전류가 높은 대형 가변 자기저항 모터는 자동차에서 사용된다. 이보다 크기가 작은 유형은 일부 자동차에서 파워 스티어링 시스템power steering systems과 와이퍼에 사용된다.

주의 사항

움직이는 부품을 포함하는 다른 장치들과 비교할

때, 브러시가 없는 유도 모터는 지금껏 발명된 장치 중 가장 신뢰도가 높고 효율이 좋은 장치에 속한다. 그러나 여러 요인으로 인해 손상을 입을 수 있다. 모터에 영향을 미치는 일반적인 문제는 '열효과'(201쪽 참조)에서 다루고 있다. 아래의 내용은 AC 모터와 특별히 관련 있는 문제들을 주로 열거한다.

너무 이른 재시동
대형 산업용 삼상 유도 모터는 모터가 회전을 멈추기 전에 전원을 다시 가하면 손상될 수 있다.

잦은 재시동
모터가 시동과 중단을 반복하면 전류의 초기 서지에서 발생하는 열이 축적될 가능성이 있다.

저전압 또는 전압 불균형
전압이 떨어지면 모터가 다룰 수 있는 규격보다 더 많은 전류를 끌어들일 수 있다. 이런 상황이 지속되면 과열이 발생한다. 삼상 모터에서 하나의 상이 다른 상과 전압 균형이 맞지 않을 때도 문제가 발생한다. 이러한 문제의 가장 흔한 원인은 개방된 회로 차단기, 배선 오류 등이며, 퓨즈가 단락되어 세 도선 중 하나에만 영향을 미쳤을 때에도 문제가 생길 수 있다. 이때 모터는 남은 두 도선으로 전원을 공급받아 계속 회전하려 하지만, 그 결과는 대단히 심각해질 수 있다.

모터 구속
유도 모터에 전원이 걸린 상태에서 회전에 방해를 받으면, 회전자의 도선은 높은 전류를 전달하고 전달된 과다 전류는 결국 열로 배출된다. 이러한 전류 서지는 모터를 태우거나 퓨즈를 끊을 수 있고, 심한 경우 회로 차단기를 동작시킨다. 제품을 설계할 때 유도 모터의 회전이 방해받지 않도록 주의를 기울여야 한다.

보호 릴레이
높은 사양의 보호 릴레이protective relay가 산업용 삼상 모터용으로 출시되어 있으며, 앞서 설명한 문제들을 모두 방지할 수 있다. 자세한 내용은 본 백과사전의 범위를 벗어난다.

과도한 토크
앞서 논의한 바와 같이 유도 모터의 토크는 자기장의 회전과 회전자의 회전 사이의 슬립(속도 차)에 따라 함께 증가한다. 따라서 모터에 과부하가 걸려 더 천천히 회전하면 전달하는 회전력은 증가한다. 이는 모터에 부착된 구동 벨트 같은 다른 부품을 손상시킬 수 있다.

내부 파손
유도 모터에 과부하가 걸리면 회전자에 금이 가거나 파손되는 문제가 발생한다. 이러한 문제는 출력이 떨어지거나 진동이 감소하면 바로 파악할 수 있으며, 모터의 전력 소모량이 큰 폭으로 변할 때도 감지할 수 있다.

24장

서보 모터

배터리 전원을 사용하고 원격으로 조정되는 소형 기기로 사용할 때는 RC 서보라고도 한다. 그러나 실제로는 RC를 생략하고 서보라고만 한다.

관련 부품

- AC 모터(23장 참조)
- DC 모터(22장 참조)
- 스텝 모터(25장 참조)

역할

서보 모터servo motor는 모터, 감속 기어, 소형 제어 장치를 조합한 부품으로, 아주 작은 밀폐형 플라스틱 케이스 안에 들어 있다. 모터 자체는 AC이거나 DC이며, DC인 경우 브러시가 있을 수도 없을 수도 있다. 서보 모터는 연속 회전을 하지 않는다는 점에서 다른 모터와 차이가 있다. 서보 모터는 위치를 찾는 장치다. 회전 범위는 180도 이상이지만 대체로 360도는 넘지 않는다. [그림 24-1]에서

그림 24-1 일반적인 RC 서보 모터. 50인치-온스 토크 이상이 가능하지만 AA 알칼라인 건전지 3~4개 정도의 전원으로도 구동할 수 있으며 무게는 2온스 이하다.

그림 24-2 RC 서보 모터는 대부분 크기가 비슷하다. 이 그림은 측면에서 본 사진이다.

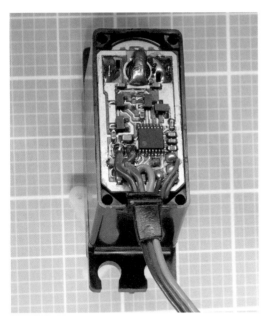

그림 24-3 서보 모터 내부의 전자회로는 모터의 회전각에 대한 명령을 담은 펄스 열(a stream of pulses)을 해석한다.

는 일반적인 RC 서보 두 종류를 보여 수고 있다. 측면에서 본 모터는 [그림 24-2]에 나와 있다.

모터 내부에는 전자회로가 있어 외부 컨트롤러에서 받은 명령을 해석한다. 명령문에서는 원하는 회전각을 지정하여 모터에 전달하는데, 이 회전각은 모터의 회전 범위 중앙 지점을 기준으로 한 옵셋 값으로 정의된다. 그러면 모터는 지정된 위치에서 회전하고 그 자리에서 멈춘다. 명령 시그널이 계속되고 모터의 전원이 유지되는 한, 모터는 그 자리에 정지하고 외부 회전력에 '반발'한다. 이렇게 모터가 정지해 있는 상태에서는 전류를 거의 소모하지 않는다.

일반적인 RC 서보 모터가 들어 있는 전자제품은 [그림 24-3]에서 볼 수 있다.

작동 원리

서보 모터는 일반적으로 펄스 폭 변조(PWM)를 통해 제어된다.

산업용 서보는 보통 모터 제조업체가 판매하는 기성품 컨트롤러와 함께 사용해야 한다. 컨트롤 신호의 인코딩 구조는 업체의 전매이다. 거친 작업에 적합한 서보 모터는 상대적으로 전압이 높은 삼상 전원에서 동작할 수 있으며, 생산 라인의 자동화 같은 작업에서 사용된다.

본 백과사전에서는 산업용보다는 소형 RC 서보를 집중적으로 다룬다.

소형 RC 서보에서 제어 펄스 열은 주파수가 20ms로 일정한데, 각 펄스의 양의 주기는 모터의 위치 명령으로 해석되고 펄스 사이의 틈은 무시된다. 소형 모터의 일반적인 펄스 폭 범위는 1~2ms이며, 중앙 위지로무터 -90~+90노도 규성된나. 대다수 현대식 모터는 이 범위를 넘어서도 구동될 수 있으며, 펄스 폭과 회전각 사이의 정확한 관계 설정을 위해 교정할 수 있다. 그리고 모터는 마

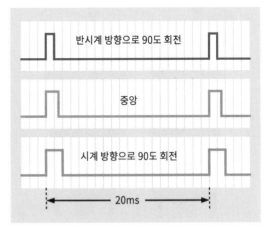

그림 24-4 소형 RC 서보 모터의 회전각은 1ms에서 2ms까지 규정된 간격의 컨트롤러 펄스 폭에 따라 결정된다. 펄스의 주파수는 50Hz로 일정하다.

이크로컨트롤러 소프트웨어에 있는 룩업 테이블 lookup table을 이용해 제어하거나 각도-펄스 폭 사이의 변환 인자로 제어할 수 있다.

[그림 24-4]에서는 고정된 20ms 주기 내에서 한 펄스의 시작과 다음 펄스의 시작 사이에 펄스 폭의 일반적인 범위와 각 펄스 폭이 서보 모터에서 어떤 의미를 갖는지 보여 준다. 가운데 펄스 폭은 중앙 위치로 회전하라는 지시로 해석된다.

소형 서보 모터는 앞서 말한 규격의 컨트롤러와 함께 사용해야 하는데, 대개는 마이크로컨트롤러를 프로그래밍하여 사용한다. 일부 마이크로컨트롤러 칩은 특별히 RC 서보에 적합한 PWM 출력을 제공하기 때문에 편리하게 프로그래밍할 수 있다. 어떠한 종류를 사용하든 마이크로컨트롤러는 서보에 직접 연결할 수 있으며, 위치 결정 방법이 대단히 단순하고 유연하다.

마이크로컨트롤러 외에도 555 타이머 칩 같은 단순한 펄스 발생기pulse generator를 사용할 수도 있고, 취미용 부품 공급 업체에서 출시한 컨트롤러 보드를 사용할 수도 있다. 일부 컨트롤러 보드는 USB 단자가 있어 컴퓨터 소프트웨어로 서보를 제어할 수 있다.

[그림 24-5]의 회로도는 555 타이머에 RC 서보를 연결한 것으로, 회로의 소자들은 48Hz가량의 일정한 주파수를 생성한다(피크 투 피크peak to peak로 20ms보다 약간 길다). 1μF 커패시터는 다이오드에 직렬로 연결된 2.2K 저항으로 충전되고, 이 다이오드는 28K 저항으로 우회된다. 커패시터가 충전되는 시간은 타이머 칩의 'on' 사이클이 된다. 커패시터는 28K 저항으로 방전될 때는 'off' 사이클이 된다. 5K 저항과 직렬로 연결된 1K 포텐셔

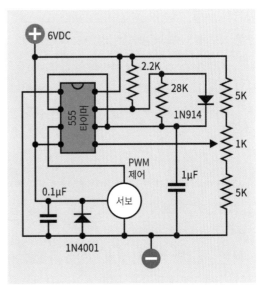

그림 24-5 555 타이머를 적절한 부품과 함께 사용하면 RC 서보를 제어할 수 있다. 회로에서 서보의 회전 각도는 포텐셔미터로 조절한다.

미터는 타이머의 컨트롤 핀에 걸리면서 분압기 역할을 하고, 이로써 타이머의 충전 및 방전 문턱값을 조절한다. 포텐셔미터를 회전시켜 주파수 변화 없이 각 사이클의 'on' 시간을 길게 또는 짧게 조정할 수 있다. 실제로 커패시터는 허용 오차가 크기 때문에 타이머 출력의 주파수는 보장할 수 없다. 다행히 서보는 대부분 정확도가 약간 떨어지는 신호를 허용한다.

이 회로에서 모터와 타이머가 하나의 전원 공급기를 공유하기 때문에, 모터와 전원 공급기 사이의 연결과 음의 그라운드에 보호 다이오드와 커패시터를 추가해 잡음과 역기전력을 억제한다.

서보 모터의 케이스 내부에 위치한 전자회로에는 사용자가 출력 샤프트로 회전시키는 포텐셔미터가 포함되어 있는데, 이를 통해 모터의 위치 정보가 피드백된다. 포텐셔미터의 제한된 회전 범위가 모터의 출력 샤프트의 회전 각도를 제한한다.

다양한 유형

소형 서보에는 브러시가 있는 DC 모터와 없는 DC 모터가 들어 있다. 당연히 브러시가 없는 모터가 수명이 길고 전기 소음이 적다. 브러시 유무에 따른 모터의 특징은 본 백과사전의 DC 모터 장을 참조한다.

서보에서 이용하는 감속 기어는 나일론, '카보나이트Karbonite', 금속으로 제조된다. 나일론 기어는 저렴한 RC 서보에 들어간다. [그림 24-6]을 참조한다.

브러시가 없는 모터와 금속 기어를 사용한 모터는 가격이 조금 비싸다. 금속 기어는 나일론보다 강하지만(나일론은 부하가 걸리면 금이 갈 수 있다) 마모 속도가 빠르고, 이로 인해 백래시back-lash와 기어 열의 부정확도를 초래한다. 나일론과 나일론 표면 사이의 마찰은 내난히 석기 때문에 서보에 과부하가 걸릴 염려가 없다면 나일론을 사용한 모터가 더 적합하고 바람직하다. 카보나이트는 나일론보다 5배 가량 강도가 높아 합리적인 절충안이 될 수 있다. 기어 열에서 고장이 난다면(예를 들어 과부하로 인해 이가 나가는 경우), 제조업체에서 판매하는 부품을 구매해 교체할 수 있다. 설치할 때는 약간의 손재주와 인내 그리고 기술이 필요하다.

서보에는 롤러 베어링이나 단순 소결 베어링plain sintered bearing이 들어 있는데, 소결 베어링의 가격이 더 저렴하지만 측면 부하가 걸리면 내구성이 떨어진다.

디지털 서보digital servo라 불리는 부품은 구형 아날로그 서보analog servo보다 내부 전자회로의 속도가 더 빠르며, 높은 주파수에서 입력 펄스 열을 샘플링하기 때문에 컨트롤러의 작고 빠른 명령에 더 살 응답한다. 이런 까닭에 디지털 서보는 취미용 모형 비행기를 제어하는 서보로 많이 사용된다. 외형적으로 디지털 서보와 아날로그 서보의 제어 프로토콜은 동일하지만, 디지털 서보는 새로운 한계치를 수립하는 코드값으로 다시 프로그래밍할 수 있다. 이를 위해 독립적인 프로그래밍 유닛을 구매해야 한다.

소형 서보 모터 제조사 중 가장 유명한 곳은 후타바Futaba와 하이텍Hitec이다. 두 회사의 제품은 제어 프로토콜이 사실상 동일한 반면 모터 출력 샤프트는 다르다. 샤프트는 일반적으로 스플라인spline이라고 하며, 외부에서 장치를 눌러 끼우도록 홈이 파여 있다. 후타바 모터의 스플라인은 홈이 25개, 하이텍은 24개이다. 여기에 부착하는 부품은 모터 제조업체에 따라 맞는 것을 선택해야 한다.

그림 24-6 서보 모터 내부의 나일론 기어

부품값

소형 서보의 무게는 일반적으로 1~2온스이며, 한쪽 끝에서 다른 쪽 끝까지 회전하는 데 걸리는 시간은 1~2초 정도이다. 이 정도 규모의 서보도 50온스-인치 이상의 강력한 토크가 발생한다.

전압

소형 서보는 원래 모형 비행기의 4.8V 충전식 배터리로 구동되도록 설계되었다. 소형 서보는 보통 5~6VDC에서 가동된다. 일부 서보는 이보다 더 높은 전압에서도 동작하도록 설계되었다.

전류

대다수 데이터시트에서는 서보가 최대 토크를 낼 때(실제로는 아무 토크이든 상관없이) 소비하는 전력을 명시하지 않는다. 소형 서보는 대체로 AA 알카라인 건전지 3~4개를 직렬로 연결해 사용하기 때문에 최대 전류가 1A를 넘을 가능성은 거의 없다. 모터에 전원은 가하지만 회전하지 않을 때 그리고 회전력에 저항이 가해지지 않을 때 소모 전력은 무시할 만하다. 이러한 특징 때문에 서보는 배터리를 전원으로 사용하는 원격 조정 장치에 적합하다.

회전 범위가 180도를 넘는 일부 모터는 1ms보다 빠르거나 2ms보다 느린 펄스에 반응한다. 처음으로 사용하는 모터는 마이크로컨트롤러를 이용해 펄스 폭이 넓은 신호로 테스트하고 경험적으로 제한 각도를 결정해야 한다. 모터의 설계 범위를 벗어나는 펄스는 일반적으로 무시되며 나쁜 영향을 끼치지 않는다.

데이터시트에 명시된 회전률turn rate 또는 작동 시간transit time은 출력 샤프트에 부하가 걸리지 않은 상태에서 서보가 60도 회전하는 데 걸리는 시간을 말한다. 토크가 높은 서보는 일반적으로 감속 기어 비율이 높을 때 회전력이 가장 크며 작동 시간도 더 길어진다.

사용법

소형 서보가 주로 사용되는 분야는 모형 비행기의 플랩flaps 또는 방향키의 회전, 모형 배, 모형 자동차의 방향 조종, 로봇의 바퀴 또는 팔의 회전 등이다.

서보에는 일반적으로 세 개의 도선이 달려 있는데, 색깔은 빨간색(전원 공급), 검정 또는 갈색(그라운드), 주황색, 노랑색 또는 흰색(컨트롤러로부터의 펄스 열)이다. 모터의 그라운드 선은 컨트롤러의 그라운드와 연결해야 한다. 따라서 (빨간색) 전원선과 그라운드 사이에 0.1~0.01μF짜리 세라믹 바이패스 커패시터를 달아야 한다. 또한 보호 다이오드도 사용해야 한다. 컨트롤 신호를 전달하는 도선에 다이오드나 커패시터를 달면 펄스 열과 간섭을 일으키므로 달아서는 안 된다.

모터에 전원을 가할 때, AC 어댑터는 출력 전원이 매끄럽지 않기 때문에 특히 조심해서 사용해야 한다. 전압 조정기voltage regulator는 필요하지 않지만 바이패스 커패시터는 필수다. 다음 페이지 [그림 24-7]에서는 두 개의 가상 회로도를 보여 주고 있다. 위 회로도는 배터리로 가동되는 시스템인데, 1.2V NiMH 충전식 배터리 4개를 이용한다. 배터리는 대개 전압 스파이크를 일으키지 않기 때문에 커패시터는 사용하지 않았으나, 서보가 멈추

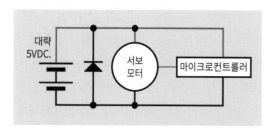

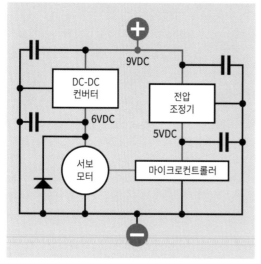

그림 24-7 소형 서보 모터를 가동하는 회로도 2종. 위 예제는 배터리 전원을 사용하고(예, 1.2V NiMH 셀 4개), 아래 예제는 9VDC AC 어댑터를 이용한다. 자세한 내용은 본문 참조.

그림 24-8 '혼'이라고 부르는 다양한 샤프트 부착 부품은 모터 제조업체에서 출시하고 있다. 파란색은 금속이고 나머지는 플라스틱이다.

고 회전을 시작할 때 순기전력에서 마이크로컨트롤러를 보호하기 위해 다이오드를 추가했다. 아래 회로도는 AC 어댑터로 DC 전원을 사용할 때 필요한 예방 조치를 추가한 것이다. 모터에 6VDC를 공급하는 DC-DC 컨버터는 평활 커패시터를 필요로 하고(이 내용은 컨버터의 데이터시트에 명시되어 있어야 한다), 이 역할을 전압 조정기가 하면서 조정된 5VDC 전원을 마이크로컨트롤러에 공급한다. 여기에도 보호 다이오드가 포함된다. 두 회로도 모두 주황색 도선은 펄스 신호를 서보 모터에 전달하는 컨트롤 선을 표시한다.

서보를 판매하는 취미용 전자부품 공급업체에서는 샤프트에 부착할 수 있는 다양한 제품들도 취급한다. 부착 제품으로는 원반, 싱글 암arm, 더블 암, 십자가 모양의 암 등이 있다. 싱글 암은 혼horn이라고도 하는데, 이 말은 부착 제품을 대략적으로 일컬을 때 사용된다. 혼에는 구멍이 뚫려 있어 작은 나사나 너트 볼트를 이용해 다른 부품을 구멍에 끄집하도록 되어 있다. [그림 24-8]에서는 여러 종류의 혼을 보여 주고 있다.

혼은 스플라인(모터 샤프트)에 눌러 끼운 후 가운데 나사로 고정한다. 앞에서도 말했듯이 소형 서보 제조업체 중 가장 큰 후타바와 하이텍 사의 스플라인은 서로 호환되지 않는다.

연속 회전을 위한 개조

소형 서보 모터를 연속으로 회전하도록 개조할 수 있다.

맨 먼저 모터의 케이스를 연다. 컨트롤러로 1.5ms 펄스를 전송해 포텐셔미터를 한가운데에 맞춰야 한다. 포텐셔미터가 정확히 가운데 위치에 왔을 때 접착제로 붙이거나 이와 비슷한 방법으로 와이퍼에 고정하고, 그 후 포텐셔미터는 구동 열 drive train과의 연결을 끊는다.

모터 샤프트의 회전을 제한하는 스톱들을 모두 잘라낸 후 모터를 재조립한다. 이제 포텐서미터는 움직일 수 없기 때문에, 모터 내의 전자회로는 샤프트가 항상 가운데 위치에 있다고 '생각하게' 될 것이다. 컨트롤러가 모터에게 가운데 지점에서 시계 방향이나 반시계 방향으로 위치를 찾으라는 펄스 명령을 보내면, 모터는 그 위치에 도달할 때까지 회전한다. 포텐서미터에게서 모터가 목표 지점에 도달했다는 피드백 신호를 받을 수 없으므로, 샤프트는 무한히 회전한다.

이렇게 되면 서보의 가장 주요한 특징이 사라지는데, 더 이상 특정 각도에 맞춰 회전할 수 없다. 이렇게 개조된 서보는 멈추게 하는 것도 문제가 된다. 서보는 포텐서미터에게서 고정 위치에 해당하는 명령어를 받아야 멈추기 때문이다. 포텐서미터를 고정하는 과정에서 조금 움직였을 수도 있으므로, 약간의 시행착오를 거쳐 포텐서미터의 위치와 일치하는 펄스 폭을 결정해야 한다.

서보를 연속 회전하도록 개조하는 목적은 크기가 작고 가벼운 모터에서 높은 토크를 얻을 수 있고, 마이크로컨트롤러로 간편하게 제어할 수 있기 때문이다.

취미 활동을 즐기는 사람들이 서보를 연속 회전하도록 개조하는 데 관심을 보이자, 일부 제조업체는 이에 대응해 연속 회전 기능을 탑재한 서보를 선보이고 있다. 이 서보에는 중심 위치를 벗어난 모터를 교정할 수 있도록 트리머 포텐서미터를 포함하고 있다.

주의 사항

배선 오류

도선의 색깔 코드를 확인하기 위해서는 제조업체의 데이터시트를 꼭 참조해야 한다. 단순한 DC 모터라면 전원 공급기의 극성에 따라 방향이 바뀔 수 있는데, 서보 모터에서 이러한 오류가 발생하는 것은 대단히 좋지 않다.

샤프트/혼의 부조화

특정 회사 모터 브랜드의 스플라인spline은 다른 회사 브랜드의 스플라인과 맞지 않는다. 억지로 끼워 맞출 수 없다.

비현실적으로 빠른 소프트웨어 명령

서보의 위치를 정하는 마이크로컨트롤러 소프트웨어는 소프트웨어에서 새 위치를 지정하기 전에 서보가 응답할 수 있는 시간을 충분히 허용해야 한다. 소프트웨어에서 지연 루프나 기타 대기 시간을 삽입할 필요가 있다.

동작 불안정

서보의 암이 예상치 못한 진동을 일으키면, 펄스 열이 외부 전기 잡음으로 간섭받았음을 뜻한다. 서보의 컨트롤 선은 가능한 한 짧아야 하며, AC를 전달하거나 고주파 전류 스위칭을 하는 도선 가까이에 두어서는 안 된다. 또한 다른 서보 모터의 컨트롤 선과 인접해서도 안 된다.

모터의 과부하

샤프트에서 1인치(2.54cm) 떨어진 곳에 2lb(0.9kg)

의 힘을 전달할 수 있는 서보는, 구속 상태에서도 고정을 풀 수 있는 충분한 토크를 쉽게 만든다. 이 경우 샤프트에 부착된 암이 휘거나 부러질 수도 있다. 이상적으로는 '약한 고리weak link'를 포함시켜 파손되면 이를 예측해 쉽고 저렴하게 수리하는 것이 좋다.

비현실적인 사용률

소형 서보는 간헐적으로 잠시 사용하기 위해 설계한 것이다. 서보를 지속적으로 사용하면 마모와 손상을 일으킨다. 특히 모터에 브러시와 정류자 또는 금속 감속 기어가 있다면 마모와 손상은 더 심해진다.

전기 잡음

브러시가 있는 모터는 항상 전기 간섭의 원인이며, 서보 또한 회전을 시작하거나 멈출 때 순간적인 전압 강하 및 서지가 발생한다. 민감한 마이크로컨트롤러와 기타 집적회로 칩을 보호하기에는 보호 다이오드만으로 충분하지 않다. 문제를 최소화하려면 서보를 양 전압 소스로 가동하고 양 전압은 칩이 사용하는 전원 공급기에서 분리해야 한다. 그리고 마이크로컨트롤러의 전원 공급기에는 대형 필터 커패시터를 추가해야 한다. 불행하게도 모터와 칩 사이의 공통 그라운드는 불가피하다.

25장

스텝 모터

스테퍼 모터 또는 스테핑 모터라고도 한다. 유도 모터의 일종이지만, 움직이는 부품의 정확한 위치를 파악해야 하는 전자 장비나 디지털 제어에서 대단히 중요한 의미가 있기 때문에 따로 자세히 설명했다.

관련 부품

· DC 모터(22장 참조)

· AC 모터(23장 참조)

· 서보 모터(24장 참조)

역할

스텝 모터는 펄스의 시간 순서에 따라 구동 샤프트를 정확한 단계step로 회전시키는 부품이다(대체로 펄스 하나당 한 단계씩 회전한다). 펄스는 고정자stator 내부에 직렬로 연결된 코일이나 권선windings을 통해 전달된다. 고정자는 회전자rotor 주위로 원을 형성한다. 스텝 모터의 단계를 상phase이라고도 하며, 작은 단계로 회전하는 모터는 높은 상 카운트phase count를 갖는다고 말한다.

이론적으로 스텝 모터는 고정자 코일에서 일정한 전력을 끌어당기는데, 이 값은 속도에 따라 변하지 않는다. 따라서 토크torque는 속도가 증가함에 따라 감소하고, 반대로 모터가 움직이지 않을 때 최대가 된다.

모터는 펄스 열sequence of pulses을 제공하는 적절한 제어 시스템과 함께 사용해야 한다. 제어 시스템은 크기가 작은 전용 회로 또는 필요한 전류를 처리하는 드라이버 트랜지스터가 달린 마이크로컨트롤러나 컴퓨터 등이다. 모터의 토크 곡선은 전압을 높여 주는 컨트롤러를 이용해 제어 펄스의 속도를 증가시키면 연장될 수 있다.

동작을 외부 회로가 제어하고 내부 구조는 대칭이기 때문에, 스텝 모터는 동일한 토크로 앞뒤 방향으로 회전할 수 있다. 또한 스텝 모터는 정지 상태에서 멈춰 있을 수 있지만 그러는 동안에도 고정자의 코일은 계속해서 전력을 소모한다.

작동 원리

고정자는 연철이나 기타 자성 물질로 만든 극pole을 여러 개 가지고 있다. 고정자 코일이 각각의 극

그림 25-1 소형 스텝 모터

에 에너지를 주기도 하지만, 여러 개의 극이 대형 코일을 공유하는 게 더 일반적이다. 스텝 모터의 종류와 상관없이 고정자의 극은 순차적으로 자화되어 회선사를 회선시키고, 회선사가 한 사리에 고정되어 움직이지 않을 때에도 계속 전력을 소모한다.

회전자는 하나 이상의 영구 자석을 포함하며, 이 영구 자석은 고정자에서 유도하는 자기장과 상호작용한다. 이 상황이 AC 모터의 케이지squirrel-cage와 다르다는 사실에 주목하자. 케이지는 회전자 안에 있으면서 회전하는 자기장과 상호작용하지만, 영구 자석은 아니다.

[그림 25-1]에서는 세 종류의 스텝 모터를 보여준다. 위 왼쪽부터 시계 방향으로 4선, 5선, 6선형이다(이 구분은 다음 절에서 설명한다). 위 왼쪽 모터는 칼라collar와 결합하도록 나사산이 있는 샤프트가 있어, 모터의 샤프트가 시계 방향 또는 반시계 방향으로 회전할 때 칼라도 함께 아래위로 움직이게 되어 있다.

자기저항 스텝 모터

가장 단순한 형태의 스텝 모터는 영구 자석이 들어 있지 않은 회전자를 이용한다. 이 스텝 모터는 가변 자기저항variable reluctance의 원리를 따르는데, 여기에서 자기저항이란 전기 저항과 같은 개념이다. 회전자는 회전자의 돌출부와 자기장을 유도하는 코일을 나란히 정렬해 시스템 내의 자기저항을 줄이려는 경향이 있다. 자기저항에 대한 자세한 내용은 본 백과사전의 AC 모터 장에 있는 '자기저항 모터'(209쪽 참조)를 참고한다.

가변 자기저항 스텝 모터는 고정자 코일에 순차적으로 에너지를 전달하는 외부 컨트롤러가 있어야 한다. 이는 [그림 25-2]를 보면 확인할 수 있다. 그림에서 보면 여섯 개의 극이(쌍으로 에너지를 받는다) 회전자를 중심으로 대칭으로 나열되어 있나. 이때 4개의 돌출부들 이teeth라고 한나. 자기저항 스텝 모터가 최소한의 신뢰도를 유지하기 위해서는 적어도 고정자의 극 여섯 개와 이 네 개가 있어야 한다.

그림에서, 코어가 자화될 때는 초록색으로, 자화되지 않을 때는 회색으로 표시했다. 그림의 각 부분에서, 고정자 코일은 에너지를 전달받는 순간을 나타낸 것이고, 회전자는 아직 이에 반응하기 전이다. 여기에서 외부 스위치는 그림을 단순화하기 위해 생략했다. 실제 모터에서 회전자에는 수많은 리지ridge가 있으며, 리지와 회전자 사이의 간격은 대단히 좁아 자기장의 효과가 극대화된다.

회전자의 이가 4개인 6극 자기저항 모터에서, 컨트롤러가 새로운 극에 에너지를 가할 때마다 회전자는 시계 방향으로 30도씩 회전한다. 이 각도를 스텝 각도step angle라고 하는데, 모터가 12단계

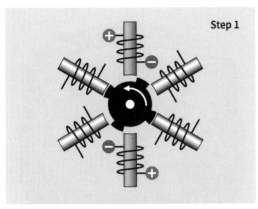

Step 1

Step 2

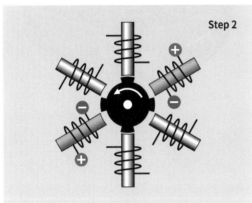

Step 3

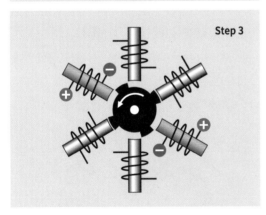

그림 25-2 가변 자기저항 스텝 모터에서, 회전자는 인접한 코일 한 쌍에 에너지가 전달될 때마다 자기저항을 최소화하는 방향으로 움직인다. 각 단계마다 코일은 회전자가 응답할 시간을 갖기 직전에 전원을 공급받는다.

에 걸쳐 샤프트를 360도 회전시킨다는 의미다. 이 구조는 삼상 AC 유도 모터induction motor와 매우 유

사하다([그림 23-11] 참조). 그러나 AC 모터는 주파수가 일정한 전원과 연결해 사용하도록 고안된 것으로, 정해진 각도로 끊겨 회전하는 것이 아니라 지속적으로 부드럽게 회전한다.

일반적인 자기저항 모터는 자화된 회전자가 있는 모터보다 크기가 더 크다. 또한 샤프트의 각도를 모니터하는 센서로부터 피드백을 받아 이 정보를 컨트롤 회로에 전달해야 한다. 이를 폐루프closed loop 시스템이라고 한다. 소형 스텝 모터는 대부분 개방형 루프open loop 시스템을 채택하는데, 위치를 추적할 목적으로 모터에 전달되는 펄스 개수를 세는 위치 정보 피드백은 필요하지 않다.

영구 자석 스텝 모터

보다 일반적인 스텝 모터의 회전자는 영구 자석으로 되어 있는데, 컨트롤러가 이 회전자 자석을 끌어당기거나 밀어내서 각각의 고정자 코일이 유도하는 자기장의 방향을 바꾸도록 되어 있다.

양극 스텝 모터bipolar motor에서 코일이 유도하는 자기 극의 방향은 단지 전류의 방향을 달리하면 바꿀 수 있다. 이는 다음 페이지 [그림 25-3]에서 표현하고 있다. 단극 스텝 모터unipolar motor에서는 코일의 중앙 탭에 양 전압을 가하고, 한쪽 끝은 그라운드와 연결해 자기장의 방향을 바꾼다. 이는 [그림 25-4]에 나와 있다.

모터는 종류와 상관없이 어퍼 덱upper deck과 로어 덱lower deck이 하나의 회전자를 둘러싸도록 설계된다([그림 25-5] 참조). 크기가 큰 단일 코일이나 중앙에 탭이 있는 코일이 어퍼 덱의 극에서 자기장을 유도하는데, 이 자기장은 두 번째 극과 한 스텝만큼의 위상차를 갖는다. 두 번째 극은 로어

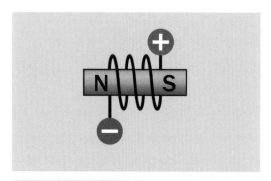

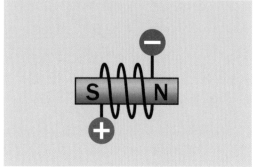

그림 25-3 양극 모터에서 단지 고정자 코일에 흐르는 전류의 방향만 달리하면 코일이 유도하는 자기장의 극성이 바뀐다.

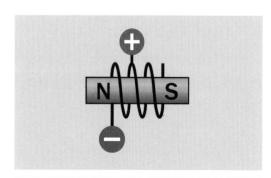

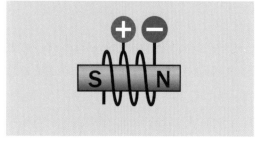

그림 25-4 단극 모터 코일의 자기장은 코일의 중앙 탭에 양 전압을 가하고 한쪽 끝을 그라운드와 연결해 방향을 바꾼다.

그림 25-5 일반적인 '이중 덱' 모터를 단순화한 그림. 자세한 내용은 본문 참조.

덱에 있는 자체 코일에서 에너지를 공급받는다([그림 25-1]의 세 모터는 모두 이런 유형이다). 모터의 회전자 높이는 두 덱이 모두 들어갈 수 있을 정도이며, 아래위 순서대로 회전한다.

[그림 25-6]은 덱이 두 개인 4선형 모터의 덱을 분리한 모습이다. 회전자는 왼쪽 부품에 붙어 있다. 부품은 검은색 원통형 실린더 안에 들어 있는

그림 25-6 이중 덱 모터를 분해해 회전자(왼쪽)와 고정자 중 하나(오른쪽)를 드러낸 것이다. 고정자는 코일이 둘러싸고 있다.

그림 25-7 앞의 스텝 모터를 좀 더 분해한 사진.

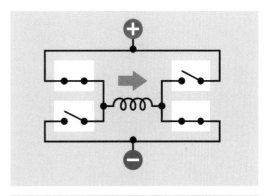

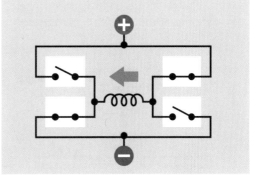

그림 25-8 코일에 흐르는 전류의 방향을 바꾸는 가장 단순하고 기본적인 방법은 H 브리지 회로를 이용하는 일이다. 실제 상황에서 스위치는 무접점 소자로 교체된다.

데, 영구 자석인 검은색 실린더는 여러 개의 극으로 나뉘어져 있다. 오른쪽 부품에서 금속 '이teeth'를 둘러싼 코일이 보이는데, 금속 이는 코일에 에너지가 들어오면 고정자의 극으로 기능한다.

[그림 25-7]은 같은 모터를 좀 더 분해한 것이다. 원래는 코일 주변을 테이프로 감아놓는데, 그림에서는 코일을 볼 수 있도록 테이프를 제거했다. 오른쪽에 두 번째 코일이 들어 있다. 이 코일은 밀봉되어 보이지 않지만 첫 번째 코일과 동일하며 자체적으로 극이 있다. 이 극은 첫 번째 덱의 극과 한 스텝의 위상차를 갖는다.

덱이 두 개인 스텝 모터의 전계 효과field effect는 그림으로 표현하기 어렵기 때문에, 이후 그림들은 최소 개수의 고정자 극과 자체 코일을 각각 내장한 모터로 단순화해 표현한다.

양극 스텝 모터

코일에서 전류의 방향을 바꾸는 가장 기본적인 방법은 [그림 25-8]이 보여 주듯이 H 브리지H-bridge 구조의 스위치를 이용하는 일이다. [그림 25-8]에서 자기장의 방향은 초록색 화살표로 표시했다. 실제 상황에서 사용하는 스위치는 무접점 방식이다. 양극 스텝 모터를 제어하는 데 필요한 모든 부품을 집적회로에 포함한 제품도 출시되어 있다.

양극 모터의 4단계 스텝은 다음 페이지 [그림 25-9], [그림 25-10], [그림 25-11], [그림 25-12]에 나와 있다. 각각의 코일을 위한 H 브리지 제어 회로는 생략했다. 앞에서와 같이 에너지를 받은 코일의 내부 코어는 초록색으로, 에너지를 받지 않은 코일의 코어는 회색으로 표시했다. 그리고 회전자는 각 단계의 자기장에 반응하기 직전의 상태이다.

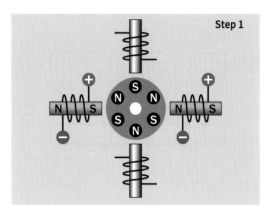

그림 25-9 양극 스텝 모터에서 고정자 코일이 유도한 자기장에 회전자가 반응해 첫 번째 회전을 하기 직전의 순간을 설명한 그림이다.

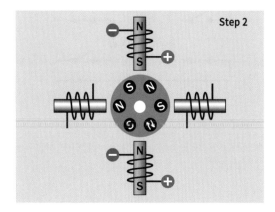

그림 25-10 앞 그림의 양극 스텝 모터에서 회전자가 한 스텝 회전하고, 코일의 극성은 두 번째 스텝으로 넘어가도록 유도되었다.

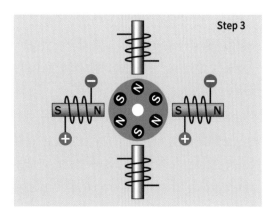

그림 25-11 양극 스텝 모터가 두 번째 스텝으로 회전한 후. 그 즉시 세 번째 스텝으로 넘어가기 직전이다.

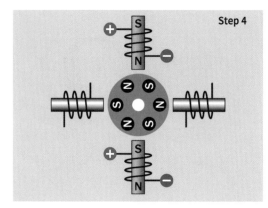

그림 25-12 양극 스텝 모터가 세 번째 스텝으로 회전한 후 회전자가 새로운 패턴의 자기장에 반응할 때, 그 방향은 첫 번째 스텝에서 보인 그림과 기능적으로 동일하다.

단극 스텝 모터

단극 스텝 모터의 제어 회로는 양극 스텝 모터의 회로보다 단순하다. 시중에서 판매하는 스위칭 트랜지스터로 코일의 한쪽 끝을 그라운드외 연결하면 되기 때문이다. 5선형 단극 스텝 모터는 취미 생활을 즐기는 이들이 로봇 제작 프로젝트나 이와 비슷한 작업에서 많이 사용하는데, 555 타이머 칩 정도면 충분히 제어할 수 있다. 그러나 단극 스텝 모터는 코일 절반에만 에너지를 전달하기 때문에 크기나 무게에 비해 힘이 강하지 않다.

[그림 25-13], [그림 25-14], [그림 25-15], [그림 25-16]에서 회로도 형태로 단순한 구조의 단극 스텝 모터를 표시했다. 그림의 단극 스텝 모터는 고정자 코일이 4개이고 회전자에는 여섯 개의 자극이 있다. 그림들은 고정자 코일에 전원을 가하고 회전자가 이에 반응하기 직전의 순간을 묘사한 것이다. 전원이 걸린 코일의 금속 코어는 초록색으로, 전류가 흐르지 않는 도선은 회색으로 표시했다. 스위치 a, b, c, d의 개폐 위치를 파악하면,

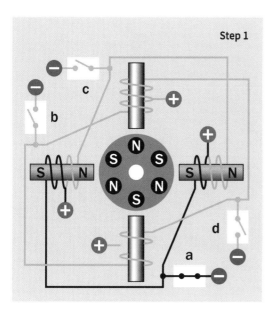

그림 25-13 단극 스텝 모터 코일에 전원이 걸린 직후의 상태로, 회전자가 이에 반응해 첫 번째 회전을 하기 직전이다.

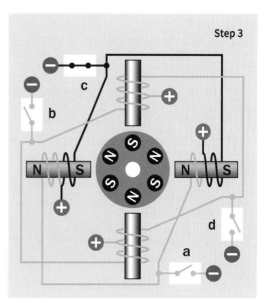

그림 25-15 앞의 그림과 같은 모터. 전원이 들어온 코일이 회전자로 하여금 다음 스텝으로 움직이도록 유도하고 있다.

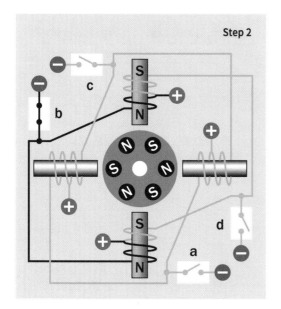

그림 25-14 앞의 그림과 같은 모터로, 전원이 들어온 코일이 회전자로 하여금 다음 스텝으로 움직이도록 유도하고 있다.

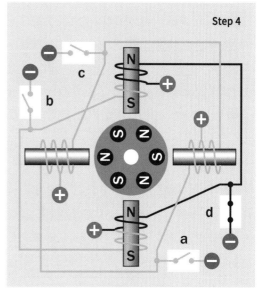

그림 25-16 회전자가 네 번째 스텝으로 회전할 때, 모터의 위치는 첫 번째 그림과 기능적으로 동일한 위치에 놓이게 된다.

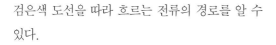

검은색 도선을 따라 흐르는 전류의 경로를 알 수 있다.

모터에서 서로 마주 보는 코일은 동시에 전원이 들어오고, 나머지 코일 쌍에는 전원이 들어오지 않는다는 사실에 주목해야 한다. 컨트롤러로 코일의 'on' 사이클을 중첩되도록 하면 토크를 더 많이 생성할 수 있지만 전력 소모량이 더 많아진다.

고정자 극의 개수가 더 많은 모터는 극 각각에 전원을 가하면 보다 촘촘한 각도로 회전할 수 있다. 그러나 코일 도선이 서로 분리되어 있다면 모터의 가격은 올라간다.

다양한 유형

앞서 설명한 양극 모터와 단극 모터 외에 세 가지 다른 유형을 소개한다.

고위상 카운트

고위상 카운트 모터high phase count motor란 용어는 스텝의 간격을 줄이기 위해 자극(磁極)을 추가한 스텝 모터를 가리킬 때 사용한다. 고위상 모터의 장점은 빠른 속도에서 부드럽게 회전하고 원하는 위치를 선택했을 때 정확도가 높다는 점이다. 코일이 추가되어 출력 밀도 역시 높다. 그러나 당연히 모터의 가격은 비싸다.

하이브리드형

하이브리드형 모터는 이tooth를 가진 회전자가 가변 자기저항을 제공하는 동시에 영구 자석도 포함한다. 회전자에 이가 추가되면서 정확도와 효율이 높아져 최근 널리 사용된다. 제어 측면에서는 일반적인 영구 자석 스텝 모터와 동일하게 작동한다.

바이파일러형

바이파일러bifilar형 스텝 모터는 직교류 겸용universal 스텝 모터라고도 하는데, 두 개의 코일을 고정

자 각각의 자극에 평행하게 감은 것이다. 두 개 이상의 자극이 있고, 각 코일의 양 끝을 모터에서 나오는 도선으로 접근하므로, 총 여덟 가닥의 도선이 있는 셈이다. 따라서 이러한 유형의 모터를 흔히 8선형 모터8-wire motor라고 한다.

이 구조는 내부 코일을 이용해 세 가지 구조를 구현할 수 있다. 도선들을 선택적으로 단락해 모터를 단극형 또는 양극형으로 구동할 수 있다.

[그림 25-17]에서, 위 그림은 하나의 코일 한쪽 끝이 다른 코일의 시작과 연결되어 있는 모습이며, 이때 단극 모터처럼 중간 지점에서 양 전압이 가해진다. 코일의 자극 방향은 그라운드를 코일의

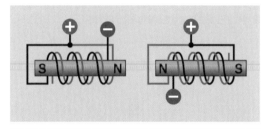

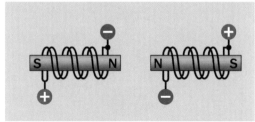

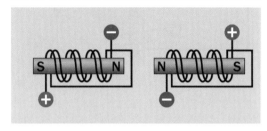

그림 25-17 바이파일러형 모터에서, 두 코일은 고정자의 극 주위로 평행하게 감겨 중앙 탭과 연결됨으로써 단극 모터처럼 동작한다(위 그림). 또는 병렬로 전원이 들어오거나(가운데 그림) 직렬로 연결되어(아래 그림) 양극 모터처럼 동작할 수 있다.

어떤 쪽 끝과 연결하는지에 따라 달라진다. 각 코
일에서 전류가 흐르지 않는 부분은 회색으로 표현
했다.

가운데 그림에서는 두 코일의 인접한 끝을 연
결해 병렬로 전원을 가한 것이다. 양극 모터처럼
자기장의 극성은 전압의 극성에 따라 결정된다.

맨 아래 그림처럼 코일을 직렬로도 연결할 수
있다. 이때는 느린 속도에서 토크가 최대가 되고
빠른 속도에서 토크가 낮아지는 고전압, 저전류
작업이 가능하다.

다상형

다상형 모터multiphase motor에서는 일반적으로 고
정자 코일 여러 개가 직렬로 연결되고, 중앙 탭
은 각 쌍의 중간 지점에 있다. 다상형 구조는 [그
림 25-18]에서 볼 수 있으며, 두 장의 그림에서 회
전의 연속 동작을 보여 준다. 전압의 극성이 한
번에 한 자리씩 바뀌기 때문에 회전 각도는 반이
될 수 있다. 모터의 배선 방식에서 코일의 양 끝
이 같은 전위를 가지기 때문에, 각 단계에서 단 하
나의 고정자 코일만 전원을 끊을 수 있다. 따라서
다상형 모터는 상대적으로 작은 구조로 높은 토
크를 구현한다.

일부 다상형 모터에서 도선을 추가해 각 코일
양 끝과 연결하고 코일 내부와 연결하지 않을 수
있다. 이 방식으로 원하는 대로 모터를 제어할 수
있다.

마이크로스텝

스텝 모터를 적절히 설계하면, 제어 전압을 중간
수준으로 조정할 때 회전각을 아주 작거나 중간

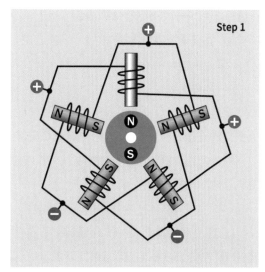

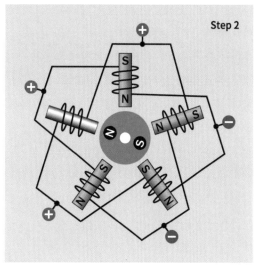

그림 25-18 다상형 스텝 모터. 그림과 같이 전압을 가하면 각 스텝마다
코일 하나만 에너지를 받지 못한다. 따라서 모터 크기에 비해 큰 토크를
형성한다.

수준이 되도록 유도할 수 있다. 제조업체가 말하
는 스텝 각도는 0.007도 정도로 매우 작다. 그러나
이러한 모드로 회전하는 모터는 토크를 만들기가
거의 불가능하다.

가장 단순한 마이크로스텝microstepping은 1/2
스텝half stepping을 회전한다. 단극 모터에서 이를

구현하기 위해서는 각각의 코일 자극이 반전되기 전에 'off' 상태를 통과해야 한다.

감지와 피드백

모터가 받는 펄스 열이 회전자가 반응할 수 있는 충분한 시간을 포함한다면, 위치 확인을 위한 회전자의 피드백 메커니즘은 필요하지 않으며 개방형 시스템으로도 충분하다. 급작스러운 가속 또는 감속, 부하의 요동, 회전 방향의 반전이 발생하거나 고속 회전이 필요한 경우에는 센서가 위치 정보를 피드백하는 폐루프 시스템이 필요하다.

전압 제어

모터가 빠른 속도로 회전하면 고정자 코일의 자기장이 빠르게 형성되었다가 붕괴되는 과정이 필요하다. 따라서 코일의 자체 인덕턴스self-inductance로 인해 모터의 속도에 제한이 가해진다. 이러한 문제를 극복하는 방법의 하나는 전압을 단순히 높이는 것이다. 하지만 높은 시동 전압을 제공하는 컨트롤러를 사용해, 코일의 전류가 자체 인덕턴스를 극복하기에 충분할 정도로 증가했음을 센서가 알리면 초기 전압을 낮추거나 잠시 끊어 주는 더 세련된 방법도 있다. 이러한 유형의 컨트롤러는 초퍼로 전압을 간섭하기 때문에 초퍼 드라이브chopper drive라고 하며, 대부분 파워 트랜지스터power transistor를 이용한다. 이는 펄스 폭 변조의 한 형태이다.

부품값

스텝 모터의 스텝 각step angle은 스텝당 샤프트의 회전각을 각도로 표시한다. 이 값은 모터의 물리적 구조에 따라 결정된다. 가장 큰 스텝 각은 90도이며, 고사양 모터는 1.8도까지 구현할 수 있다(마이크로스테핑 없이).

모터가 구현할 수 있는 최대 토크는 본 백과사전 DC 모터 장의 '부품값'(197쪽 참조)에서 설명했다.

모터의 무게와 크기, 샤프트의 길이와 반경은 스텝 모터의 주요한 부품값이므로 사용 전에 확인해야 한다.

사용법

스텝 모터는 컴퓨터의 디스크 드라이브, 프린터의 헤드 무브먼트와 급지 작업, 스캐너와 복사기의 스캔 동작 등에서 사용된다.

산업 분야와 실험실에서 광학기기의 조정(현대의 망원경은 흔히 스텝 모터로 조정한다)과 유체 시스템 밸브 등에도 스텝 모터가 사용된다.

스텝 모터는 나사산이나 웜 기어worm gear를 통해 선형 작동기linear actuator에 힘을 가하는 용도로 사용된다. 선형 작동기에 관한 내용은 '선형 작동기'(197쪽 참조)를 참고한다. 스텝 모터는 기존 DC 모터에 비하면 정확도가 훨씬 높지만, 기어로 인해 어느 정도의 부정확성은 감수해야 한다.

스텝 모터의 장점은 다음과 같다.

- 정확한 위치 조정. 오차율은 스텝당 3~5%가량. 스텝의 오차율은 모터 회전으로 축적되지 않는다.
- 속도 범위가 매우 넓고, 감속 기어 없이도 대단히 느린 속도를 구현할 수 있다.
- 시동, 중단, 방향 전환 등에 오류가 없다.
- 개방형 루프 시스템을 사용할 경우 컨트롤러

하드웨어의 비용이 저렴하다.

- 브러시나 정류자가 없기 때문에 내구성이 뛰어나다.

단점은 다음과 같다.

- 소음과 진동
- 낮은 속도에서 공명이 일어난다.
- 고속에서 토크의 손실

보호 다이오드

소형 스텝 모터가 파워 트랜지스터, 달링턴 증폭기darlington pairs, 심지어 555 타이머555 timers를 사용해 직접 구동될 수 있는 반면, 대형 스텝 모터는 각 고정자의 코일에서 자기장이 유도될 때는 역기전력back-EMF, 자기장이 붕괴될 때는 순기전력이 발생할 수 있으며, 양극 모터 또한 전류가 반전됐을 때 전압 스파이크를 유도할 수 있다. 단극 모터에서는 실제로 중앙의 탭을 통해 코일의 절반만

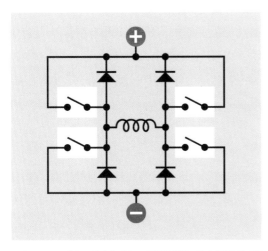

그림 25-19 고정자 코일에서 전류로 인해 발생하는 역기전력을 방지하기 위해 기존의 H 브리지 회로에 보호 다이오드를 추가해야 한다.

에너지를 공급받기 때문에, 나머지 절반이 선형 변압기linear transformer처럼 동작하면서 전압이 유도될 수 있다.

[그림 25-19]에서는 양극 모터에 대한 다이오드 배치를 단순한 회로도로 보여 준다.

집적회로 칩은 보호 다이오드와 결합해 사용할 수 있으며, 여기에 파워 트랜지스터도 추가할 수 있다. 스텝 모터 내부에 보호 다이오드가 내장된 경우도 있다. 모터를 전원에 연결하기 전에 제조업체의 데이터시트에서 자세한 내용을 확인한다.

위치 제어

서보 모터 내부의 제어 회로는 일반적으로 마이크로컨트롤러 등의 외부 컨트롤러로 펄스 폭 변조에 대응해 샤프트를 정확히 알려진 위치로 회전시키지만, 개방형 시스템을 채택한 스텝 모터는 최초의 위치부터 스텝의 개수를 헤아려 회전각을 결정해야 한다. 스텝 모터가 가지는 이러한 제약은 폐루프 시스템을 이용하면 극복할 수 있지만, 이때 모터를 모니터해야 하므로 외부 컨트롤러가 해야 하는 작업이 복잡해진다. 스텝 모터와 서보 모터 중 무엇을 선택할지는 상황에 따라 판단해야 한다.

주의 사항

모든 유형의 모터에 영향을 미치는 일반적인 문제는 '열 효과'(201쪽 참조)에서 다루고 있다. 아래는 스텝 모터와 특별히 관련 있는 문제들을 열거한다.

배선 오류

스텝 모터는 여러 도선으로 구동하기 때문에, 도

선을 잘못 연결할 위험이 항상 존재한다. 특히 부품 번호를 확인하지 않은 채 여러 모터를 다룰 때는 더 위험하다. 첫 번째로 해야 할 일이 모터의 유형을 결정하는 일이다. 모터를 전원과 연결하지 않고 샤프트를 손가락으로 돌리면, 자화된 회전자 모터는 자석이 회전에 저항을 일으키기 때문에 자기저항 모터처럼 자유롭게 돌아가지 않는다.

만일 단극 모터가 상대적으로 크기가 작고 다섯 개의 도선으로 이루어져 있다면, 거의 확실하게 모터는 각각 중앙에 탭이 있는 두 개의 코일을 포함한다. 그리고 빨간색 선에 양 전압을 가하고 나머지 도선을 그라운드에 연결하면 코일의 기능을 결정할 수 있다. 모터 샤프트에 작은 테이프 조각을 붙이면 회전 방향을 확인하는 데 도움이 된다.

저항 측정 옵션을 이용해 멀티미터도 내부 코일 넌설을 추측할 때 활용할 수 있다. 코일 양 끝 저항은 코일 한쪽 끝과 중간 탭 사이 저항의 약 두 배가 되기 때문이다.

다상 모터는 도선이 다섯 개 있는데, 인접하지 않은 두 도선 사이의 저항은 인접 도선 사이 저항의 약 1.5배다.

스텝 상실

개방형 시스템에서 모터가 컨트롤러에게 받은 펄스를 놓치거나 건너뛸 경우, 컨트롤러는 더 이상 샤프트의 각도를 정확히 측정하지 못한다. 이를 스텝 상실step loss이라 한다. 이는 제어 주파수의 갑작스러운 변화로 발생할 수 있으므로, 주파수의 증가 또는 감소는 느리게 일어나야 한다. 이를 모터 속도의 램핑ramping이라고 한다. 스텝 모터는 회전자 또는 모터 회전 장치의 관성으로 인해 속도 변화에 즉각적으로 반응할 수 없다.

모터가 중지 명령을 받은 시점에서 하나 이상의 스텝으로 회전하는 경우, 이를 오버슈트over-shoot라고 한다.

(내부 또는 외부 오류로 인해) 전원이 차단된 후에도 모터가 계속 회전하는 경우 스텝 상실이 일어날 수 있다. 개방형 시스템에서 컨트롤러는 전원이 초기화되면 모터 위치도 초기화되도록 설계해야 한다.

과도한 토크

디텐트 토크detent torque는 모터가 움직이지 않고 전원도 없을 때 샤프트를 회전시키지 않으면서도 가할 수 있는 최대 회전력이다. 모터가 고정되어 있고 컨트롤러가 전원을 공급할 때, 정지 토크holding torque는 샤프트를 회전시키지 않으면서 가할 수 있는 최대 회전력이다. 또 인입 토크pull-in torque는 저항을 극복하고 최대 속도에 도달하도록 모터가 낼 수 있는 최대 토크이다. 모터가 작동하고 있을 때, 탈출 토크pull-out torque는 모터가 스텝 상실을 겪지 않고(즉 컨트롤러와 동기가 맞지 않은 상태) 전달할 수 있는 최대 토크이다. 이 값 중 일부는 모터의 데이터시트에 명시되어야 한다. 이 값들을 초과하면 스텝 상실이 일어난다.

히스테리시스

컨트롤러가 스텝 모터에게 특정 위치를 찾도록 지시할 때, 히스테리시스hysteresis는 흔히 시계 방향으로 회전했을 때의 위치와 반시계 방향으로 회전했을 때의 위치 사이의 오차를 뜻하는 용어로 사용된다. 이 오차는 스텝 모터가 의도된 위치보다 아주 미세하게 못 미치는 위치에 멈추는 경향이 있기 때문에 발생하는데, 특히 부하가 클 경우 그렇다. 정확도를 요하는 설계에서는 실제 조건에서 모터의 히스테리시스를 측정하는 테스트를 거쳐야 한다.

공진

모터는 태생적으로 공진 주파수가 있다. 모터가 공진 주파수 근처에서 회전하면 진동이 증폭되는 경향이 있고, 이로 인해 위치 오차가 발생하며 기어(기어가 부착된 경우), 베어링 등이 마모되면서 소음과 기타 문제들이 발생한다. 좋은 데이터시트는 모터의 공진 주파수를 명시하며, 모터는 가능한 한 공진 주파수보다 높은 주파수에서 작동해야 한다. 문제가 생겼을 때는 고무 모터 패드나 드라이브 벨트 같은 탄성 부품을 드라이브 샤프트에 결합한다. 진동을 흡수해 억제하는 것을 댐핑 damping이라고 하는데, 모터에 가하는 무게를 추가하여 댐핑을 시도할 수 있다.

모터의 샤프트에 직접 상당한 중량의 부하가 올라가는 경우, 공진 주파수가 낮아질 수 있다는 사실을 고려해야 한다.

공진은 스텝 상실을 발생시킬 수 있다(앞 내용 참조).

헌팅

폐루프 시스템에서 모터의 센서는 회전 위치를 컨트롤러에 알리고, 컨트롤러는 필요하다면 모터에게 조절 위치를 신호로 보낸다. 여느 피드백 시스템처럼 이 과정은 지연될 수 있는데, 모터가 특정 속도에서 컨트롤러가 과잉 교정over-correct하면서

헌팅hunting 또는 발진oscillating을 시작할 경우 이를 다시 교정해야 한다. 일부 폐루프 컨트롤러는 대부분 개방형 모드로 작동하다가 모터가 스텝 상실을 일으킬 가능성이 있는 조건(예로는 갑작스러운 속도 변화)에서만 교정을 사용해 이러한 문제를 방지한다.

포화

스텝 모터에서 전압을 높여(즉 고정자 코일에 흐르는 전류를 높여) 토크를 증가하려 하지만, 코일의 코어는 정격 전압의 포화 상태에 가깝게 설계되어 있다. 따라서 전압을 높여 증가할 수 있는 힘은 대단히 적으며, 과열이 발생할 수 있다.

회전자의 자기 소거

회전자의 영구 자석은 부분적으로는 과열로 인해 자기 소거demagnetize가 될 수 있다. 또한 자기 소거는 회전자가 정지해 있을 때 자석이 고주파 교류에 노출되어도 발생할 수 있다. 따라서 회전자가 구속된 상태에서 스텝 모터를 빠른 속도로 회전시키면 회복 불능의 성능 저하를 일으킬 수 있다.

26장

다이오드

다이오드라는 용어는 대체로 반도체 소자를 뜻하며, 좀 더 정확하게는 PN 접합 다이오드PN junction diode라고도 하지만 이 말은 거의 쓰이지 않는다. 예전에는 광석 다이오드crystal diode라고도 했다. 그 이전에 다이오드는 진공관의 한 종류를 가리키는 말로 쓰였는데, 진공관은 고전력 RF 송신기와 일부 고급 오디오 장비 외에는 거의 사용되지 않는다.

관련 부품

- 정류기('정류'(244쪽) 참조)
- 단접합 트랜지스터(27장 참조)
- LED(2권)

역할

다이오드는 아노드anode와 캐소드cathode 단자가 있는 소자로, 아노드의 전위가 캐소드보다 높을 때는 전류를 한 방향, 즉 순방향forward direction으로만 흐르게 한다. 이 상태에서 다이오드는 순방향으로 바이어스forward biased되어 있다고 한다. 전압의 극성이 바뀌면 다이오드는 역방향으로 바이어스reverse biased되고, 정해진 규격 내에서 전류의 흐름을 차단한다.

다이오드는 흔히 교류를 직류로 변환하는 정류기rectifiers로 사용한다. 또한 전압 스파이크를 억제하거나 전압 반전에 취약한 부품을 보호할 때도 사용하는데, 특히 고주파 회로에 특화되어 있다.

제너 다이오드Zener diode는 전압 조정기로 사용할 수 있고, 버랙터 다이오드varactor diode는 고주파 발진자oscillator를 제어할 수 있다. 그밖에 터널 다이오드tunnel diode, 건 다이오드Gunn diode, 핀 다이오드PIN diode 등은 빠르게 스위칭하는 능력 때문에 고주파 작업에 적합하다. LED(발광 다이오드)는 효율이 높은 광원으로 2권에서 논의한다. 광검출 다이오드photosensitive diode는 다이오드에 비치는 빛의 세기에 따라 전류를 통과시킨다. 이 부품은 3권의 센서sensor에서 다룬다.

다음 페이지 [그림 26-1]은 회로도에서 다이오드를 표시하는 기호다.

다이오드의 기본 기호는 여러 유형을 표시하기 위해 다양하게 변형된다. 다양한 변형 기호에 대

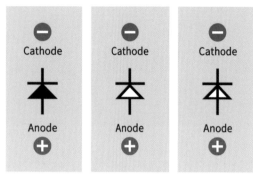

그림 26-1 회로도에서 널리 사용되는 일반 다이오드 기호. 모든 기호는 기능적으로 동일하다. 삼각형 화살표의 방향은 다이오드가 순방향 바이어스에 걸렸을 때의 전류 방향을 나타낸다(양에서 음으로).

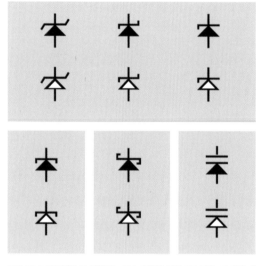

그림 26-2 일반적으로 사용되는 특수 유형의 다이오드 기호. 자세한 내용은 본문 참조.

해서는 [그림 26-2]를 참고한다.

　가운데가 비어 있는 삼각형과 검은색으로 채워진 삼각형은 기능적으로 동일하다. 삼각형의 방향은 다이오드가 순방향 바이어스일 때 양에서 음으로 흐르는 전류의 방향이다. 다만 제너 다이오드와 버랙터는 역방향 바이어스가 걸린 상태에서 주로 사용되므로, 화살표 방향과 반대로 흐르는 전류 상태에서 사용한다. 제너 다이오드의 기호에서

사용하는 굽은 선은 제너의 Z로 생각할 수 있고, 쇼트키 다이오드의 곡선은 S처럼 보인다고 생각할 수 있다. 이 곡선들은 간혹 방향이 바뀌는 경우도 있다.

　[그림 26-3]에서는 여러 정류기와 신호 스위칭 다이오드를 보여 준다(맨 위는 정류 다이오드로 규격은 7.5A/35VDC. 두 번째는 정류 다이오드로 규격은 5A/35VDC. 중앙은 정류 다이오드로 규격은 3A/35VDC. 아래에서 두 번째는 1N4001 정류 다이오드로 규격은 1A/35VDC. 맨 아래는 1N4148

그림 26-3 여러 가지 다이오드. 연속 순방향 전류 규격이 7.5A(맨 위)에서 300mA(맨 아래)에 이른다. 자세한 내용은 본문 참조.

신호 스위칭 다이오드로 규격은 300mA). 데이터는 모두 순방향 직류와 RMS 전압이다. 원통형 다이오드는 은색 띠로 표시가 되어 있는데(1N4148은 검은 띠), 이는 다이오드가 순방향으로 바이어스되어 있을 때 캐소드cathode, 즉 더 '음'인 쪽을 표시한다. 피크 전류는 부품을 손상시키지 않으면서도 직류보다 훨씬 더 높을 수 있다. 데이터시트는 이에 대한 추가 정보를 제공한다.

작동 원리

PN 다이오드는 반도체semiconductor를 두 겹 쌓은 부품으로 대부분 실리콘으로 제조하는데, 간혹 게르마늄을 사용하는 경우도 있다. 다른 재료를 사용하는 경우는 극히 드물다. 반도체 층에는 전기 특성을 조절하기 위해 불순물이 주입되어 있다(이 내용은 28장에서 보다 자세히 다룬다). N형 반도체N layer(음극인 쪽, 캐소드)는 전자가 과잉인 상태로 순 음전하를 만든다. P형 반도체P layer(양극인 쪽, 아노드)는 전자가 모자라 순 양전하를 만든다. 전자의 부족은 달리 생각하면 '양전하'의 과잉으로 생각할 수 있고, 보다 정확히 표현하자면 정공electron hole의 과잉이라고 한다. 정공이란 전자가 채울 수 있는 빈 공간을 뜻한다.

외부 전원의 음극을 다이오드의 캐소드에 연결하고 양극을 아노드에 연결하면 다이오드는 순방향으로 바이어스되고, 전자와 정공은 N과 P 반도체의 접합 부위에서 서로 끌어당기는 힘을 받는다([그림 26-4] 참조). 전위차가 접합의 문턱 전압junction threshold voltage(실리콘 다이오드의 경우 약 0.6V)보다 크면 전하는 접합부를 통과해 이동한다. 게르마늄 다이오드는 문턱 전압이 겨우 0.2V

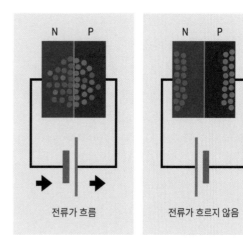

전류가 흐름　　　　전류가 흐르지 않음

그림 26-4 PN 접합 다이오드의 내부. 왼쪽: 순방향 바이어스 상태에서 배터리의 전압(아래 부분은 이해를 돕기 위해 색을 칠했다)은 N과 P 반도체의 전하들을 중앙의 접합 부위로 모이게 만든다. 전류는 흐르기 시작한다. 오른쪽: 역방향 바이어스 상태에서 N과 P 반도체의 전하들은 중앙의 접합부에서 먼 쪽으로 밀리고, 가운데에 공핍 영역이 형성되면서 전류가 통과하지 못한다.

가량이고, 쇼트키 다이오드는 0.4V 정도다.

외부 전원의 음극을 다이오드의 아노드에 연결하고 양극을 캐소드에 연결하면, 다이오드는 이제 역방향으로 바이어스되고, 전자와 정공은 N형 반도체와 P형 반도체의 접합 부위에서 멀어지는 곳으로 이동한다. 접합부는 이제 공핍 영역depletion region이 되어 전류를 차단한다.

여느 전자부품과 마찬가지로 다이오드의 효율 역시 100%가 아니다. 순방향 바이어스로 전류를 통과시킬 때 다이오드는 값은 적지만 전압 강하를 일으킨다. 실리콘 소자 다이오드는 이 값이 약 0.7V 정도다(쇼트키 다이오드의 전압 강하는 0.2V이며, 게르마늄 다이오드는 0.3V, 일부 LED는 1.4~4V가량이다). 이 에너지는 열로 배출된다. 다이오드가 역방향으로 바이어스되었을 때도 효율은 100%가 아니다. 이 말은 전류를 100% 차단하지 못한다는 뜻이다. 극소량의 전류가 통과하는데, 이를 누설 전류leakage라고 한다. 누설 전류의 양은 다이오드의 종류에 따라 다르지만 1mA 이하이고 대체로 수 μA 정도에 불과하다.

　　PN 다이오드의 이론적 성능을 [그림 26-5]에서 표시했다. 그래프 오른쪽을 보면, 다이오드가 순방향 바이어스일 때 서서히 전위차가 증가하면, 문턱 전압에 도달할 때까지는 전류가 통과하지 못하다가, 문턱 전압을 넘으면 다이오드의 동적 저항dynamic resistance이 거의 0에 가까워지면서 전류가 급격히 치솟는다. 그래프의 왼쪽은 다이오드가 역방향 바이어스에 걸렸을 때 서서히 전위차를 증가시키는 상황이다. 처음에는 극소량의 전류가 누설 전류로 흐른다(그래프에서는 이해를 돕기 위

해 이를 약간 과장했다). 그러다가 마침내 전위차가 충분히 커지면, 다이오드는 고유의 항복 전압breakdown voltage에 도달하고, 다시 한번 실효 저항이 0에 가까워진다. 곡선의 오른쪽과 왼쪽 끝 모두에서, 다이오드는 과도 전류가 발생하면 쉽게 영구 손상을 입는다. 제너 다이오드와 버랙터를 제외하고, 다이오드의 역방향 바이어스에서는 항복 전압 부근까지 도달해서는 안 된다.

　　[그림 26-5] 그래프의 Y축은 일관된 스케일이 없으며, 대다수 다이오드는 (역방향 바이어스의) 항복 전압값이 (순방향 바이어스의) 문턱 전압값의 100배 이상이다. 그래프는 이해를 위해 단순하게 그렸다.

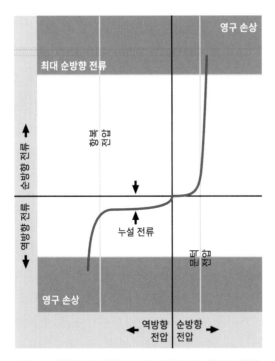

그림 26-5 다이오드에 순방향으로 걸린 전압이 문턱 전압에 도달하면, 다이오드에는 전류가 흐르기 시작한다. 다이오드에 걸린 전압이 반대 방향으로 바뀌면 처음에는 소량의 전류가 누설된다. 순방향 전압이나 역방향 전압이 과도하게 증가하면 이때 흐르는 전류는 다이오드를 파손시킬 수 있다.

다양한 유형

포장

다이오드 중에는 겉면에 정보가 전혀 인쇄되어 있지 않은 것도 있고, 부품 번호가 새겨진 것도 있다. 추가 정보가 제공되는 경우는 드물다. 부품의 전기적 특성을 표시하는 색깔이나 약어의 통상적인 기준도 없다. 다이오드의 어느 단자에 어떤 식의 표시가 되어 있다면 그 단자는 거의 대부분 캐소드다. 정류 다이오드나 신호 다이오드의 캐소드 쪽 띠 표시의 의미를 기억하는 하나의 방법은 다이오드의 띠를 다이오드 회로 기호의 직선으로 생각하는 것이다.

신호 다이오드

스위칭 다이오드switching diode 또는 고속 다이오드high-speed diode라고도 한다. 크기가 작아 접합 용

량junction capacitance이 적고 반응 시간이 빠르다. 신호 다이오드signal diode는 높은 전류를 견디도록 설계된 제품이 아니다. 신호 다이오드는 전통적으로 동축형 단자axial lead에 스루홀 장착용으로 패키징된다(고전적 형태의 저항과 비슷한 모양). 이런 유형도 여전히 사용되고 있지만, 현재의 신호 다이오드는 표면 장착형을 더 많이 사용한다.

정류 다이오드

신호 다이오드보다 크기가 커서 더 많은 전류를 처리할 수 있다. 접합 용량이 커서 빠른 스위칭에는 적합하지 않다. 정류 다이오드는 동축형 단자를 가지고 있지만, 높은 전류를 처리할 때는 이와 다른 모양의 케이스를 사용하기도 하며, 방열판 또는 방열판을 부착할 수 있는 장치를 제공하기도 한다.

　신호 다이오드와 정류 다이오드를 구분하는 최대 또는 최소 규격은 보편적으로 합의된 바가 없다.

제너 다이오드

제너 다이오드는 일반적으로 신호 다이오드나 정류 다이오드와 매우 유사하게 작동한다. 다만 제너 다이오드는 항복 전압이 더 낮다.

　제너 다이오드는 역방향 바이어스로 동작하도록 고안한 부품이다. 이 말은, 일반적인 다이오드와 비교할 때 통상적인 전류의 방향이 '잘못된 방향'이 된다는 뜻이다. 전류가 증가하면 제너 다이오드의 동적 저항은 감소한다. 이 관계는 [그림 26-6]에서 보여 준다. 그림에서는 서로 다른 제너 다이오드의 성능을 두 색의 곡선으로 표시했

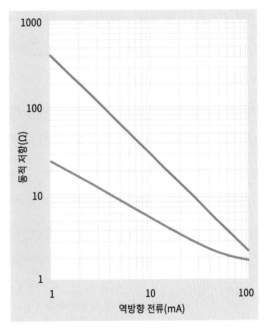

그림 26-6 제조업체의 데이터시트에는 이런 종류의 그래프를 포함하고 있다. 그래프는 전류 변화에 따라 역방향 바이어스에 걸린 두 제너 다이오드의 동적 저항의 변화를 보여 준다.

다(그래프는 제조업체의 데이터시트에서 발췌했다). 이러한 특성 때문에 제너 다이오드는 단순한 전압 조정기 회로에서 사용할 수 있는데, 일반 다이오드가 항복 전압으로 전압이 제한되는 상황에서도 제너 다이오드는 역방향 전류를 흐르게 할 수 있기 때문이다. 제너 다이오드를 응용한 다른 예는 'DC 전압 조정과 잡음 억제'(247쪽 참조)에서

그림 26-7 1N4740 제너 다이오드

설명한다. [그림 26-7]은 일반적인 제너 다이오드의 사진이다.

과전압 억제 다이오드

과전압 억제transient voltage suppressor(TVS) 다이오드는 제너 다이오드의 한 형태로 과도한 전압 스파이크로부터 민감한 부품을 보호하기 위해, 에너지를 그라운드로 흘려보내는 용도로 고안된 부품이다. TVS는 벼락이나 정전기 방전 등으로 인한 과다 전압을 30,000V까지 흡수할 수 있다. 일반적으로 다른 다이오드가 포함된 회로나 표면 장착형 집적회로를 제너 다이오드와 함께 사용한다.

제너 다이오드 또한 정전기 방전electrostatic discharge(ESD)을 처리하는 회로에서 사용할 수 있다. 모르는 사이에 사람 몸에 정전기가 축적되어 있을 때, 전자 장치를 만지면 섬성기 방선 회로가 몸에 쌓인 에너지를 그라운드로 흘러가게 한다.

쇼트키 다이오드

쇼트키 다이오드는 일반 실리콘 다이오드에 비해 접합 용량이 적어 빠른 스위칭이 가능하다. 쇼트키 다이오드는 순전압 강하가 낮아 낮은 전압을 사용하는 작업에 바람직하며, 적은 전력 손실로 전류 흐름을 통제한다. 쇼트키 다이오드는 반도체-금속 접합으로 제조하며, 비슷한 규격의 일반 실리콘 다이오드와 비교할 때 조금 비싼 경향이 있다.

버랙터 다이오드

배리캡varicap(가변 용량 다이오드)이라고도 한다. 버랙터 다이오드는 역방향 전압으로 제어되는 가변 용량을 가지고 있다. 다른 다이오드들도 같은 특성을 보이지만, 버랙터는 특히 초고주파수 영역에서 사용하도록 고안된 제품이다. 전압으로 P 반도체와 N 반도체 사이의 접합 내 공핍 영역을 확장하거나 수축할 수 있는데, 이를 아날로그 식으로 생각했을 때 커패시터의 양 극판을 가깝게 붙이거나 멀리 떨어지도록 움직이는 것이라 생각할 수 있다.

버랙터는 최대 용량이 100pF 정도로 낮기 때문에 사용에는 제한이 있다. 전압으로 제어되는 가변 용량이 발진 회로의 주파수를 제어하기 위한 독특하고 유용한 방법을 제공하고 있어서 RF 응용에서 광범위하게 사용되고 있다. 버랙터는 거의 대부분 라디오, 휴대전화기, 무선 수신기에서 사용하는 위상 고정 루프phase-locked loop(PLL) 발진기를 제어한다. 또한 햄 라디오 수신기에서는 유입되는 라디오 주파수를 추적하는 필터를 맞출 때 쓰인다.

버랙터는 항복 전압 이하에서 항상 역방향 바이어스 상태이며, 직접적인 전도 현상은 일어나지 않는다. 버랙터를 제어하는 전압은 절대로 임의의 요동이 없어야 한다. 전압에서 임의의 요동은 공진 주파수에 영향을 미칠 수 있다.

터널 다이오드, 건 다이오드, 핀 다이오드

초고주파 또는 마이크로파 작업에서 주로 사용된다. 일반 다이오드는 이러한 환경에서는 스위칭 속도가 충분히 빠르지 않아 적합하지 않다.

다이오드 어레이

두 개 이상의 다이오드를 하나의 DIP 또는 표면 장착형 집적회로 칩에 넣을 수 있다. 내부 구조와 칩의 핀 배치는 장치마다 다르다. 다이오드 어레이는 데이터 선 끝에서 반사 잡음을 줄이기 위해 사용될 수 있다.

브리지 정류기

브리지 정류기bridge rectifier는 다이오드 어레이에 속하지만, 일반적으로 카탈로그에서는 '브리지 정류기'라는 단독 항목으로 분류된다. 스루홀 타입의 모델이 다수 출시되어 있는데, 정격 전류가 높아 25A에 이르고, 일부는 단상 입력이나 3상 AC 입력으로 설계되어 있다. 나사로 고정하는 부품은 1,000A에서 1,000V 이상을 정류할 수 있다. 브리지 정류기의 출력은 일반적으로 평탄화나 필터링을 거치지 않는다. 브리지 정류기에 대한 자세한 설명은 '정류'(244쪽 참조)를 참고한다.

부품값

제조업체의 데이터시트에서는 일반 다이오드에 대하여 다음의 부품값을 정의해야 한다. 이때 다음의 여러 약어들이 사용되기도 한다.

- 최대 순방향 전류: I_f, I_O, I_{Omax}
- 순방향 전압(다이오드에 의한 전압 강하): V_f
- 피크 DC 역전압(최대 항복 전압으로 이해하면 된다): P_{iv}, V_{dc}, V_{br}
- 최대 역전류(누설 전류로 이해하면 된다): I_r

이 밖에도 데이터시트에는 교류에서 다이오드를 이용할 때의 관련 항목과 피크 순방향 서지 전류, 수용할 수 있는 온도 조건 등과 같은 정보를 포함할 수 있다.

신호 다이오드에서 가장 많이 사용되는 부품은 1N4148인데([그림 26-3]의 아래 부품), 순방향 전류가 300mA로 제한되어 있는 반면 전압 강하는 1V나 된다. 이 부품은 75V 피크 역전압에도 견딘다. 이 값은 제조사마다 조금씩 다르다.

1N4001/1N4002/1N4003 시리즈의 정류 다이오드는 최대 순방향 전류가 1A이고 전압 강하는 1V를 약간 넘는다. 이 시리즈의 제품은 부품에 따라 50~1,000V의 역전압도 견딘다. 다시 한번 말하지만 이 값은 제조사마다 조금씩 달라진다.

역방향 바이어스가 걸린 제너 다이오드는 정류기보다는 전압 조정기로 이용되기 때문에 이와는 조금 다른 사양을 가지고 있다. 제조업체의 데이터시트에는 다음의 용어들이 포함된다.

- 제너 전압(다이오드가 역방향 바이어스일 때, 역방향으로 전류를 흘리기 시작하는 전압. 항복 전압과 비슷한 개념): V_z
- 제너 임피던스 또는 동적 저항(다이오드가 역방향 바이어스일 때 제너 전압에서의 실효 저항): Z_z
- 최대 제너 전류(또는 역방향 전류): I_z, I_{zm}
- 최대 전력 손실: P_d, P_{tot}

제너 전압은 최댓값과 최솟값으로 정의하거나 단순히 최댓값만 정의하기도 한다.

제너 다이오드는 순방향 바이어스를 걸도록 설계된 부품이 아니기 때문에 순방향 전류의 제한은 정의되지 않는다.

사용법

정류

정류 다이오드rectifier diode는 그 이름이 의미하듯 교류 전류를 정류하기 위해 사용한다. 즉, AC를 DC로 변환한다는 뜻이다. 반파 정류기half-wave rectifier는 하나의 다이오드를 이용해 AC 사인파의 절반을 차단한다. [그림 26-8]은 반파 정류기의 기본 회로다. 위 그림에서 다이오드는 부하로 전류를 반시계 방향으로 회전하게 한다. 아래 그림에서는 다이오드가 시계 방향으로 흐르려는 전류를 차단한다. 출력 신호를 보면 펄스 사이에 '틈'이 있지만, LED를 켜는 등의 단순 작업에는 사용할 수 있으며, 평활 커패시터를 추가해 DC 릴레이 코일에 가하는 전원으로도 사용할 수 있다.

신파 브리지 정류기full wave bridge rectifier는 다이오드를 4개 사용해 보다 효율적인 출력을 제공한다. 이 출력은 일반적으로 적절한 커패시터로 필터를 거치고 평탄화된다. 기본 회로는 [그림 26-9]

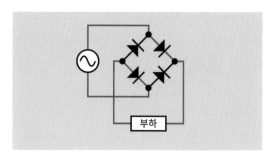

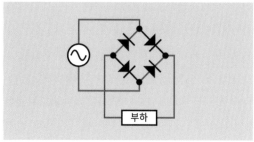

그림 26-9 브리지 정류기로 사용되는 기본 회로. 색깔은 극성을 표시하고 있다. 검은색 도선은 다이오드로 인해 전류가 흐르지 못한다. 부하에 걸린 극성이 일정하게 유지되고 있음에 주목한다.

에서 보는 바와 같다. 반파 정류기와 전파 정류기의 입출력 파형 비교는 [그림 26-10]에 나와 있다.

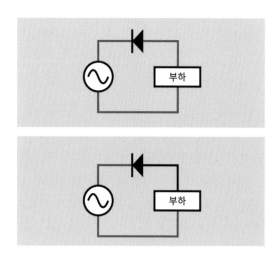

그림 26-8 반파 정류기. 이 구조에서 다이오드는 반시계 방향으로 흐르는 전류는 통과시키지만 시계 방향 전류는 차단한다.

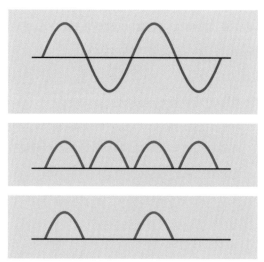

그림 26-10 위: 교류 전류의 전압 진폭 사인파를 0V(검은색)를 기준으로 양 전압(빨간색)과 음전압(파란색)으로 표시한 것. 가운데: 다이오드는 문턱 전압 이하에서는 전류를 통과시키지 않기 때문에 펄스 사이에 작은 틈이 있다. 아래: 반파 정류기의 출력

이러한 용도로 별도의 부품을 사용하는 일은 거의 없다. 전문업체에서 하나의 패키지 형태로 브리지 정류기를 제조 판매하기 때문이다. 정류 다이오드는 단독 부품으로 역기전력back-EMF 펄스를 억제하는 데 사용된다.

[그림 26-11]은 출시된 지 오래되었지만 여전히 널리 사용되고 있는 전파 브리지 정류기다. 이 제품은 가로 세로 높이가 약 2″×2″×1.5″ (5cm×5cm×3.8cm)가량이며 네 부분으로 나뉘어 있는데(오른쪽의 납땜용 단자로 표시된다), 각 부분은 현대의 다이오드 기능과 일치한다. [그림 26-12]는 현대의 정류기 소자를 보여 주고 있다. 왼쪽은 800V RMS에서 연속 20A, 오른쪽은 200V RMS에서 연속 4A의 규격을 가지고 있다. [그림 26-13]

그림 26-12 전파 브리지 정류기는 일반적으로 이런 케이스에 들어 있다. 자세한 내용은 본문 참조.

그림 26-13 크기가 작은 전파 브리지 정류기 2종. 규격은 1.5~4A이다.

그림 26-11 1960년대 말 칩 제조 기술이 완성되기 전, 이런 유형의 실리콘 정류기가 널리 사용되었다. 크기는 2″×2″×2″(5cm×5cm×5cm)이다.

에서 왼쪽 부품은 50V RMS에서 연속 4A의 규격이며, 오른쪽은 200V RMS에서 1.5A 규격이다.

정류기 소자의 DC 출력은 일반적으로 가장 바깥쪽의 핀으로 공급되며, 중앙에 인접한 나머지 두 핀은 AC 전류의 입력용으로 쓰인다. DC 핀 중 양극은 다른 세 핀보다 길이가 길고, 대부분은 + 기호가 표시된다.

전파 브리지 정류기도 표면 장착형 제품이 나

그림 26-14 이 표면 장착형 부품에는 다이오드가 4개 들어 있어 전파 브리지 정류 회로를 구성한다. 0.5A 직류를 통과시킬 수 있다. 크기는 약 0.2″×0.2″(0.5cm×0.5cm)이다.

와 있다. [그림 26-14]의 규격은 직류 전류로 0.5A 이다.

역기전력 억제

릴레이 코일, 모터, 그 밖에 인덕턴스가 큰 장치는 일반적으로 전원이 들어오거나 꺼질 때 전압 스파이크를 발생한다. 이러한 기전력EMF은 회로에서 다른 부품을 보호하는 정류 다이오드를 통해 다

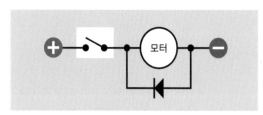

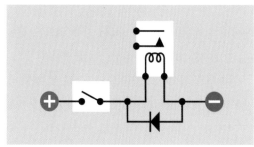

그림 26-15 정류 다이오드는 스위치가 켜지거나 꺼질 때 역전압 스파이크가 발생하는 모터(위), 릴레이(아래), 그 밖에 인덕턴스가 큰 장치와 병렬로 연결해 사용하는 경우가 많다. 서지는 다이오드를 통해 다른 경로로 빠져 나가고, 회로 내의 다른 부품들은 보호받게 된다.

른 곳으로 흘러가게 된다. 이러한 구조의 다이오드를 보호 다이오드protection diode, 클램프 다이오드clamp diode, 과도 억제기transient suppressor라고 한다. [그림 26-15]를 참조한다.

전압 선택

다이오드는 아노드와 캐소드 단자 사이의 전위차에 민감하다. 즉, 캐소드가 회로의 그라운드에 대해 9V이고 아노드가 12V이면, 3V의 차는 문턱 전압을 넘는 값이므로 다이오드는 전류를 통과시킨다(실제 허용되는 값은 다이오드의 순전압 용량에 좌우된다). 전압이 반전되면 다이오드는 전류를 차단한다.

이러한 특성을 이용해 AC 어댑터와 9V 배터리 중 자동으로 선택하는 장치를 만들 수 있다. 회로도는 [그림 26-16]에 나와 있다. 12VDC를 전달하는 AC 어댑터가 벽의 전원에 꽂혀 있고, 배터리가 전압 조정기에 전원을 공급하는 상황이다. 배터리는 9VDC를 아래 다이오드를 통해 위 다이오드의 캐소드로 전달하지만, AC 어댑터는 배터리보다 3V 높은 12VDC를 위 다이오드에 공급한다. 결과적으로 배터리는 AC 어댑터가 제거될 때까지 회로에 전원 공급을 하지 못하며, AC 어댑터를 벽의

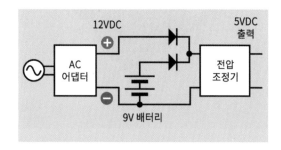

그림 26-16 두 다이오드의 캐소드가 서로 연결되어 있어 12VDC AC 어댑터와 9V 배터리 사이에서 자동으로 선택된다.

전원에서 뽑는 순간 배터리가 역할을 넘겨 받는다. 이 순간에는 위의 다이오드가 배터리 전류가 AC 어댑터로 넘어가는 것을 차단한다.

이 회로에서 전압 조정기는 12VDC 또는 9VDC를 모두 받아들여 이를 5VDC로 변환한다(12VDC의 경우 조정기가 소비하는 전력이 더 많으며, 이는 열로 배출된다).

전압 클램핑

다이오드는 전압을 원하는 값으로 고정clamp하는 데 사용할 수 있다. 5V CMOS 반도체나 이와 유사한 민감한 장치에서 입력값이 일정 범위 이상을 넘어서는 안 될 때, 다이오드의 아노드를 입력에, 캐소드를 5V 전원에 연결한다. 입력이 5.6V 이상으로 증가하면 이 값은 다이오드의 문턱 전압을 넘게 되므로, 다이오드는 초과 에너지를 우회시킨다. [그림 26-17]을 참조한다.

논리 게이트

신호 다이오드는 고유의 0.6V 전압 강하가 있기 때문에 논리 게이트처럼 이상적인 소자는 아니다.

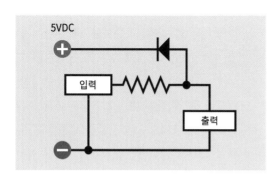

그림 26-17 클램프 다이오드는 전압 출력을 원하는 값으로 제한할 수 있는데, 이 예제에서는 5.6V로 제한한다. 그라운드를 기준으로 입력 전압이 제한값을 넘어가면, 다이오드에 걸리는 전위차는 과도한 전압을 5V 전원으로 되돌려 보낸다.

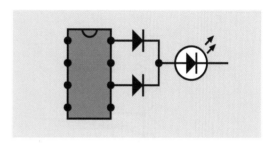

그림 26-18 논리 칩 또는 마이크로컨트롤러에서 2개 이상의 출력에 다이오드를 연결해 다른 장치, 예를 들어 LED에 출력 신호를 보내도록 할수 있다. 이때 칩에 역전류가 흐르는 것을 방지한다. 이때 다이오드는 논리 OR 게이트를 형성한다.

5V 회로에서 0.6V는 상당한 값이며 3.3V 회로라면 부적절한 수준이다. 그러나 여전히 출력단에서는 유용하게 쓰일 수 있다. 예를 들어, 논리 칩 또는 마이크로컨트롤러에서 2개 이상의 출력으로 하나의 LED를 구동하거나 아니면 공유하는 경우를 생각해 보자([그림 26-18] 참조). 이 경우 병렬로 연결한 다이오드는 OR 게이트와 비슷하게 작동하면서 칩의 출력 신호가 다른 출력으로 흘러들어가는 것을 방지한다.

DC 전압 조정과 잡음 억제

앞서 설명한 바와 같이 역방향 바이어스가 걸린 제너 다이오드의 동적 저항은 전류가 증가함에 따라 감소한다. 이러한 현상은 다이오드의 절연 기능이 무너지기 시작하는 시점부터 시작되며(제너 전압zener voltage), 제한된 범위 안에서는 선형적으로 비례하는 관계를 보인다.

이러한 독특한 특성 때문에 제너 다이오드는 다음 페이지 [그림 26-19]와 같이 저항과 직렬로 연결해 단순한 전압 제어기voltage controller로 사용될 수 있다. 다이오드와 저항이 일종의 분압기를 형성한다고 생각하면 이해하기가 쉬울 것이다. 이

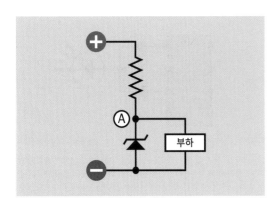

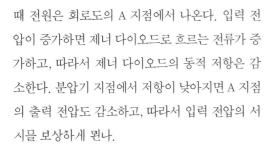

그림 26-19 제너 다이오드로 전원 공급기의 요동을 보상할 수 있다. A 지점에서는 일정한 전압을 만든다.

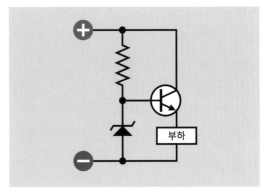

그림 26-20 앞 회로도에서 트랜지스터를 추가하면 저항으로 인한 발열을 줄일 수 있다.

때 전원은 회로도의 A 지점에서 나온다. 입력 전압이 증가하면 제너 다이오드로 흐르는 전류가 증가하고, 따라서 제너 다이오드의 동적 저항은 감소한다. 분압기 지점에서 저항이 낮아지면 A 지점의 출력 전압도 감소하고, 따라서 입력 전압의 서지를 보상하게 된다.

이와 반대로, 회로의 부하(저항)가 증가해 입력 전압을 끌어내리려는 경향이 생기면, 제너 다이오드로 흐르는 전류가 감소하면서 A 지점에서 전압이 증가한다. 앞에서와 마찬가지로 이로 인해 전압의 서지를 보상하게 된다.

저항으로 인해 발열이 생길 수 있으므로, 트랜지스터를 추가해 열 손실을 줄인다. [그림 26-20]을 참조한다.

앞의 [그림 26-6]과 같이 제조업체의 데이터시트에서 제너 다이오드의 동적 저항 전류에 대한 응답 정보를 제공한다. 실제로 LM7805와 같은 기성품 전압 조정기는 개별 부품들 대신에 사용하는 경우가 많은데, 그 이유는 자체적인 교정 기능이 있어 직렬 연결 저항이 필요 없으며, 상대적으로 온도의 영향을 받지 않기 때문이다. 그러나

LM7805 역시 내부에 제너 다이오드를 포함하고 있으며, 작동 원리는 동일하다.

AC 전압 제어 및 신호 클리핑

제너 다이오드를 실용적으로 활용하는 예로 AC 전압 제한과 AC 사인파의 클리핑clipping이 있다. 이때 다이오드 두 개를 반대 극끼리 마주 보도록 직렬로 연결해 사용한다. 기본 회로는 [그림 26-21]에서, AC 사인파의 클리핑은 [그림 26-22]에서 확인할 수 있다. 이 경우 하나의 다이오드가 역방향으로 바이어스되면 다른 하나는 순방향 바이어스가 걸린다. 순방향으로 바이어스된 제너 다이오드는 여느 다이오드처럼 작동한다. 즉 전압이 문턱 전압 이상이면 자유롭게 전류를 통과시킨다. AC 전류가 반전되면 제너 다이오드는 본연의 기능으로 돌아와, 첫 번째 다이오드가 전류를 통과시키고 두 번째 다이오드는 전압을 제한한다. 따라서 다이오드는 피크 전압을 부하로부터 우회시킨다. 각 다이오드의 제너 전압은 전압 제어를 위한 AC 전압과 크게 차이가 나지 않도록 선택해야 하고, 신호 클리핑용 AC 전압보다는 낮아야 한다.

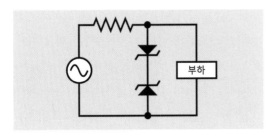

그림 26-21 두 개의 제너 다이오드를 반대 극끼리 마주 보도록 직렬로 연결하면, AC 신호의 사인파 전압을 클리핑하거나 제한할 수 있다.

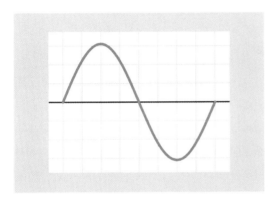

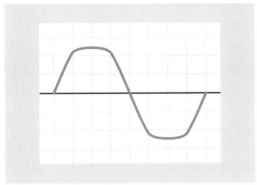

그림 26-22 순수한 사인파형의 AC 입력(위)과 제너 다이오드로 클리핑된 파형(아래).

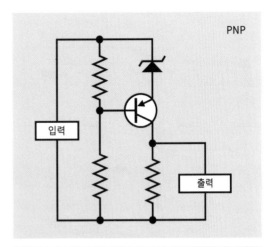

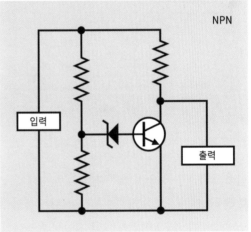

그림 26-23 제너 다이오드는 PNP 트랜지스터와 결합해 사용할 수 있다. 자세한 내용은 본문 참조.

전압 감지

제너 다이오드는 전압의 미세한 변화를 감지해 그에 대한 스위치 출력을 제공하는 데 사용된다.

[그림 26-23]의 위 그림에서는 PNP 트랜지스터 이미터에 전압이 걸리는 것을 제너 다이오드가 막고 있다. 이때 분리된 입력 신호는 다이오드의 제너 전압(항복 전압) 이하다. 이러한 상태에서 트랜지스터는 상대적으로 전류가 거의 흐르지 않는 부도체 상태가 되며, 출력은 거의 0V에 가까워진다. 입력 신호가 제너 전압 이상으로 오르면 그 순간 트랜지스터가 켜지고 출력 단자로 전원이 공급된다. 따라서 입력은 다음 페이지 [그림 26-24] 윗부분에서 보이는 바와 같이 출력을 따라간다.

[그림 26-23]의 아래 회로도는 입력 신호가 다이오드의 제너 전압(항복 전압)보다 낮을 때 제너 다이오드가 NPN 트랜지스터의 베이스에 전압이 걸

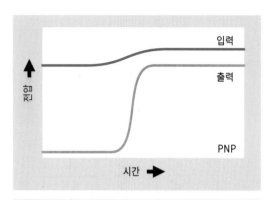

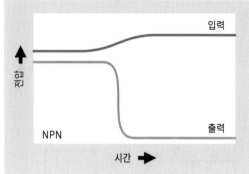

그림 26-24 앞의 두 회로에서 트랜지스터의 이론적 출력

리지 않게 막는 것을 보여 준다. 이러한 상태에서, 트랜지스터는 부도체 상태가 되고 전원은 출력으로 공급된다. 입력 신호가 제너 전압보다 높아지면 그 순간 트랜지스터는 활성화되면서 전류를 그라운드로 보내고 출력을 우회시켜 거의 0V에 가깝게 만든다. 따라서 입력은 [그림 26-24]의 아래 그래프와 같이 반전된다(트랜지스터가 포화 상태에 이를 만큼 충분한 전류가 있다고 간주할 때).

주의 사항

과부하

최대 순방향 전류를 초과하면 열이 발생해 다이오드가 파손될 위험이 있다. 다이오드가 피크 역전압 한곗값을 넘어 역방향 바이어스에 걸리면 전류는 다이오드가 차단할 수 있는 수준을 넘게 되고, 애벌란치 항복avalanche breakdown이 일어나면서 마찬가지로 다이오드가 손상을 입는다. [그림 26-5]의 그래프는 다이오드의 성능 범위를 보여 준다.

뒤바뀐 극성의 위험

제너 다이오드는 다른 다이오드와 매우 비슷하게 생겼으며, 다이오드는 모두 캐소드 표시 원칙이 동일하다. 그러나 제너 다이오드는 역방향으로, 다른 다이오드들은 순방향으로 바이어스가 걸려야 한다. 따라서 다이오드를 잘못된 방향으로 연결하면 부품 자체가 파손될 수도 있고 혼란스러운 결과를 낳을 수도 있다. 특히 전원 공급기에서 사용할 때는 더욱 조심해야 한다. 다이오드의 저항은 순방향 서항에서 매우 낮으므로, 부정확하게 설치되면 타 버릴 위험이 크다.

다이오드 유형 오류

신호 다이오드나 정류 다이오드를 사용해야 할 자리에 실수로 제너 다이오드를 사용하는 경우, 제너 다이오드의 항복 전압이 매우 낮아 역전류를 차단하지 못하므로 회로가 오작동한다. 이와 반대로 제너 다이오드 자리에 신호 다이오드나 정류 다이오드를 놓으면 역전압이 제한된다(또는 다이오드의 순방향 전압으로 조정된다). 다이오드에는 뚜렷하게 표시가 되어 있지 않으므로, 제너 다이오드를 보관할 때는 다른 종류의 다이오드와 확실히 분리해서 보관하는 세심한 주의가 필요하다.

27장

단접합 트랜지스터

단접합 트랜지스터(UJT)와 프로그래머블 단접합 트랜지스터(PUT)는 내부적으로는 다르지만 기능이 비슷해 이 장에서 함께 다룬다.

관련 부품

- 다이오드(26장 참조)
- 양극성 트랜지스터(28장 참조)
- 전계 효과 트랜지스터(29장 참조)

역할

단접합 트랜지스터unijunction transistor(UJT)와 프로그래머블 단접합 트랜지스터programmable unijunction transistor(PUT)는 이름과는 달리 양극성 트랜지스터bipolar transistor처럼 전류를 증폭하는 장치가 아니다. 이 두 트랜지스터는 스위칭 부품으로 트랜지스터보다는 다이오드에 가깝다.

UJT는 낮은 주파수 또는 중간 주파수 대역의 발진 회로를 구성할 때 사용하며, PUT는 UJT와 비슷하지만 제어가 조금 복잡하고 더 낮은 전류에서도 작동할 수 있다. UJT는 1980년대에 555 타이머 같은 부품이 도입되면서 점점 인기를 잃었다. 555 타이머가 유연성이 좋고 출력 주파수도 더 안정적이고 가격 경쟁력도 있었기 때문이다. UJT는 이제 많이 사용하지 않지만, PUT는 여전히 스루

홀 타입의 단독 소자로 많이 이용되고 있다. 555 타이머류의 집적회로는 사각파를 생성하는 데 반해, 발진기 내부의 단접합 트랜지스터는 일련의 전압 스파이크를 생성한다.

PUT는 흔히 사이리스터thyristor(2권에서 설명)의 트리거용으로 사용되며, 전력이 낮은 회로에서

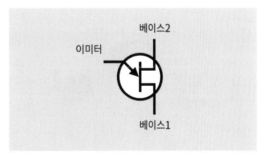

그림 27-1 **단접합 트랜지스터(UJT)의 회로 기호. 굽은 화살표에 주목하자. 전계 효과 트랜지스터 기호도 이와 비슷하지만 화살표가 곧다. 두 소자의 기능은 매우 다르다.**

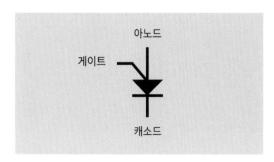

그림 27-2 PUT의 회로 기호. 이 기호는 PUT의 기능이 다이오드와 비슷하며 여기에 문턱 전압을 조절하는 게이트가 추가되었음을 직관적으로 보여 준다.

여러 가지로 응용된다. PUT가 끌어당기는 전류는 수 μA 수준이다.

두 소자의 회로 기호는 [그림 27-1]과 [그림 27-2]에서 각각 확인할 수 있다. UJT의 기호가 전계 효과 트랜지스터field-effect transistor(FET)의 기호와 매우 흡사하지만 기능은 완전히 다르다. 굽은 화살표는 UJT를 의미하며 곧은 화살표는 FET를 의미한다. 이 차이는 매우 중요하다.

PUT의 회로 기호로 소자 자체의 기능을 알 수 있다. PUT가 다이오드에 게이트를 연결한 것과 유사하기 때문이다.

[그림 27-3]에서, 왼쪽과 중앙의 트랜지스터는 전형적인 단접합 트랜지스터이고, 오른쪽 소자는 PUT다(왼쪽: 최대 300mW, 베이스 간 전압inter-

그림 27-3 왼쪽과 가운데 단접합 트랜지스터는 점점 구식이 되고 있다. 오른쪽은 PUT로 여전히 사이리스터 트리거용으로 널리 사용되고 있다.

base voltage 35V. 가운데: 450mW, 베이스 간 전압 35V, 오른쪽: 300mW, 게이트-캐소드 순방향 전압 40V, 아노드-캐소드 전압 40V)

작동 원리

UJT는 반도체 소자로 단자가 세 개지만, 단면은 단접합을 공유하는 두 면만 있다. 그래서 이름이 단접합 트랜지스터다. 단일 채널의 N형 반도체 양 끝에 붙어 있는 단자를 베이스1과 베이스2라고 하는데, 베이스2의 전위가 베이스1보다 약간 높아야 한다. 크기가 작은 P형이 베이스1과 베이스2 사이에 삽입되어 있는데, 이를 이미터emitter라고 한다. [그림 27-4]는 내부 기능의 대략적인 개념을 표시

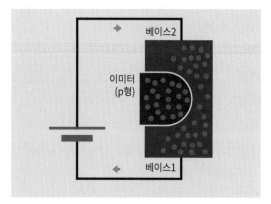

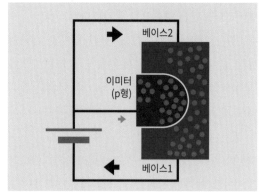

그림 27-4 UJT의 내부 구조.

한 것이다.

이미터에 전압을 가하지 않으면, 베이스2에서 베이스1로 흐르는 상당한 양의 전류를 높은 값의 저항(대체로 5K 이상)이 가로막는다. 이미터의 양 전압이 증가해 트리거 전압triggering voltage에 이르면(순방향으로 바이어스된 다이오드의 문턱 전압junction threshold voltage과 비슷하다), UJT의 내부 저항은 급속히 떨어지면서 전류는 이미터와 베이스2를 지나 베이스1까지 흐른다(여기서 말하는 '전류'는 통상적인 전류를 뜻한다. 즉 전자가 흐르는 방향과 반대다). 베이스2에서 베이스1까지 흐르는 전류는 이미터에서 베이스1 사이에 흐르는 전류에 비하면 엄청난 양이다.

[그림 27-5]에서는 그래프로 UJT의 동작을 설명하고 있다. 이미터에 걸리는 전압이 증가할 때, 이미터에서 소자 내로 흐르는 전류는 전압이 트리거 전압에 이를 때까지 소량 증가한다. 소자의 내부 저항은 급속도로 떨어진다. 이로 인해 전압은 이

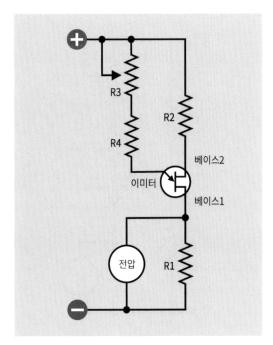

그림 27-6 UJT의 시험 회로. 포텐셔미터로 이미터에 걸리는 전압을 증가시키면 전압계를 이용해 그 응답을 볼 수 있다.

미터 전압으로 끌어내려지고, 그러는 동안 전류는 계속 크게 증가한다. 저항이 낮아지는 영역을 음성 저항negative resistance 영역이라고 부른다. 저항은 실제로 0 아래로 떨어질 수는 없지만 계속 감소한다. 이미터 전압이 최젓값인 계곡 전압valley voltage까지 떨어지고 난 후, 전류는 전압의 소량 증가에도 계속 증가한다. 데이터시트에서 피크 전류는 I_p로, 최저 전류인 계곡 전류valley current는 I_v로 표시한다.

[그림 27-6]은 UJT의 기능을 보여 주기 위한 시험 회로다. 여기서 전압계로 상태를 확인한다. 전원 공급기의 전압은 9VDC에서 20VDC 사이다.

PUT는 여러 면에서 UJT와 비슷하게 작동하지만, 내부적으로는 상당히 다르다. PUT의 내부는 4개의 반도체 층으로 구성되어 있으며 사이리스터

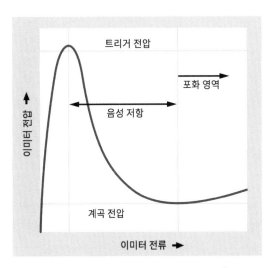

그림 27-5 단접합 트랜지스터의 응답 곡선(response curves). 이미터의 양 전압이 트리거 전압에 도달하면, 내부 저항은 급속도로 떨어지고 소자는 전류가 증가하면서 '음성 저항'이라고 알려진 구간을 통과하게 된다.

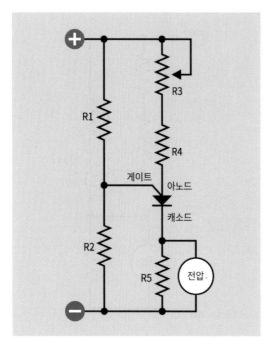

그림 27-7 PUT의 시험 회로. 포텐셔미터로 이미터에 걸리는 전압을 증가시키면 전압계를 이용해 그 응답을 볼 수 있다.

와 비슷하게 작동한다.

PUT는 아노드에 걸리는 전압 증가로 트리거된다. [그림 27-7]은 PUT를 위한 시험 회로다. PUT는 아노드에 걸리는 전압이 문턱값을 넘어갈 때 트리거되며, 이때 게이트가 문턱에 이른다. PUT가 트리거되면 내부 저항은 떨어지며, 전류는 아노드에서 캐소드로 흐르면서 이 가운데 소량의 전류가 게이트를 통해 들어간다. 이러한 동작은 순방향 바이어스 다이오드와 거의 동일하지만, PUT는 게이트에 걸리는 양 전압값으로 문턱 전압을 통제할 수 있다. 즉 '프로그램'이 가능하다. 게이트의 전압은 분압기 역할을 하는 R1과 R2로 조절한다.

PUT의 전압 출력은 [그림 27-5]의 그래프와 매우 비슷하다. 다만 전압과 전류는 캐소드에서 측정된다.

다양한 유형

PUT와 UJT는 표면 장착형으로는 제작되지 않는다.

UJT는 일반적으로 검은색 플라스틱 케이스로 제작하지만, 구형 모델은 캔에 들어 있는 제품도 있었다. PUT는 대부분 검은색 플라스틱 케이스로 제작한다. 일반적으로 PUT 단자의 기능을 읽을 때는 단자들을 아래쪽으로 향하게 하고 평평한 면을 마주 보는 상태에서, 왼쪽에서 오른쪽 방향으로 아노드, 게이트, 캐소드 순으로 읽는다.

부품값

UJT의 트리거 전압은 [그림 27-6]의 R1과 R2, 베이스1의 전압으로 계산할 수 있다. R_{bb}는 흔히 R1+R2를 표시하는 기호로 쓰이며, V_{bb}는 두 저항에 걸리는 총전압을 표시한다(이 값은 [그림 27-6]의 전원 공급기 전압과 같다). V_t를 트리거 선압이라고 하면, 이는 다음과 같은 공식으로 구할 수 있다.

$$V_t = V_{bb} * (R1 / R_{bb})$$

이 식에서 $(R1/R_{bb})$는 스탠드오프 비standoff ratio라고 하며, 그리스 문자 Ω로 표기한다.

보통 UJT의 스탠드오프 비는 R1을 R2보다 크게 선택할 때 최소 0.7이다. R1과 R2로 많이 선택되는 값은 각각 180Ω과 100Ω이다. 만일 R4가 50K이고 R3로 100K 선형 포텐셔미터를 사용한다면, 포텐셔미터를 중앙 부근에 맞출 때 UJT가 트리거되도록 해야 한다. 이미터의 포화 전압은 일반적으로 2~4V이다.

PUT를 사용한다면, 시험 회로에서 전원 공급기의 전원을 9~20VDC, R1은 28K, R2는 16K, R5

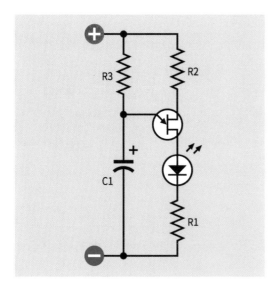

그림 27-8 UJT를 이용한 기본 발진 회로. 커패시터가 전하를 축적하면서, 이미터에 걸리는 전압은 UJT를 트리거할 때까지 계속 증가한다. UJT가 트리거되면 커패시터는 이미터를 통해 방전된다.

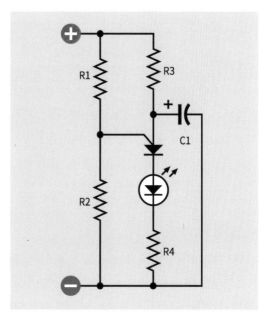

그림 27-9 PUT를 이용한 기본 발진 회로. 커패시터가 전하를 축적하면서, 아노드에 걸린 전압은 계속 증가해 PUT를 트리거한다. 이때 커패시터는 아노드를 통해 방전된다. 트리거 전압을 조정하기 위해 게이트 전압은 R1과 R2로 미리 정해진다.

는 20Ω, R4는 280K, R3은 500K 선형 포텐셔미터를 선택할 수 있다. PUT는 포텐셔미터가 저항의 중앙값 부근에 올 때 트리거되어야 한다.

아노드에서 캐소드로 흐르는 순방향 전류는 대체로 최대 150mA이며, 게이트에서 캐소드로 흐르는 최대 전류는 50mA이다. 전력 손실은 300mW를 넘어서는 안 된다. 온도가 섭씨 25도 이상일 경우 이 값들은 더 낮아야 한다.

사용되는 PUT에 따라 저항값에 100을 곱해 올려 주면 전력 소비가 빠르게 감소하는데, 이때 공급 전압을 5V로 낮출 수 있다. 이후 PUT의 캐소드 출력은 NPN 트랜지스터의 베이스와 연결해 증폭할 수 있다.

사용법

[그림 27-8]은 UJT를 중심으로 꾸민 단순한 발진 회로다. [그림 27-9]에서는 PUT로 만든 비교 회로

를 보여 준다. 처음에 전원으로 커패시터가 충전되고, UJT의 이미터 또는 PUT의 게이트가 문턱 전압에 이르면 커패시터는 이미터를 통해 방전한다. 이 주기가 계속 반복된다. 저항값은 앞서 다루었던 시험 회로와 비슷한데, 커패시터 값을 2.2μF으로 선택하면 LED가 깜박거리는 것을 볼 수 있다. 발진 주파수를 높이려면 커패시터 값을 더 낮추면 된다. PUT 회로에서는 R1과 R2를 이용해 반도체의 트리거를 보다 섬세하게 조절할 수 있다.

PUT의 활용에서 가장 보편적인 예는 사이리스터thyristor를 트리거하는 일이다.

주의 사항

이름의 혼동

PUT는 가끔 UJT라고도 한다. UJT와 PUT의 작동 원리가 완전히 다르다는 것을 염두에 두고, 정확히 PUT가 맞는지 항상 확인해야 한다. UJT 자리에 PUT를 놓거나, 반대로 PUT 자리에 UJT를 놓으면 회로는 정상적으로 작동하지 않는다.

부정확한 바이어스

UJT나 PUT 모두 역방향 바이어스로 동작하도록 설계되지 않았다. UJT에서, 이미터에 걸리는 전압과 상관없이 소량의 순방향 바이어스가 베이스2에서 베이스1로 걸려야 한다(즉, 베이스2가 베이스1보다 전위가 약간 높아야 한다). 이미터 전압은 0V 이상에서 변한다. PUT는 아노드와 캐소드 사이에 순방향으로 바이어스가 걸려야 한다(아노드가 캐소드보다 전위가 상대적으로 높아야 한다). 이때 게이트에는 분압기 역할을 하는 R1, R2 저항으로 인해 중간값의 양 전압이 걸린다([그림 27-7] 참조). 정확한 바이어스를 관찰할 수 없다면 예측할 수 없는 결과가 발생해 부품이 손상될 수 있다.

과부하

UJT와 PUT도 어느 반도체와 마찬가지로 과다 전류에서 보호해야 한다. 그렇지 않으면 부품이 타버릴 수 있다. UJT와 PUT를 전원 공급기에 연결할 때는 항상 전류를 제한하는 적절한 저항과 함께 연결해야 한다. UJT와 PUT의 연속 전력 소모 최대량은 보통 300mW 정도다.

28장

양극성 트랜지스터

트랜지스터라는 용어는 주로 양극성 트랜지스터bipolar transistor의 의미로도 사용하는데 이 소자가 반도체 분야에서 가장 널리 사용되는 유형이기 때문이다. 그러나 양극성 트랜지스터라는 용어를 쓰는 게 더 맞다. 때로는 이 소자를 양방향 접합 트랜지스터bipolar junction transistor 또는 BJT로 표기하기도 한다.

관련 부품

- 단접합 트랜지스터(27장 참조)
- 전계 효과 트랜지스터(29장 참조)
- 다이액(2권 참조)
- 트라이액(2권 참조)
- 릴레이(2권 참조)
- 무접점 릴레이(2권 참조)

역할

양극성 트랜지스터bipolar transistor는 전류의 변동을 증폭하거나 전류를 스위칭하는 데 사용할 수 있다. 증폭 모드에서 양극성 트랜지스터는 오디오 신호를 증폭할 때 사용했던 기존의 진공관vacuum tube을 대체할 수 있고, 그 밖의 여러 작업에서 사용할 수 있다. 스위칭 모드일 때는 릴레이와 용도가 비슷하다. 다만 트랜지스터는 'off' 상태에서도 여전히 소량의 전류가 흐르는데, 이를 누설 전류 leakage라고 한다.

양극성 트랜지스터는 단독으로 사용될 때는 개별discrete 반도체 소자라고 하며, 세 개의 단자 또는 접촉점을 가지고 있다. 여러 개의 트랜지스터를 포함하는 칩을 집적회로integrated circuit라고 한다. 달링턴 증폭기는 실제로 두 개의 트랜지스터를 포함하고 있으나, 비슷한 모양으로 포장된 단일 트랜지스터처럼 동작하므로 여기서는 개별 소자로 다룬다. 집적회로는 대부분 본 백과사전의 2권에서 다룬다.

작동 원리

초기 트랜지스터는 게르마늄으로 제작했지만, 현

재 가장 널리 사용하는 재료는 실리콘이다. 실리콘은 실온의 순수한 상태에서는 절연체처럼 행동하지만, 여기에 불순물을 주입하면 원자와 결합이 풀린 과잉 전자가 유도된다. 그 결과 실리콘은 N형 반도체N-type semiconductor가 되며, 외부 전압으로 바이어스가 걸리면 내부에서 전자가 운동할 수 있다. 순방향 바이어스forward bias란 양 전압이 걸려 있다는 뜻이고, 역방향 바이어스reverse bias는 전압이 반대로 걸려 있다는 뜻이다.

다른 도판트dopant를 주입하면 전자 부족 상태를 만들 수 있는데, 이는 전자로 채워질 수 있는 '정공hole'의 과잉으로 생각할 수 있다. 그 결과 P형 반도체P-type semiconductor가 만들어진다.

양극성 NPN 트랜지스터는 가운데 얇은 P형 반도체 층을 두고, 양 옆에 두꺼운 N형 반도체 층을 샌드위치처럼 붙인 부품이다. 세 층은 각각 컬렉터collector, 베이스base, 이미터emitter라고 하며, 각각의 층에 도선이나 접점이 붙어 있다. 음전압이 이미터에 걸리면 전자는 가운데 베이스 층을 향해 서로 밀어낸다. 순방향 바이어스(양 전압)가 베이스에 걸리면, 전자는 베이스를 통해 끌어당겨진다. 그러나 베이스 층이 매우 얇으므로, 전자는 이제 컬렉터에 가까워진다. 베이스 전압이 증가하면 에너지가 추가된 전자는 컬렉터로 도약하는데, 여기서 전자는 더 많은 전자 결핍이 발생한 것으로 생각할 수 있는 양 전류의 소스가 된다.

따라서, NPN 양극성 트랜지스터의 이미터는 전자를 내보낸다(emit). 이때 컬렉터는 이미터가 내보낸 전자를 베이스에서 모아서(collect) 트랜지스터 밖으로 옮긴다. 이를 기억하는 것은 대단히 중요하다. 왜냐하면 전자는 음전하를 운반하며,

전자의 흐름은 음에서 양으로 이동하기 때문이다. 전류가 양에서 음으로 흐른다는 개념은 역사적인 이유로만 존재하는 가설일 뿐이다. 그런데도 트랜지스터 회로 기호의 화살표는 통상적으로 (양에서 음으로 흐르는) 전류를 표시한다.

PNP 트랜지스터에서는 얇은 N형 층이 두 개의 두꺼운 P형 층 사이에 끼워져 있고, 베이스는 이미터에 대하여 음으로 바이어스가 걸려 있다. 따라서 NPN 트랜지스터의 기능이 반전되어 있으며, '이미터'와 '컬렉터'라는 용어는 전자보다는 정공의 움직임을 설명하는 것으로 보아야 한다. 컬렉터는 베이스에 대하여 상대적으로 음이고, 그 결과 양에서 음으로 흐르는 전류의 흐름은 이미터에서 베이스를 거쳐 컬렉터로 움직인다. PNP 트랜지스터 회로 기호의 화살표 역시 통상적인 전류의

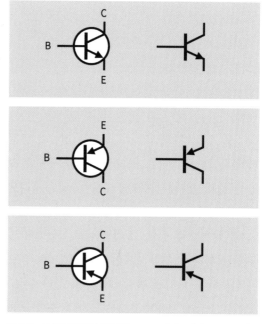

그림 28-1 NPN 트랜지스터(위)와 PNP 트랜지스터(가운데와 아래)의 기호. 기호가 쓰이는 회로도의 내용에 따라 회전하거나 반전되기도 한다. 기호 중에서 원은 생략하기도 하지만 기능은 동일하다.

흐름을 가리키고 있다.

NPN과 PNP 트랜지스터의 기호는 [그림 28-1]에 나와 있다. 가장 흔하게 사용되는 NPN 트랜지스터 기호는 위 왼쪽이며, C, B, E 글자는 각각 컬렉터, 베이스, 이미터를 가리킨다. 일부 회로도에서는 오른쪽 기호처럼 기호의 원이 생략되기도 한다.

PNP 트랜지스터 기호는 가운데 그림이다. 기호의 방향은 이렇게 표기하는 것이 가장 보편적이다. 컬렉터가 이미터보다 전위가 낮아야 하고, 그라운드(음)는 일반적으로 회로 아래쪽에 있기 때문이다. 맨 아래 그림에서는 PNP 기호가 반전되어 있는데, 이로써 이미터와 컬렉터의 위치는 NPN 트랜지스터와 동일하게 된다. 다른 방향으로 그려진 트랜지스터 기호도 종종 눈에 띄지만 단지 도체 사이의 교차선을 줄여 회로도를 더 간단하게 그리기 위한 용도이다. 기호에서 화살표의 방향은 (안을 향하거나 밖을 향하는) 항상 NPN과 PNP 트랜지스터를 구분하는 용도로 사용되며, 양에서 음으로 흐르는 전류의 방향을 가리킨다.

NPN 트랜지스터를 PNP 트랜지스터보다 훨씬 더 많이 사용한다. PNP 유형은 처음 제조할 때 더 어렵고 비용이 비싼데, 회로 설계가 NPN 형을 기본 타입으로 해서 발달했기 때문이다. 덧붙이자면 전자가 정공보다 훨씬 기동성이 좋아 NPN 트랜지스터가 더 빠르게 스위칭할 수 있다.

NPN 트랜지스터에서 컬렉터와 이미터의 기능을 기억하려면, 컬렉터는 양의 전류를 모아 트랜지스터 내부into로 보내고, 이미터는 양의 전류를 트랜지스터 밖으로out of 내보낸다는 사실을 생각하면 좋다. 이미터는 항상 화살표가 '들어가는' 단

자임을 기억하려면(NPN과 PNP 모두 해당), '이미터emitter'와 '화살표arrow'는 모두 모음으로 시작하고, '베이스base'와 '컬렉터collector'는 자음으로 시작한다는 점에 주목하자. NPN 트랜지스터의 기호에서 화살표가 항상 바깥을 향한다는 것을 기억하려면, 'N/ever P/ointing i/N'이라는 문장을 만들어 기억하면 편리하다.

NPN과 PNP 트랜지스터의 전류 흐름은 [그림 28-2]에서 보여 준다. 왼쪽 위의 NPN 트랜지스터는 베이스가 이미터의 전위에 묶여 있거나 아니면 근접한 경우(이 그림에서는 이미터가 음의 그라운드에 연결되어 있음), 소량의 누설 전류를 제외하고는 컬렉터에서 이미터로 전류가 흐르지 않는다. 왼쪽 아래 그림에서, 보라색 + 기호는 베이

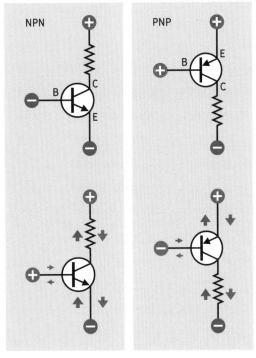

그림 28-2 NPN과 PNP 트랜지스터의 전류 흐름. 자세한 내용은 본문 참조.

스가 이제 상대적으로relatively 양 전압에, 이미터보다 최소한 0.6V 이상 높은 전위를 가지고 있음을 표시한다(실리콘 베이스 트랜지스터). 이때 전자는 이미터에서 컬렉터로 움직이고, 빨간색 화살표는 통상적인 전류의 흐름을 표시하고 있다. 작은 화살표는 작은 전류의 흐름을 표시한다. 여기에 저항을 추가해 과도 전류로부터 트랜지스터를 보호하는데, 이를 회로의 부하로 간주할 수 있다.

오른쪽 위의 PNP 트랜지스터는 베이스가 이미터의 전위에 묶여 있거나 아니면 근접한 경우(이 그림에서 이미터는 전원 공급기의 양극에 연결되어 있음) 소량의 누설 전류를 제외하고는 이미터에서 컬렉터로 전류가 흐르지 않는다. 오른쪽 아래 그림에서, 보라색 − 기호는 베이스가 이제 상대적으로relatively 음전압에 묶여 있고, 이미터보다 적어도 0.6V 낮음을 표시하고 있다. 이보다 신자와 전류는 그림과 같이 흐른다. NPN 트랜지스터에서는 전류가 베이스로 흘러들어가지만, PNP 트랜지스터에서는 베이스에서 나와 전도도conductivity를 갖게 된다는 점에 주목하자. 일반적으로 베이스를 보호하기 위해 저항이 포함되지만 그림에서는 단순하게 표현하기 위해 생략했다.

NPN 트랜지스터는 컬렉터에 걸리는 양의 전위가 베이스에 걸리는 전위보다 큰 경우에만 베이스 전류를 증폭한다. 그리고 베이스 전위는 이미터 전위보다 적어도 0.6V 이상 높아야 한다. 트랜지스터가 이런 식으로 바이어스 걸려 있고 전류가 제조업체에서 지정한 한계값 이하면, 베이스에 걸리는 전류의 작은 변동은 컬렉터와 이미터 사이에서 훨씬 큰 변동으로 유도된다. 이 때문에 트랜지스터를 전류 증폭기current amplifier라 부르기도 한다.

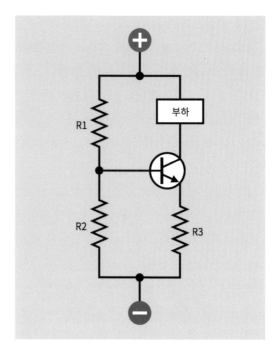

그림 28-3 저항 R1과 R2는 분압기를 형성해 NPN 트랜지스터 베이스에 적절한 바이어스를 걸어 준다.

분압기voltage divider는 흔히 베이스의 전압을 제어하고 베이스 전압이 컬렉터 전압보다 낮게, 그리고 이미터 전압보다 높게 할 때 사용된다(NPN 트랜지스터에서). [그림 28-3]을 참조한다.

분압기의 기능에 대한 자세한 내용은 10장을 참조한다.

전류 이득

트랜지스터의 전류 증폭은 전류 이득current gain 또는 베타값beta value이라고 알려져 있다. 이는 컬렉터 전압의 증가분을 베이스 전류의 증가분으로 나눈 비다. 이 비를 표시할 때 그리스 문자 β를 사용한다. 공식은 다음과 같다.

$$\beta = \Delta I_c / \Delta I_b$$

여기서 I_c는 컬렉터 전류, I_b는 베이스 전류이며, 기호 Δ는 앞의 값에서 뒤의 값을 뺀 값이다.

전류 이득은 또한 h_{FE}라는 용어로도 표시한다. 여기에서 E는 공통 이미터, F는 순방향 전류, 소문자 h는 '하이브리드' 소자로서 트랜지스터를 뜻한다.

베타값은 트랜지스터마다 다르지만 언제나 1보다는 크고 보통 100에 가까운 값이다. 베타값은 온도, 트랜지스터에 걸리는 전압, 컬렉터 전류, 제조 과정에서 발생하는 오차에 영향을 받는다. 트랜지스터를 설계 파라미터를 벗어나 사용하면, 베타값을 계산하는 공식을 직접 적용할 수 없다.

NPN 트랜지스터에서 들어가는 단자는 단 두 개, 그리고 나오는 단자는 하나뿐이다. 따라서, I_e가 이미터의 전류이고 I_c가 컬렉터로 들어가는 전류이면, I_b는 베이스로 들어가는 전류가 된다.

$$I_e = I_c + I_b$$

만일 NPN 트랜지스터 베이스에 걸린 전압이 이미터와의 전위차인 0.6V 이하로 떨어지면, 트랜지스터는 전도도를 잃고 'off' 상태가 된다. 다만 컬렉터에서 이미터로 흐르는 소량의 누설 전류는 여전히 존재한다.

트랜지스터의 베이스로 흐르는 전류가 트랜지스터가 더 이상 증폭할 수 없는 지점까지 증가하면, 이러한 상태를 포화saturated라고 하고, 이 순간 내부 임피던스는 최솟값으로 떨어진다. 이론상으로는 이때 대량의 전류가 흐른다. 따라서 트랜지스터에는 저항을 달아 포화 상태의 과다 전류로 인한 손상을 방지해야 한다.

모든 트랜지스터는 컬렉터 전류, 베이스 전류, 컬렉터와 이미터 간 전위차의 최댓값을 가지고 있다. 이 값들은 데이터시트에 명시되어 있다. 이 값을 넘으면 부품이 손상될 수 있다.

포화 상태saturated mode에서 트랜지스터의 베이스는 전자로 포화되어 있고(즉 더 이상의 공간이 없다), 컬렉터와 이미터 사이의 내부 임피던스는 최젓점으로 낮아진다.

NPN 트랜지스터의 차단 모드cutoff mode란 낮은 베이스 전압이 컬렉터에서 이미터로 흐르는 모든 전류 흐름을 제거하는 상태를 의미한다(소량의 누설 전류 제외).

활성 상태active mode, 또는 선형 상태linear mode는 차단과 포화의 중간 상태로, 베타값 또는 h_{FE}(컬렉터 전류 대 베이스 전류의 비)가 상수로 유지된다. 즉, 컬렉터 전류가 베이스 전류에 대해 선형적으로 비례한다. 이러한 선형 관계는 트랜지스터가 포화 지점에 가까워지면 깨진다.

다양한 유형

소신호 트랜지스터

소신호 트랜지스터small signal transistor는 최대 컬렉터 전류가 500mA이고 컬렉터의 최대 전력 소모량이 1W로 정의된다. 소신호 트랜지스터는 저전류 입력의 오디오 증폭과 작은 전류의 스위칭용으로 사용될 수 있다. 소신호 트랜지스터가 모터나 릴레이 코일 같은 유도성 부하를 제어할 수 있는지를 결정할 때, 초기 전류 서지가 지속적인 작동

과정에서 흐르는 정격 전류보다 더 클 수 있다는
점을 염두에 두어야 한다.

소스위칭 트랜지스터

소스위칭 트랜지스터small switching transistor는 소신
호 트랜지스터와 사양에서 약간 중복되는 면이 있
지만, 일반적으로 응답 속도가 빠르고, 베타값이
낮으며, 컬렉터 전류의 허용 오차에 더 제한을 둔
다. 자세한 내용은 제조업체의 데이터시트를 참고
한다.

고주파 트랜지스터

고주파 트랜지스터high frequency transistor는 주로 비
디오 증폭과 발진기에서 사용된다. 크기가 작으며
최대 주파수는 2,000MHz에 이른다.

파워 트랜지스터

파워 트랜지스터power transistor는 최소 1W를 다
룰 수 있는 트랜지스터로 정의되며, 상한 전력은
150A에서 500W에 이른다. 파워 트랜지스터는 다
른 유형에 비해 크기가 매우 크며, 오디오 앰프의
출력단, 전원 공급기의 스위칭(16장 참조)에 사용
된다. 보통 소형 트랜지스터보다 전류 이득이 훨
씬 낮다(소형 트랜지스터가 100 이상일 때 파워
트랜지스터는 20~30가량).

[그림 28-4]는 여러 트랜지스터의 예다. 위는
2N3055 NPN 트랜지스터이다. 이 유형은 원래
1960년대 말에 소개된 트랜지스터로, 여전히 제조
되고 있다. 전원 공급기나 푸시풀 증폭기push-pull
power amplifier에서 찾아볼 수 있으며, 총전력 소모

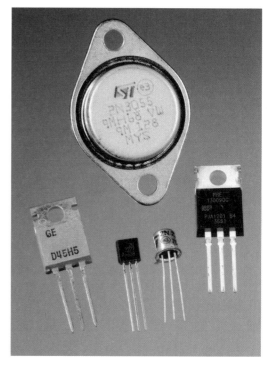

그림 28-4 일반적으로 사용되는 트랜지스터의 예. 자세한 내용은 본문
참조.

규격은 115W이다. 두 번째 줄 맨 왼쪽은 범용 스
위칭-증폭 PNP 파워 트랜지스터이다. 정격 전력
은 50W이다. 두 번째 줄 맨 오른쪽은 고주파 스위
칭 트랜지스터이다. 형광등의 안정기, 컨버터, 인
버터, 스위칭 조정기, 모터 제어 시스템 등에 사용
된다. 이 부품은 상대적으로 고전압을 견딜 수 있
으며(컬렉터-이미터 피크 최대 700V까지), 정격
전력은 80W이다. 두 번째 줄 가운데에 있는 두 부
품은 2N2222 NPN 소신호 스위칭 트랜지스터이
다. 첫 번째 것은 1960년대에 개발된 것으로 여전
히 널리 사용되고 있다. 금속 캔은 TO-19 패키지
인데, 가격이 저렴한 플라스틱 TO-92 패키지보다
정격 전력이 약간 높다(1.8W 대 1.5W로 컬렉터
온도는 섭씨 25도 이하다).

케이스

예전의 소신호 트랜지스터는 반경이 1/4″(0.6cm) 정도 되는 작은 알루미늄 캔으로 케이스를 제작했는데, 이 형태는 요즘도 찾아볼 수 있다. 현재는 검은색 플라스틱 재질로 된 케이스를 더 많이 사용하고 있다. 파워 트랜지스터는 검은 직사각형 플라스틱 케이스 뒷면에 금속판을 대거나, 둥근 금속 '버튼'형 케이스 안에 넣는다. 둘 다 나사로 고정하는 방열판heat sink으로 열을 발산하도록 되어 있다.

연결

보통 트랜지스터 케이스는 어느 단자가 이미터인지 베이스인지 컬렉터인지 알 수 없게 되어 있다. 구형 캔 모양의 케이스에는 튀어나온 돌출부가 있는데, 이 돌출부가 이미터를 가리키는 경우가 있지만 항상 그런 것은 아니다. 금속 케이스의 파워 트랜지스터는 케이스가 내부적으로 컬렉터와 연결되는 경우가 많다. 표면 장착형 트랜지스터는 양극성 트랜지스터의 베이스나 전계 효과 트랜지스터의 게이트를 점 또는 이와 비슷한 표식으로 표시한다.

스루홀 트랜지스터는 일반적으로 몸체에 부품 번호를 인쇄하거나 새긴다. 그러나 그 번호를 보려면 돋보기가 필요하다. 부품의 데이터시트는 온라인으로 확인할 수 있다. 데이터시트를 찾을 수 없으면, 트랜지스터 세 단자의 기능을 확인하기 위해 측정기로 테스트해야 한다. 일부 멀티미터는 트랜지스터 테스트 기능을 포함하고 있어, 기능을 점검하면서 동시에 베타값도 확인할 수 있다. 그렇지 않으면 측정기의 다이오드 테스트 모드를

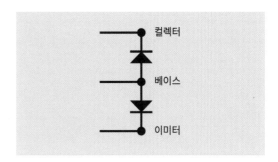

그림 28-5 NPN 트랜지스터는 그림처럼 연결된 두 개의 다이오드처럼 작동한다. 트랜지스터의 단자 기능을 알 수 없을 때, 베이스는 전도도 테스트로 확인할 수 있다.

활용한다. 전원을 걸지 않은 NPN 트랜지스터는 다이오드를 연결한 것처럼 동작한다([그림 28-5] 참조). 트랜지스터의 단자가 어떤 것인지 확인되지 않을 때 이런 류의 테스트로 베이스를 확인하

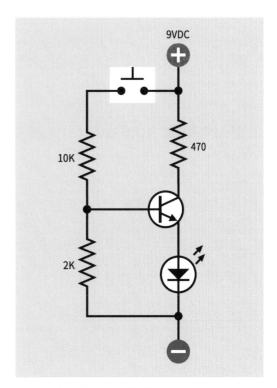

그림 28-6 이 단순한 회로도는 경험적으로 트랜지스터의 브레드보드 테스트용으로 사용할 수 있다. 이 회로로 트랜지스터의 기능과 컬렉터, 이미터의 단자를 확인할 수 있다.

고, 그 후 컬렉터와 이미터는 전압을 낮게 건 회로에서 경험적으로 테스트하여 찾을 수 있다. [그림 28-6]을 참고한다.

사용법

다음의 약어와 기호는 일반적으로 트랜지스터 데이터시트에서 다룬다. 이 중에서 일부 또는 전부는 맨 첫 글자를 딴 약어지만, 항상 그런 것은 아니다.

- h_{FE}
  순방향 전류 이득
- β
  h_{FE}와 동일
- V_{CEO}
  컬렉터와 이미터 사이의 전압(베이스의 연결은 없음)
- V_{CBO}
  컬렉터와 베이스 사이의 전압(이미터의 연결은 없음)
- V_{EBO}
  이미터와 베이스 사이의 전압(컬렉터의 연결은 없음)
- V_{CEsat}
  컬렉터와 이미터 사이의 포화 전압
- V_{BEsat}
  베이스와 이미터 사이의 포화 전압
- I_c
  컬렉터에서 측정되는 전류
- I_{CM}
  컬렉터의 최대 피크 전압

- I_{BM}
  베이스의 최대 피크 전압
- P_{TOT}
  실온에서 최대 전력 소비량
- T_J
  손상을 피하기 위한 최대 접합 온도

이 용어들은 부품의 '절대적인 최댓값'을 정의하기 위해 사용한다. 이 최댓값을 넘으면 손상이 일어난다.

제조업체 데이트시트에서는 트랜지스터의 안전 작동 영역safe operating area(SOA)을 보여 주는 그래프를 다루고 있다. 특히 파워 트랜지스터는 열을 매우 중요한 문제로 다뤄야 하기 때문에 그래프가 꼭 등장한다. [그림 28-7]의 그래프는 필립스Philips 사에서 제조만 실리콘 확산silicon diffused 파워 트랜지스터의 데이터시트에서 발췌한 것이다. 안전 작동 영역을 제한하는 수평선은 최대 안전 전류를 표시한다. 그리고 오른쪽의 수직선은 최대 안전 전압을 표시한다. 그러나 이 두 선으로 제한된 직사각형 영역을 자르는 두 대각선이 있는데, 이 두 선은 총전력 제한total power limit과 이차 항복 제한second breakdown limit을 의미한다. 이 중 이차 항복 제한이란 트랜지스터가 내부적으로 국소 영역에 더 많은 전류가 흐르는 '열점hot spot'을 만들려는 경향을 일컫는 말이며, 전류가 더 흐르면 열점은 더 뜨거워지면서 전도도가 좋아진다. 그러다가 결국 실리콘이 녹으면서 회로 단락이 일어난다. 총전력 제한과 이차 항복 제한은 안전 작동 영역을 축소하는데, 그렇지 않으면 순수하게 최대 안전 전류와 최대 안전 전압으로 정의된다.

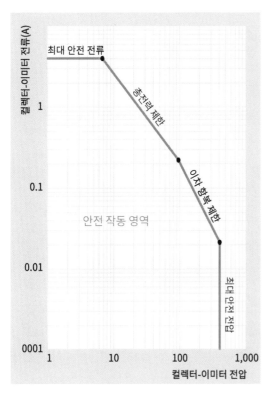

그림 28-7 필립스 사의 파워 트랜지스터 데이터시트에서 발췌한 그래프. 이 그래프는 안전 작동 영역(SOA)을 정의한다. 자세한 내용은 본문 참조.

집적회로의 가격이 저렴해지고 회로에 여러 개의 트랜지스터가 포함되면서 개별 트랜지스터를 사용하는 경우는 점차 줄고 있다. 예를 들어 5W 오디오 앰프 전체에 들어가는 여러 부품 대신 이제 칩 하나를 구매하고 여기에 몇 개의 커패시터만 추가하면 된다. 보다 출력이 좋은 오디오 장비는 일반적으로 입력 신호를 처리하기 위해 집적회로를 사용하는데, 고출력 장비를 다루기 위해 파워 트랜지스터를 별도로 사용하기도 한다.

달링턴 증폭기

개별 트랜지스터는 전류 증폭이나 스위칭이 회로의 한 지점에서만 요구하는 상황일 때 유용하다.

예를 들어 마이크로컨트롤러의 출력 핀 하나에서 나오는 신호가 작은 모터를 스위칭해 켜고 *끄*는 경우를 가정할 때, 모터는 마이크로컨트롤러와 같은 전압에서 가동되지만 전류는 마이크로컨트롤러의 출력보다 최대 20mA 가량 더 필요하다고 하자. 이때 트랜지스터의 달링턴 증폭기darlington pair를 사용할 수 있다. 증폭기의 전체 이득은 100,000 이상이다([그림 28-8] 참조). 포텐셔미터를 통해 공급되는 전원을 마이크로컨트롤러로 대체하면, 회로는 모터의 속도를 제어하는 기능으로 작동한다(일반 DC 모터를 사용했다고 가정할 때).

[그림 28-8]에서, 마이크로컨트롤러 칩은 트랜지스터와 그라운드를 공유한다(그림에서는 보이지 않는다). 첫 번째 트랜지스터의 누설 전류가

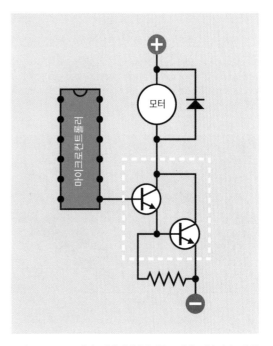

그림 28-8 NPN 트랜지스터의 이미터가 다른 트랜지스터의 베이스와 결합한 것을 달링턴 증폭기라 한다(회로도에서 흰색 점선으로 표시한 부분). 첫 번째 트랜지스터의 이득에 두 번째 트랜지스터의 이득을 곱한 것이 증폭기의 총이득이 된다.

(off 상태에서) 두 번째 트랜지스터를 트리거trigger
하는 일을 방지하려면 추가로 저항이 필요하다.
다이오드는 모터가 돌기 시작하거나 멈출 때 발생
할 수 있는 과도 전압으로부터 트랜지스터를 보호
한다.

달링턴 증폭기는 하나의 트랜지스터처럼 생긴
패키지로도 구입할 수 있으며, 회로 기호는 [그림
28-9]에 나와 있다.

여러 종류의 스루홀 달링턴 증폭기는 [그림 28-
10]에서 볼 수 있다.

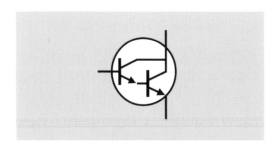

그림 28-9 달링턴 증폭기가 하나의 트랜지스터처럼 생긴 패키지 안에 들
어 있을 때, 회로 기호는 이렇게 표시한다. 패키지에 달린 단자는 마치 하
나로 이루어진 NPN 트랜지스터의 이미터, 베이스, 컬렉터 단자처럼 사
용할 수 있다.

그림 28-10 다양한 케이스에 들어 있는 달링턴 증폭기. 왼쪽부터 오른쪽
으로 순서대로, 2N6426은 달링턴 증폭기가 포함되어 있으며 규격은 컬
렉터 연속 전류 500mA이다. 2N6043은 연속 8A 규격이다. ULN2003과
ULN2083 칩은 달링턴 증폭기가 각각 7개, 8개가 있다.

7개 또는 8개의 달링턴 증폭기를 하나의 IC에
넣을 수 있다. 이런 칩의 각 트랜지스터 쌍은 일반
적으로 정격 전류가 500mA 정도지만, 병렬로 연
결해 더 높은 전류를 흐르게 할 수 있다. 칩에는
보호 다이오드가 포함되어 있어 유도성 부하를 직
접 구동할 수 있다.

일반적인 회로도는 [그림 28-11]과 같다. 이 그
림에서 마이크로컨트롤러의 연결은 가상으로 구
성한 것으로 실제 칩과 대응되지는 않는다. 달링
턴 증폭기 칩은 7개의 트랜지스터 쌍으로 구성된
ULN2003이나 이와 유사한 칩으로, 각각 왼쪽에
'입력' 핀, 오른쪽 반대편에 '출력' 핀이 달려 있다.
칩 왼편 1~7번 핀은 모두 반대쪽 핀에 연결된 장
치를 제어할 때 사용할 수 있다.

높은 입력 신호는 음의 출력을 생성한다고 생
각될 수 있지만, 실제로 칩 내부의 트랜지스터는
외부 장치(그림에서는 모터)를 통해 전류를 흡수
한다. 외부 장치는 자체적인 양 전압 전원을 가질

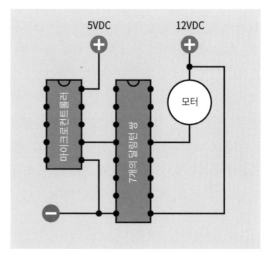

그림 28-11 ULN2003과 같은 칩은 내부에 달링턴 증폭기가 7개 들어 있
다. 이 칩은 칩이 구동하는 장치로부터 전류를 흡수한다. 자세한 내용은
본문 참조.

수 있으며, 그림에서는 12VDC로 나와 있다. 그러
나 그라운드는 마이크로컨트롤러나 입력단에서
사용되는 다른 부품과 공유해야 한다. 칩 아래 오
른쪽 핀에는 내부적으로 클램프 다이오드가 붙어
있는데(달링턴 증폭기를 보호하기 위해), 이 다이
오드는 유도성 부하로 인한 서지를 차단한다. 이
런 까닭에 회로도에서는 모터 주위에 클램프 다이
오드가 없다.

달링턴 증폭기는 내부의 트랜지스터와 연결된
장치를 통해 전원을 흡수하기 때문에 양 전압 전
원과 연결하는 별도의 핀이 없다.

표면 장착형 달링턴 증폭기는 [그림 28-12]에
나와 있다. 크기는 0.1"(0.25cm)을 약간 넘는 정
도지만, 컬렉터 전류 규격은 최대 500mA이고 총
전력 소모량은 250mW에 이른다(부품 온도가 섭
씨 25도를 넘지 않을 때).

증폭기

[그림 28-13]과 [그림 28-14]에서는 두 종류의 일반
적인 트랜지스터 증폭기를 보여 준다. 공통 컬렉
터common-collector 구조는 전류 이득은 있지만 전
압 이득은 없다. DC 전류가 증폭기 회로에 유입되
는 것을 입력단의 커패시터가 막고 있다. 그리고

그림 28-12 표면 장착형 달링턴 증폭기. 배경 바닥의 눈금은 한 칸이
0.1"(0.25cm)이다. 자세한 내용은 본문 참조.

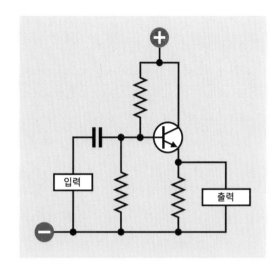

그림 28-13 공통 컬렉터 증폭기의 기본 회로도. 자세한 내용은 본문 참조.

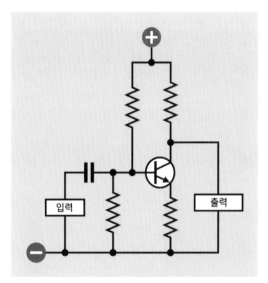

그림 28-14 공통 이미터 증폭기의 기본 회로도. 자세한 내용은 본문 참조.

트랜지스터 베이스에서 분압기를 형성하는 두 저
항은 증폭할 신호를 위아래로 나누어 전압의 중간
값(정짓점quiescent point 또는 동작점operating point
으로 알려져 있다)으로 떨어뜨린다.

공통 이미터common-emitter 증폭기는 전류 이득
대신 전압 이득을 제공하지만, 입력 신호의 위상

은 반전된다. 증폭기 설계에 대한 추가적인 논의는 본 백과사전의 범위를 벗어난다.

스위칭 기능을 위한 현대의 트랜지스터는 초기 버전에 비해 더 많은 전류를 다루도록 개발되었지만 제약은 여전히 존재한다. 컬렉터에서 이미터로 흐르는 전류가 50A 이상이 되는 파워 트랜지스터는 거의 없으며, 실질적으로 1,000V가 최댓값이다. 전기기계식 릴레이는 나름의 장점이 있기 때문에 여전히 사용되고 있다. [그림 28-15]의 표에서는 트랜지스터, 무접점 릴레이, 전기기계식 릴레이의 스위칭 능력을 비교했다.

	트랜지스터	무접점 릴레이	전기기계식 릴레이
장기간 신뢰도	훌륭함	훌륭함	제한적임
NC 접촉?	No	Yes	Yes
DT 접촉?	No	No	Yes
다량의 전류를 스위칭 하는 능력	제한적임	일부	좋음
AC 스위칭 능력	No	Yes	Yes
AC 전압으로 트리거할 수 있는가?	No	Yes	Yes
소형화의 적합성	훌륭함	나쁨	나쁨
열의 취약성	Yes	Yes	그다지
부식에 대한 취약성	No	No	Yes
고속 사용	훌륭함	좋음	나쁨
저전압, 저전류에 대한 가격 장점	Yes	No	No
고전압, 고전류에 대한 가격 장점	No	No	Yes
'off' 상태에서 누설 전류	Yes	Yes	No
스위치 회로와는 별개의 트리거 회로	No	Yes	Yes

그림 28-15 스위칭 장치들의 특성 비교

주의 사항

양극성 트랜지스터의 연결 오류

트랜지스터의 단자나 접점을 정확히 파악하지 못하면 잠재적으로 파손의 원인이 될 수 있지만, 실수로 컬렉터와 이미터를 바꿔 연결한다고 해서 꼭 트랜지스터가 파손되는 것은 아니다. 소자 내부의 대칭 구조로 인해 컬렉터와 이미터의 연결이 반전된 상태로 작동하게 된다. 대형 반도체 제조사인 로옴Rohm 사는 이러한 내용을 일반 정보 페이지에 포함하고, 연결이 바뀐 경우에는 베타 값 또는 h_{FE}가 사양의 1/10로 떨어지므로 이를 확인하도록 명시하고 있다. 트랜지스터를 사용할 때 작동은 하는데 기대한 만큼 증폭되지 않을 때는 이미터와 컬렉터의 단자가 바뀐 것이 아닌지 확인해야 한다.

달링턴 증폭기 칩의 연결 오류

단일 부품으로서 달링턴 증폭기의 기능이 단일 트랜지스터와 거의 구분이 가지 않는 반면, DIP 패키지에 들어 있는 다중 달링턴 증폭기는 혼란을 일으킬 수 있다. 왜냐하면 달링턴 증폭기 칩은 대다수 논리 칩과는 다르게 작동하기 때문이다.

자주 범하는 실수는 출력 장치에 양 전압 전원을 거는 대신 그라운드에 연결하는 것이다. [그림 28-11]을 보고 12VDC 전원 대신 음극 전원을 연결하는 실수를 상상해 보라.

또 ULN2003과 같은 달링턴 증폭기 칩 제조업체의 데이터시트를 읽을 때 혼란이 생길 수 있다. 데이터시트에서 칩 내부에 마치 논리 인버터를 포함한 것처럼 기술하기 때문이다. 그러나 사실 칩에는 양극성 트랜지스터가 포함되어 있어 달링턴 증폭기 베이스에 걸리는 전류를 증폭한다. 데이터시트는 또한 유도성 부하로 인한 서지를 차단하기 위해 연결하는 공통 다이오드 핀(일반적으로 아래 오른쪽)의 연결도 명확히 표시하지 않는다. 이 핀은 다른 공통-그라운드 핀(일반적으로 아래 왼쪽)과 확실히 구분해야 한다. 공통 다이오드 핀과의 연결은 선택적이며, 공통 그라운드 연결은 필수다.

납땜 시 파손

어느 반도체처럼 트랜지스터도 열에 취약하므로 납땜 작업 중 손상을 입을 수 있다. 그러나 전력이 낮은 인두를 사용하면 이런 문제는 거의 발생하지 않는다. 납땜 전 구리 악어 클립을 단자와 연결해 열을 흡수하는 것도 좋은 방법이다.

과다 전류 또는 과다 전압

트랜지스터는 사용 중에 규격을 넘는 외부 전류나 전압의 영향으로 파손될 수 있다. 보호용 직렬 저항 없이 트랜지스터에 직접적으로 전류를 통과시키면 거의 확실히 타게 되고, 저항값이 부정확할 때도 이런 문제가 발생한다.

트랜지스터가 처리할 수 있는 최대 전력은 데이터시트에서 찾을 수 있다. 예를 들어 어느 트랜지스터의 최대 전력이 200mW이고 12VDC 전원 공급기를 사용하고 있다고 하자. 베이스 전류를 무시하면, 최대 컬렉터 전류는 200/12 = 약 15mA이다. 만일 트랜지스터의 이미터가 그라운드에 연결되어 있고 트랜지스터에 걸리는 부하의 임피던스가 높다면, 그리고 트랜스레지스턴스transresistance를 무시한다면, 옴의 법칙에 따라 컬렉터와 전

원 공급기 사이에 넣어야 할 저항은 적어도 12 / 0.015 = 800Ω은 되어야 한다.

트랜지스터가 스위칭 작업에 사용되고 있다면 베이스 전류는 컬렉터 전류의 5분의 1이 일반적이다. 여기서 논의한 예제에서는 4.7K 저항이 적절하다. 실제 전류와 전압값을 측정하기 위해 측정기를 사용해야 한다.

과다 누설 전류

달링턴 증폭기 또는 하나의 트랜지스터의 출력이 다른 트랜지스터의 베이스와 연결되는 회로에서, 'off' 상태인 첫 번째 트랜지스터의 누설 전류가 두 번째 트랜지스터에서 증폭될 수 있다. 이런 일을 막아야 한다면, 바이패스 저항을 사용해 누설 전류의 일부를 두 번째 트랜지스터의 베이스에서 그라운드로 흘려보내면 된다. 물론 바이패스 저항으로 인해 활성 상태인 첫 번째 트랜지스터의 베이스 전류도 일부 손실될 수 있다. 따라서 저항값은 활성 전류의 10% 이상을 우회하지 못하도록 선택해야 한다. [그림 28-8]에서 달링턴 증폭기에 바이패스 저항이 추가된 것을 볼 수 있다.

29장

전계 효과 트랜지스터

전계 효과 트랜지스터라는 용어는 주로 접합형 전계 효과 트랜지스터junction field-effect transistor(줄여서 JFET)와 금속 산화막 반도체 전계 효과 트랜지스터metal-oxide semiconductor field-effect transistor(줄여서 MOSFET, 간혹 절연 게이트 전계 효과 트랜지스터insulated-gate field-effect transistor(IGFET)라고 부르기도 한다)를 모두 포함하는 말이다. 작동 원리가 상당히 비슷하기 때문에, 전체 '~FET' 계열 소자는 이 장에서 함께 다룬다.

관련 부품

- 양극성 트랜지스터(28장 참조)
- 단접합 트랜지스터(27장 참조)
- 다이오드(26장 참조)

역할

전계 효과 트랜지스터는 반도체의 채널에 흐르는 전류를 제어하기 위해 전기장을 생성한다. 현미경으로 봐야 할 정도의 초소형 금속 산화막 반도체 전계 효과 트랜지스터metal-oxide semiconductor field-effect transistor(MOSFET)는 CMOScomplementary metal oxide semiconductor 집적회로 칩의 기본을 구성하는데 쓰이고, 크기가 큰 개별 MOSFET은 상당한 세기의 전류를 스위칭할 수 있어 조명의 조광 장치, 오디오 앰프, 모터 컨트롤러 등에 사용된다. FET은 컴퓨터 회로에서 점차 필수 요소가 되고 있다.

양극성 트랜지스터는 일반적으로 전류 증폭기 current amplifier로 알려져 있는데, 그 이유는 양극성 트랜지스터를 통과하는 전류가 베이스에 흐르는 소량의 전류로 제어되기 때문이다. 이와 대조적으로 모든 FET은 전압 증폭기voltage amplifier로 간주된다. 제어 전압이 전계 강도를 설정하는데, 여기에 전류는 거의 필요하지 않다. FET의 게이트를 통한 누설 전류는 무시할 수 있는 수준이기 때문에 휴대용 기기 같은 저전력 제품에서 사용하기에 이상적이다.

작동 원리

이 장에서는 가장 많이 사용되는 FET인 JFET과 MOSFET에 대해 설명한다.

JFET

접합형 전계 효과 트랜지스터junction field-effect tran-sistor(이하 JFET)는 FET에서 가장 단순한 형태다. 양극성 트랜지스터에는 NPN 또는 PNP형이 있는데, JFET은 N채널N-channel 또는 P채널형P-channel이 있다. 채널 유형은 전류가 통과하는 채널에 주입하는 물질이 전자인지 아니면 정공인지에 따라 결정된다. 반도체의 불순물 주입에 관한 자세한 내용은 양극성 트랜지스터 장에서 확인할 수 있다.

전자의 기동성이 훨씬 좋기 때문에, N채널형이 P채널형보다 빠른 스위칭이 가능해 더 많이 쓰이고 있다. JFET의 회로 기호는 [그림 29-1]에 NPN 트랜지스터의 기호와 함께 나와 있다. 이 기호들은 JFET이 증폭기나 스위치와 비슷하다는 사실을 암시하고 있지만, 양극성 트랜지스터가 전류를 증폭하는 장치인 반면 FET은 기본적으로 전압 증폭기라는 사실을 기억해야 한다.

[그림 29-2]는 세 종류의 JFET을 보여 주고 있다. N채널 J112형은 여러 제조업체에서 생산 판매하고 있다. 그림의 제품은 페어차일드 반도체Fairchild Semiconductor(왼쪽)와 온세미컨덕터On Semiconductor 사(오른쪽)의 제품이다. 부품 번호는

그림 29-2 접합형 전계 효과 트랜지스터(JFET). 자세한 내용은 본문 참조.

다르지만 규격은 드레인-게이트 전압 35V, 드레인-소스 전압 35V, 게이트 전류 50mA로 거의 동일하다. 가운데 제품은 메탈 클래드 2N4392로, 비슷한 규격이지만 가격은 세 배다. 다른 두 제품이 300mW와 350mW를 처리하는 반면, 이 제품은 1.8W 전력을 처리할 수 있다.

N채널과 P채널형 JFET의 회로 기호는 [그림 29-3]에 나와 있다. 왼쪽이 N채널형, 오른쪽이 P채널형이다. 왼쪽 위와 왼쪽 아래 기호 모두 널리 사용되며 기능적으로 동일하다. 오른쪽 위와 오른쪽 아래 기호 역시 같은 기호다. 위 기호들은 대칭형

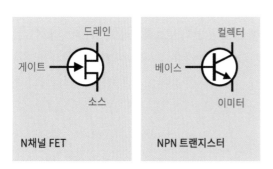

그림 29-1 N채널 JFET(왼쪽)과 NPN 양극성 트랜지스터(오른쪽)의 회로 기호 비교. 두 기호를 보면 스위치 또는 증폭기와 기능이 비슷하다고 볼 수 있지만, 기본적으로 두 소자의 기능은 현저히 다르다.

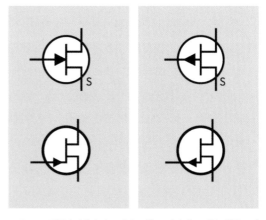

그림 29-3 접합형 전계 효과 트랜지스터(JFET)의 회로 기호. 왼쪽: N채널. 오른쪽: P채널. 각 그림에서 위와 아래의 기호는 기능적으로 동일하다. 원은 생략될 수 있다. S는 대칭 구조 기호에서 생략될 수 있으나 혼란을 유발할 가능성이 있다.

이기 때문에 S를 추가해 어느 단자가 소스인지 표시한다. 그러나 실제로는 S가 자주 생략되며, 이로 인해 혼란이 발생한다. 일부 JFET의 소스와 드레인이 호환 가능하지만, 모든 유형이 다 그런 것은 아니다.

기호에서 개별 소자를 표시할 때는 원을 가끔 생략하는 경우도 있으며, 집적회로 칩에서 연결된 여러 FET을 표시할 때는 거의 대부분 생략한다.

N채널 FET의 내부 기능은 [그림 29-4]에서 볼 수 있다. 그림에서 보면 소스 단자가 전자의 소스가 되며, N채널로 자유롭게 이동하면서 드레인을 통해 나온다. 따라서, 통상적인 전류는 드레인 단자로부터 전위가 낮은 소스 단자로 흐르게 된다.

JFET은 상시 닫힘 스위치와 비슷하다. 게이트와 소스의 전위가 같은 동안에는 낮은 저항을 갖는다. 그러나 게이트의 전위가 소스의 전위 이하로 떨어지면, 다시 말해 게이트가 소스보다 전압이 더 낮아지면, 게이트가 유도하는 전계의 결과로 전류의 흐름은 차단된다. 이를 핀치오프pinch-off라고 한다. 이 내용은 [그림 29-4]의 아래 그림에서 설명하고 있다.

P채널 JFET에서는 이 상황이 반대가 된다([그림 29-5] 참조). 소스는 이제 양극이 되고(그러나 여전히 소스라고 부른다), 드레인은 그라운드가 된다. 통상 전류는 게이트 전압이 소스 전압과 같은 동안에는 소스에서 드레인으로 자유롭게 흐른

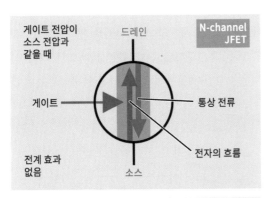

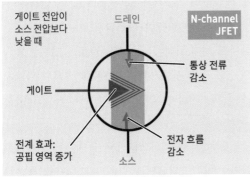

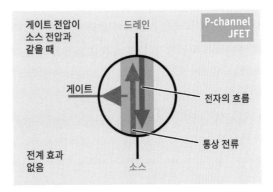

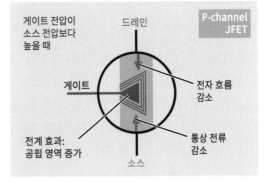

그림 29-4 위: 통상적인 전류는 N형 JFET의 채널을 통해 드레인에서 소스로 자유롭게 흘러간다. 아래: 게이트의 전압이 소스 전압보다 낮아지면 전계 효과가 발생해 전류가 핀치오프된다.

그림 29-5 위: 통상적인 전류는 P형 JFET의 채널을 통해 소스에서 드레인으로 자유롭게 흘러간다. 아래: 게이트의 전압이 소스 전압보다 높아지면 전계 효과가 발생해 전류가 핀치오프된다.

	NPN 양극성 트랜지스터	N채널 JFET
증폭기 유형	전류	전압
능동 바이어스	positive	negative
바이어스가 없는 상태	비전도성	전도성
바이어스가 걸린 상태	전도도가 높아짐	전도도가 낮아짐

그림 29-6 N채널 JFET과 NPN 양극성 트랜지스터의 특성 비교

다. 게이트 전압이 소스 전압보다 높아지면 전류는 핀치오프된다.

양극성 트랜지스터는 기본적으로 전류를 차단하지만, 베이스가 순방향 바이어스에 걸리면 저항이 차츰 낮아진다. 따라서 증가형 소자enhancement device라고 지칭할 수 있다. 이와 대조적으로 N채널 JFET은 기본적으로 전류가 흐르지만 베이스에 역방향 바이어스가 걸리면 저항이 높아져 베이스 접합부에 공핍층이 넓어진다. 따라서 JFET은 공핍형 소자depletion device라고 볼 수 있다.

NPN 양극성 트랜지스터와 JFET의 주요 특성은 [그림 29-6]의 표에서 요약하여 비교했다.

JFET의 동작

JFET의 게이트와 소스 사이의 전압 차는 일반적으로 V_{gs}로 표시하고, 드레인과 소스 사이의 전압 차는 V_{ds}로 표시한다.

N채널 JFET의 게이트가 소스와 연결되어 $V_{gs} = 0$이라고 가정해 보자. 이제 V_{ds}가 증가하면 JFET 채널에 흐르는 전류 역시 증가하는데, V_{ds}에 대하여 대략 선형적으로 증가한다. 다른 말로 하면, JFET은 처음에는 낮은 저항값을 가진 저항처럼 행동하는데, 저항값은 전압을 내부에 흐르는 전류로

나눈 값으로 대략 상수에 가깝다. JFET이 이런 행동을 보이는 상태를 저항 영역ohmic region이라고 한다. 바이어스가 걸리지 않은 JFET의 채널 저항은 부품 유형에 따라 달라지는데, 일반적으로 10Ω에서 1K 사이다.

V_{ds}가 계속해서 증가하면 결국 전류는 더 이상 흐르지 않는다. 이 시점에서 채널은 포화saturated되었다고 하고, 이러한 안정 상태를 포화 영역saturation region이라고 한다. 흔히 약어로 I_{dss}로 표시하는데, 그 뜻은 '제로 바이어스에서의 포화 드레인 전류'이다. 대부분의 JFET에서 이 값은 거의 상수지만, 부품마다 제조 조건에 따라 값이 달라진다.

V_{ds}가 계속해서 증가하면, 소자는 마침내 항복 상태breakdown state에 이른다. 이 상태를 드레인 소스 항복 상태drain-source breakdown라고도 한다. JFET을 통과해 흐르는 전류는 이제 외부 전원의 용량으로만 제한을 받는다. 항복 상태에서는 부품이 손상될 수도 있다. 보통 다이오드의 항복 상태와 비슷하다고 볼 수 있다.

게이트 전압이 소스 전압보다 낮아지면, 즉 V_{gs}가 음수가 되면 어떻게 될까? 소자는 저항 영역에서 저항값이 큰 저항처럼 행동하고, 더 낮은 전류 값에서 포화 영역에 도달한다(V_{ds}가 같을 때에도). 따라서 게이트 전압을 소스 전압보다 낮추면 소자의 실효 저항은 증가하는데, 실질적으로 전압으로 제어되는 저항voltage-controlled resistor처럼 행동할 수 있게 된다.

[그림 29-7]의 위 그림에서 이 내용을 설명하고 있다. 아래 그림에서 P채널 JFET의 응답 곡선은 거의 동일해 보이지만, 전류 흐름이 반대이고 게이트 전압이 소스 전압보다 높을 때 핀치오프가

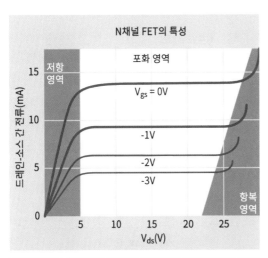

N채널 FET의 특성

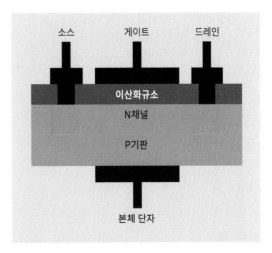

그림 29-8 N채널 MOSFET을 단순하게 표현한 그림. 이산화규소 층의 두께는 이해를 돕기 위해 많이 과장한 것이다. 검은색 단자는 금속이다.

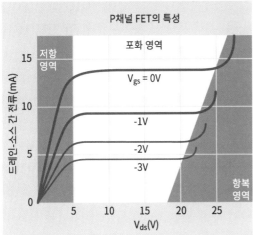

그림 29-9 두 종류의 MOSFET. 왼쪽의 TO-220 패키지에는 드레인 전류가 직류로 최대 65A, 드레인-소스 간 항복 전압은 100V로 나와 있다. 오른쪽의 크기가 작은 패키지는 드레인 전류가 직류로 최대 175mA, 드레인-소스 간 항복 전압은 300V이다.

그림 29-7 위 그래프는 게이트 전압과 소스 전압에 따라 N채널 JFET에서 채널을 통과하는 전류의 변화를 나타낸 것이다. 아래 그래프는 P채널 JFET이다.

발생한다는 점에서 다르다. 또한 N채널 JFET보다 P채널 JFET이 항복 영역에 더 빠르게 도달한다.

MOSFET

MOSFET은 컴퓨터 메모리부터 고전류 스위칭 전원 공급기에 이르기까지 전자회로에서 가장 널리 사용되는 부품이다. MOSFET은 metal-oxide semi-conductor field-effect transistor의 약자다. N채널

MOSFET의 단면도는 [그림 29-8]에 나와 있다.

[그림 29-9]에서 두 종류의 MOSFET을 보여 준다.

JFET과 마찬가지로 MOSFET도 단자가 3개 있으며, 각각 드레인, 게이트, 소스이다. MOSFET은 전계 효과를 발생시켜 채널을 통과하는 전류의 흐름을 제어한다(일부 MOSFET은 네 번째 단자를 가진 경우도 있는데, 이는 나중에 설명한다). 그러

나 MOSFET은 소스와 드레인이 금속으로 되어 있어 채널의 양 끝과 접촉하고 있고(그래서 이름에 metal이 들어간다), 얇은 이산화규소silicon dioxide 층이 게이트와 채널을 분리하고 있다(그래서 이름에 oxide가 들어간다). 따라서 게이트의 임피던스가 최소 100,000GΩ까지 증가하고, 게이트 전류는 거의 0까지 감소한다. MOSFET 게이트의 임피던스가 높기 때문에 디지털 집적회로의 출력에 직접 연결하는 것이 가능하다. 이산화규소 층은 유전체dielectric다. 이 말은 한쪽 끝에 전계를 걸면 반대쪽 면에도 반대의 전계가 생성된다는 뜻이다. 이산화규소 층 표면에 접착되는 게이트는 커패시터의 전극판과 동일한 방식으로 작동된다.

이산화규소는 채널에서 게이트를 절연하는 특성이 뛰어나 원치 않는 역전류를 방지한다. JFET에서는 유전체 막이 없기 때문에, 소스 선압을 게이트 전압보다 약 0.6V 이상 더 높게 놓아 두면 게이트와 채널 사이의 직접적인 내부 연결로 인해 전자가 소스에서 게이트로 자유롭게 흐른다. 그리고 내부 저항이 매우 낮아져 큰 전류가 소자를 파괴할 수 있다. 이 때문에 JFET은 항상 역방향 바이어스로 사용해야 한다.

MOSFET은 이런 제약이 없으며, 게이트 전압이 소스 전압보다 높을 수도 낮을 수도 있다. 이러한 특성 때문에 N채널 MOSFET은 공핍형뿐만 아니라 '상시 off' 상태에서 순방향 바이어스가 걸릴 때 스위치가 켜지는 증가형 소자enhancement device로도 설계된다. 주된 차이점은 MOSFET의 채널이 전하 운반체가 주입된 N채널이며, 따라서 게이트 바이어스의 상태에 따라 전류가 흐르거나 흐르지 않거나 할 수 있다는 점이다.

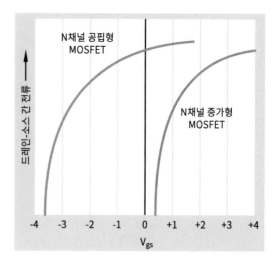

그림 29-10 N채널 MOSFET에서 공핍형과 증가형의 전류 전도도. 자세한 내용은 본문 참조(호로비츠와 힐이 쓴《The Art of Electronics》(캠임브리치대학출판부, 2015)에서 참고함).

공핍형 소자에서, 채널은 전류를 통과시키지만 게이트에 음전압을 걸면 전류는 핀치오프될 수 있다.

증가형 소자에서, 채널은 전류를 통과시키지 않지만 게이트에 양 전압을 걸면 전류를 흐르게 할 수 있다.

두 소자 모두 바이어스가 음에서 양으로 변하면 채널의 전도도가 강화된다. 공핍형과 증가형 소자는 단순히 출발 지점이 다를 뿐이다.

이는 [그림 29-10]에서 분명히 보여 준다. y축은 MOSFET의 채널에 흐르는 전류를 표시하고(로그 스케일), 초록색 곡선은 공핍형 소자의 행동을 설명하고 있다. 이 곡선이 0V 바이어스를 표시하는 가운데 선과 만나면 채널은 JFET처럼 전도체가 된다. x축을 따라 그래프 왼쪽으로 이동하면(역방향 바이어스가 걸리는 상황), 곡선은 왼쪽 아래 방향으로 향하게 되고, 소자는 전도도가 점점 줄다가 마침내 0이 된다.

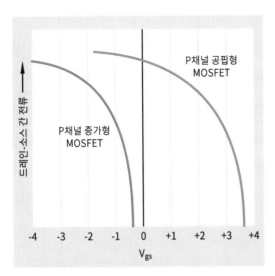

그림 29-11 공핍형과 증가형 P채널 MOSFET의 전류 전도도. 자세한 내용은 본문 참조.

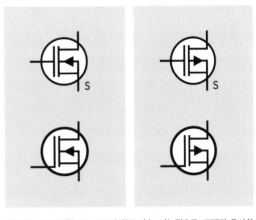

그림 29-12 공핍형 MOSFET의 회로 기호. 기능적으로 JFET과 유사하다. 왼쪽의 두 기호는 기능적으로 동일하며, N채널 공핍형 MOSFET을 표시한다. 오른쪽 두 기호는 모두 P채널 공핍형 MOSFET을 표시하는 데 널리 사용된다.

같은 그래프에서, 주황색 곡선은 증가형 MOSFET을 설명한다. 0V 바이어스에서는 전류가 흐르지 않는다. 순방향 바이어스가 증가하면 전류도 증가하는데, 이때는 양극성 트랜지스터와 비슷하다.

사용자 입장에서는 더 혼란스럽겠지만, MOSFET도 JFET과 마찬가지로 P도핑 채널P-doped channel을 가질 수 있다. 그리고 공핍형 또는 증가형으로 작동할 수 있다. 이러한 유형의 행동을 [그림 29-11]에서 보여 준다. 앞의 그림과 마찬가지로 초록색 곡선은 공핍형 MOSFET, 주황색 곡선은 증가형 MOSFET을 의미한다. x축은 게이트와 드레인 단자 사이의 전압 차다. 공핍형 소자는 0V 바이어스에서 자연적으로 전도도를 가지며, 게이트 전압이 드레인 전압보다 높아지면 전류 흐름은 핀치오프된다. 증가형 소자는 역방향 바이어스가 걸릴 때까지 전류가 흐르지 않는다.

[그림 29-12]는 공핍형 MOSFET의 회로 기호다.

왼쪽의 두 기호는 N채널 MOSFET이며, 둘 다 기능적으로 동일하다. 오른쪽은 P채널 MOSFET이다. JFET의 경우처럼 대칭 기호에는 글자 'S'를 추가해 소스 단자를 명시해 주어야 한다. 왼쪽을 가리키는 화살표는 이 부품이 N채널형임을 나타내며, 오른쪽 기호에서 화살표가 오른쪽을 가리키면 P채널 MOSFET임을 뜻한다. 각 기호 두 개의 수직선 사이의 공간은 이산화규소 유전체 층을 의미한

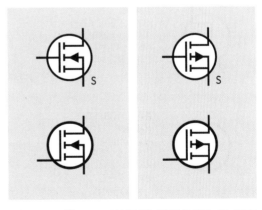

그림 29-13 증가형 MOSFET의 회로 기호. 왼쪽의 두 기호는 기능적으로 동일하며 모두 N채널 증가형 MOSFET을 표시한다. 오른쪽 두 기호는 P채널 증가형 MOSFET을 표시한다.

다. 오른쪽 수직선은 채널이다.

증가형 MOSFET은 기호가 약간 달라서, 소스와 드레인 사이에 점선처럼 보이는 선이 있는데([그림 29-13] 참조), 이 기호는 소자가 0V 바이어스일 때 '상시 on'이 아닌 '상시 off'임을 상기시킨다. 다시 한번 말하지만 왼쪽을 가리키는 화살표는 N채널 MOSFET을, 오른쪽을 가리키는 화살표는 P채

N채널 MOSFET
소스는 상대적으로 음의 전위
드레인은 상대적으로 양의 전위
게이트는 상대적으로 음의 전위
**게이트 전압이 낮아지면
전도도가 바뀐다.**

P채널 MOSFET
소스는 상대적으로 양의 전위
드레인은 상대적으로 음의 전위
게이트는 상대적으로 양의 전위
**게이트 전압이 증가하면
전도도가 바뀐다.**

그림 29-14 두 기호 가운데 하나를 다음 그림의 기호 하나와 결합해 MOSFET의 4가지 기호 중 하나를 만들 수 있다. 자세한 내용은 본문 참조.

**공핍형 MOSFET
상시 ON**
게이트 전압이 바뀌면
(N채널에 대하여 낮게,
P채널에 대하여 높게)
전류 흐름은 핀치오프된다.

**증가형 MOSFET
상시 OFF**
게이트 전압이 바뀌면
(N채널에 대하여 높지 않게,
P채널에 대하여 낮지 않게)
전류 흐름은 핀치오프된다.

그림 29-15 두 기호 가운데 하나를 앞 그림의 기호 하나와 결합해 MOSFET의 4가지 기호 중 하나를 만들 수 있다. 자세한 내용은 본문 참조.

널 MOSFET을 표시한다.

MOSFET은 혼동의 여지가 많기 때문에, [그림 29-14]와 [그림 29-15]에서 관련 내용을 요약 정리했다. 이 그림에서 각 회로 기호와 관련된 부분은 그 의미를 설명한 내용과 함께 분해해서 보여 준다. [그림 29-14]의 기호와 [그림 29-15]의 기호를 조합하면 해당 소자의 기호를 만들 수 있다. 예를 들어, [그림 29-14]의 위 기호와 [그림 29-15]의 아래 기호를 합치면 N채널 MOSFET 증가형 기호가 나온다.

MOSFET의 동작을 보다 분명히 이해하기 위해, [그림 29-16], [그림 29-17], [그림 29-18], [그림 29-19]에서 그래프 4개를 제시했다. JFET과 마찬가지로 MOSFET도 초기 저항 영역이 있으며, 이후 포화 영역에 이르기 전까지 전류는 상대적으로 자유롭게 소자를 통해 흐른다. 게이트-소스 전압으로 전류가 얼마나 흐를지 결정된다. 그러나 그래

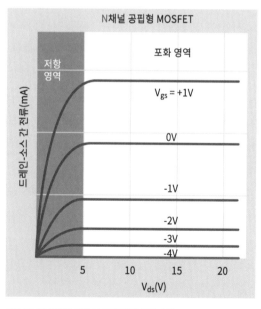

그림 29-16 공핍형 N채널 MOSFET의 전류 흐름.

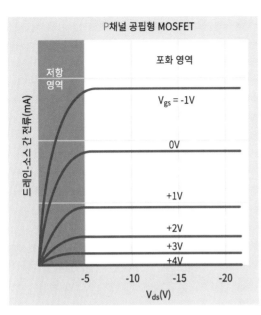

그림 29-17 공핍형 P채널 MOSFET의 전류 흐름

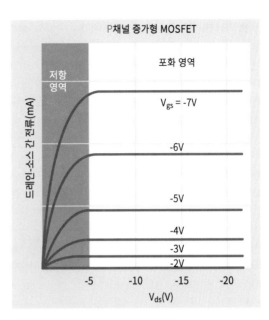

그림 29-19 증가형 P채널 MOSFET의 전류 흐름.

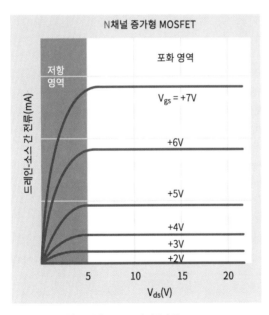

그림 29-18 증가형 N채널 MOSFET의 전류 흐름

프의 스케일을 주의 깊게 살펴보면 각각의 4가지 MOSFET이 모두 다르다는 것을 알 수 있다.

이 그래프에는 모두 바이어스 전압이 존재하며,

이로 인해 전류가 0부터 흐른다(x축에서 만나는 그 래프 선으로 표현됨). 다른 말로 하면 MOSFET을 스위치로 사용할 수 있다는 뜻이다. 이때 실제 사용하는 전압은 부품에 따라 다르다.

N채널 증가형 MOSFET은 특히 스위치로 사용하기에 적합하다. 그 이유는 0V 바이어스에서 상시 off 상태이며 저항이 매우 높아 전류가 흐르지 않기 때문이다. 따라서 게이트에서는 상대적으로 낮은 양 전압으로 충분하며, 게이트 전류가 없는 상태에서 드레인 단자로부터 소스 단자로 통상적인 전류가 흐르기 시작한다. 따라서 일반적인 5V 논리 칩으로 직접 구동할 수 있다.

공핍형 MOSFET은 증가형에 비해 이용 빈도가 점차 줄고 있다.

기판 연결

지금까지 MOSFET의 네 번째 단자에 대해서는 설

명하지 않았다. 수많은 MOSFET이 가지고 있는 이 네 번째 단자는 바디 단자body terminal이며, 기판에 연결된 단자다. 기판substrate은 부품이 장착되어 있는 영역으로, 채널과 함께 다이오드의 접합부와 같은 기능을 한다. 바디 단자는 일반적으로 소스 단자에 연결되며, 실제로도 지금까지 사용해 온 회로 기호에서 그렇게 표시되어 있다. 그러나 바디 단자를 소스 단자보다 더 낮은 전위로 만들거나(N채널 MOSFET) 더 높은 전위로 만들면(P채널 MOSFET), 바디 단자를 이용해 MOSFET 게이트의 문턱 전압을 이동하는 것이 가능하다.

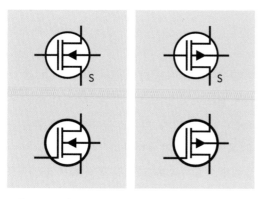

그림 29-20 공핍형 MOSFET의 회로 기호. 바디 단자가 소스 단자에 연결되는 대신 개별적으로 접근할 수 있음을 보여 준다.

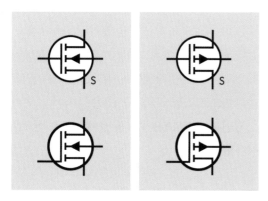

그림 29-21 증가형 MOSFET의 회로 기호. 바디 단자가 소스 단자에 연결되는 대신 개별적으로 접근할 수 있음을 보여 준다.

바디 단자를 표시하는 MOSFET의 여러 유형의 회로 기호는 [그림 29-20](공핍형 MOSFET)과 [그림 29-21](증가형 MOSFET)에서 볼 수 있다.

게이트의 특성을 조정하는 바디 단자의 사용법은 본 백과사전의 범위를 벗어난다.

다양한 유형

위에서 설명한 두 종류 외에 몇 가지 FET 유형이 존재한다.

MESFET

금속 반도체 전계 효과 트랜지스터MEtal-Semicon-ductor Field Effect Transistor의 약자다. 이 FET 변형은 갈륨-비소로 제조하고 주로 RF 증폭에 사용된다. 이 소자는 본 백과사전의 범위를 벗어난다.

V채널 MOSFET

대부분의 FET 소자들이 소량의 전류만 다룰 수 있는데 반해, V채널 MOSFETV-channel MOSFET(줄여서 VMOSFET이라고도 하는데, 그 이름대로 채널 모양이 V자형이다)은 최소 50A의 전류와 1,000V에 이르는 높은 전압을 유지할 수 있다. 이 소자는 채널의 저항이 1Ω 미만이기 때문에 높은 전류도 통과시킬 수 있다. 이런 소자들은 일반적으로 파워 MOSFETpower MOSFET이라고 한다. 주요 제조업체 대부분이 출시하고 있으며 전원 공급기의 스위칭용으로 널리 사용된다.

트렌치 MOS

트렌치MOSTrenchMOS 또는 트렌치게이트 MOS Trenchgate MOS는 MOSFET의 일종으로 전류가 수

평으로 흐르기보다는 수직으로 흐르며, 낮은 채널 저항을 구현하는 신기술을 도입해 최소한의 열 발생으로 높은 전류를 통과시킨다. 이 소자는 자동차 산업에서 전기기계식 릴레이를 대체하는 데 사용되고 있다.

부품값

일반적으로 데이터시트에서 찾을 수 있는 JFET의 최댓값들은 V_{ds}(드레인-소스 간 전압, 즉 드레인과 소스 사이의 전위차), V_{dg}(드레인-게이트 간 전압, 즉 드레인과 게이트 사이의 전위차), V_{gsr}(게이트 소스 간 역전압), 게이트 전류, 총전력 소모량(단위 mW)이다. 이때 전압 차는 상대적인 값이며 절댓값이 아님에 주의해야 한다. 따라서 드레인의 전압이 50V이고 소스 전압이 25V일 때, 부품의 V_{ds}는 25V이다. 마찬가지로 JFET의 '핀치 오프' 효과는 게이트가 소스보다 '더 음'일 때, 예를 들어 소스의 전압이 6V이고 게이트가 3V이면 시작될 수 있다.

낮은 전류의 스위칭 작업을 위해 고안된 JFET과 MOSFET은 채널 저항이 수 Ω에 불과하며, 최대 스위칭 속도는 약 10Mhz 정도다.

MOSFET의 데이터시트에서는 일반적으로 게이트의 문턱 전압 같은 값을 다루는데, 약어로는 V_{gs}(또는 V_{th})이며 게이트가 활성화되기 시작하는 상대 전압값으로 표시된다. 'on' 상태의 드레인 최대 전류는 약어로 $I_{d(on)}$로 표시하며, 이 값은 소스와 게이트 간의 최대 제한 전류(섭씨 25도 조건에서)가 된다.

사용법

MOSFET은 게이트 임피던스가 매우 높고, 잡음이 아주 적으며, off 상태에서 대기 전력 소비가 적고, 스위칭 능력도 대단히 빠르다. 따라서 여러 작업에 적합하다.

P채널의 단점

P채널 MOSFET은 일반적으로 N채널 MOSFET보다 선호도가 낮다. 그 이유는 P형 실리콘의 저항이 상대적으로 높아 전하의 운동성이 낮기 때문이다.

양극성 트랜지스터의 대체

양극성 트랜지스터는 증가형 MOSFET으로 대부분 대체할 수 있는데, 더 좋은 결과를 얻을 수 있다(낮은 잡음, 빠른 동작, 훨씬 높은 임피던스, 그리고 낮은 전력 소모).

증폭기 프런트 엔드

오디오 앰프의 프런트 엔드용으로 사용하기에는 MOSFET도 편리하지만, MOSFET이 포함된 칩들이 이런 특수한 목적으로 지금 이용되고 있다.

전압 제어 저항

JFET과 MOSFET의 성능이 선형 영역 또는 저항 영역 안으로 제한되어 있는 경우, JFET 또는 MOSFET을 중심으로 단순한 전압 제어 저항voltage-controlled resistor을 꾸밀 수 있다.

디지털 소자와의 호환성

JFET은 일반적으로 25VDC 규모의 전원 공급기를

사용한다. 그러나 5V 디지털 소자의 펄스 출력을 게이트 제어용으로 사용할 수도 있다. FET을 TTL 디지털 칩과 함께 사용할 경우, 4.7K 풀업 저항이 적절하다. 이때 TTL 디지털 칩은 문턱값의 최젓점과 최곳점 사이의 차가 2.5V 정도밖에 되지 않는다.

주의 사항

정전기

MOSFET의 게이트는 나머지 부품과 절연되어 있으며, 커패시터의 전극판처럼 작동하기 때문에 특히 정전기가 쌓이기 쉽다. 이 정전기는 자체적으로 소자의 본체로 방전되어 손상을 입힌다. MOS FET은 산화층이 아주 얇기 때문에 정전기 방전에 특히 취약하다. 소자를 취급하거나 사용할 때는 특별한 주의가 필요하다. MOSFET을 다룰 때는 항상 그라운드와 연결된 물건에 손을 대고 있거나 접지된 손목 밴드를 착용해야 한다. 그리고 MOSFET을 사용하는 회로에서는 정전기와 전압 스파이크에 대한 보호 조치가 갖추어져 있는지 확인해야 한다.

회로가 켜져 있거나 완전히 방전되지 않은 커패시터의 잔여 전압이 남아 있을 때는 MOSFET을 삽입하거나 제거해서는 안 된다.

열

과열로 인한 오류는 파워 MOSFET을 사용할 때 특히 문제가 된다. 비쉐이Vishay 사의 비쉐이 응용 노트Vishay Application Note("Current Power Rating of Power Semiconductors")에서 이런 유형의 부품

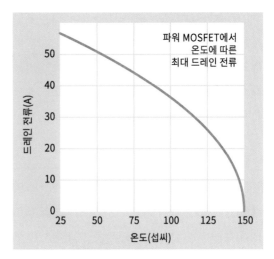

그림 29-22 파워 MOSFET에서 제조사가 권고하는 최대 드레인 전류를 온도에 따라 그래프로 표시한 것이다. EE 타임즈의 'Power MOSFET Tutorial'에서 발췌.

은 실제 조건에서 적어도 섭씨 90도까지는 작동할 수 있다고 말하지만, 데이터시트에 명시된 전력 처리 능력은 산업 표준으로 섭씨 25도를 가정하고 있다.

다른 한편으로, 연속 출력에 대한 규격은 100% 이하의 사용률을 가지는 스위칭 소자와는 거의 상관이 없다. 이 소자들에서 중요한 항목은 이를테면 전력 서지의 가능성, 스위칭 주파수, 부품과 방열판 사이 연결의 견고성 등이다. 방열판만으로 부품의 온도가 평균을 유지하는지 여부는 알 수 없으며, 당연한 얘기지만 MOSFET 내부 접합부의 실제 온도 또한 실시간으로 알 방법이 없다.

이러한 요소들을 고려할 때, 파워 MOSFET은 대단히 보수적인 기준으로 선택해야 한다. EE 타임스의 지침에 따르면, 실제 MOSFET으로 스위치되는 전류가 섭씨 25도에서 정의된 정격 전류의 50%라고 해도 너무 높은 것이며, 보통은 1/4에서 1/3 정도를 선택하는 것이 보편적이라고 한다. [그

림 29-22]는 실제 상황에서 권고하는 최대 드레인 전류를 온도에 따라 그래프로 표시한 것이다. 이 권곳값을 넘으면 과열이 발생하고, 열이 배출되지 못하고 축적되면서 결국 열 폭주thermal runaway 조건에 이르러 부품이 손상된다.

잘못된 바이어스

앞서 논의한 바와 같이, JFET에 순방향 바이어스를 걸면 게이트 전압이 소스 전압보다 0.6V 이상 높을 때 게이트와 소스 사이의 접합부는 순방향 바이어스가 걸린 다이오드처럼 행동하기 시작한다(N채널 JFET에서). 접합부는 상대적으로 저항이 낮아 과도 전류를 발생할 수 있고 그 결과 부품이 손상될 수 있다. 회로를 설계할 때는 사용자가 잘못 입력할 가능성을 염두에 두고, 사용자가 저지른 오류가 궁극적으로 손상으로 이어질 수 있다는 사실을 고려해야 한다.

회로 기호

이 장에서는 본 백과사전에서 다룬 부품들의 회로 기호를 모아 놓았다. 기호들은 알파벳 순서로 나열했으며, 인덱스처럼 사용할 수 있다. 그러나 유사성이 높은 기호들은 그룹으로 묶어 놓았다. 따라서 포텐셔미터는 저항 근처에서 찾을 수 있으며, 모든 유형의 저항은 한 그룹에 포함되어 있다.

파란색 직사각형 안의 기호는 모두 기능적으로 동일하다.

부품이 기본 극성을 가지고 있거나 특정 극성으로 흔히 이용될 때는 빨간색 플러스 기호(+)를 추가해 이해를 도왔다. 이 기호는 회로 기호의 일부가 아니다. 극성이 있는 커패시터에서 플러스 기호가 일반적으로 보일 때(또는 보여야 할 때), 이 기호는 회로 기호의 일부이며 검은색으로 표시했다.

본 부록은 모든 기호를 빠짐 없이 모아 놓으려는 것이 아니다. 일반적이지 않은 일부 기호들은 싣지 않았다. 그러나 이 책에서 다룬 부품들을 확인하는 데에는 본 부록으로 충분하다.

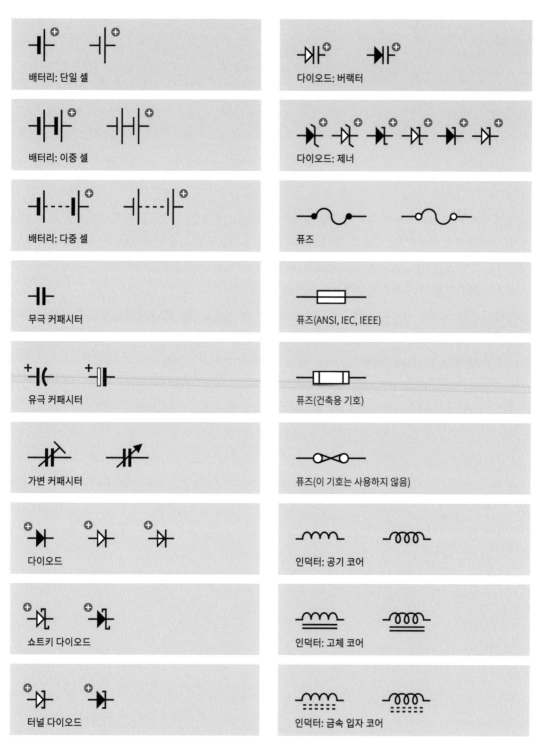

배터리: 단일 셀

배터리: 이중 셀

배터리: 다중 셀

무극 커패시터

유극 커패시터

가변 커패시터

다이오드

쇼트키 다이오드

터널 다이오드

다이오드: 버랙터

다이오드: 제너

퓨즈

퓨즈(ANSI, IEC, IEEE)

퓨즈(건축용 기호)

퓨즈(이 기호는 사용하지 않음)

인덕터: 공기 코어

인덕터: 고체 코어

인덕터: 금속 입자 코어

그림 A-1 회로 기호

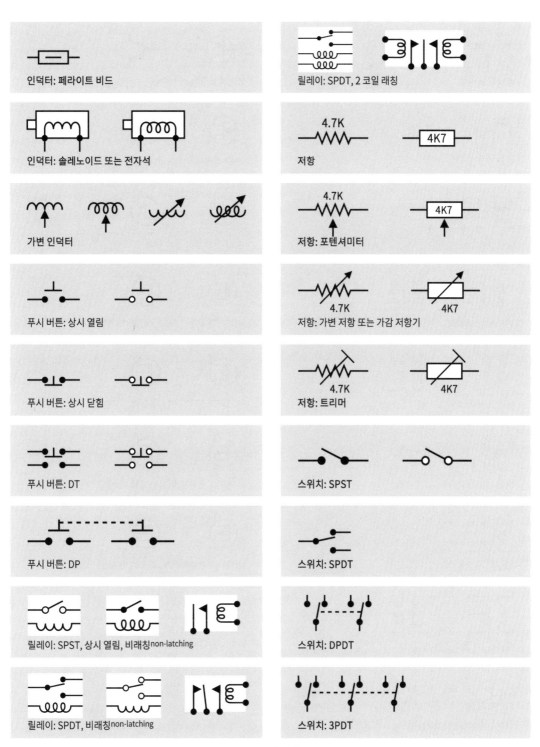

인덕터: 페라이트 비드

인덕터: 솔레노이드 또는 전자석

가변 인덕터

푸시 버튼: 상시 열림

푸시 버튼: 상시 닫힘

푸시 버튼: DT

푸시 버튼: DP

릴레이: SPST, 상시 열림, 비래칭non-latching

릴레이: SPDT, 비래칭non-latching

릴레이: SPDT, 2 코일 래칭

저항

4.7K

4K7

저항: 포텐셔미터

4.7K

4K7

저항: 가변 저항 또는 가감 저항기

4.7K

4K7

저항: 트리머

4.7K

4K7

스위치: SPST

스위치: SPDT

스위치: DPDT

스위치: 3PDT

그림 A-2 회로 기호

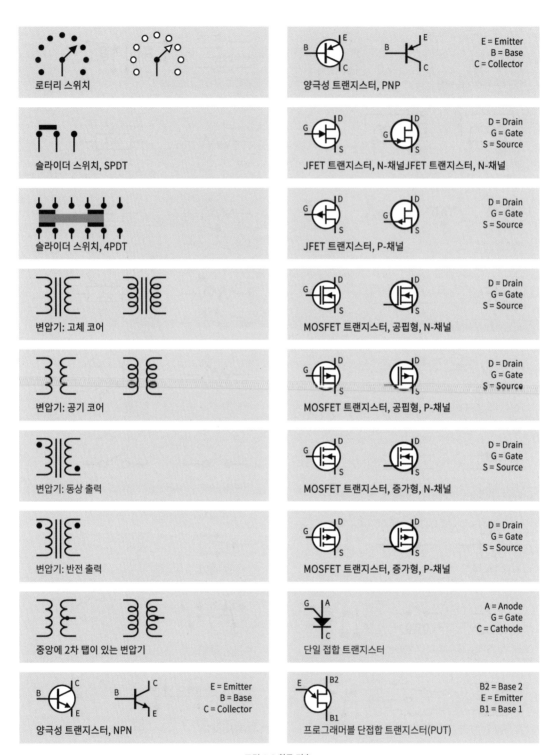

로터리 스위치	양극성 트랜지스터, PNP E = Emitter B = Base C = Collector
슬라이더 스위치, SPDT	JFET 트랜지스터, N-채널JFET 트랜지스터, N-채널 D = Drain G = Gate S = Source
슬라이더 스위치, 4PDT	JFET 트랜지스터, P-채널 D = Drain G = Gate S = Source
변압기: 고체 코어	MOSFET 트랜지스터, 공핍형, N-채널 D = Drain G = Gate S = Source
변압기: 공기 코어	MOSFET 트랜지스터, 공핍형, P-채널 D = Drain G = Gate S = Source
변압기: 동상 출력	MOSFET 트랜지스터, 증가형, N-채널 D = Drain G = Gate S = Source
변압기: 반전 출력	MOSFET 트랜지스터, 증가형, P-채널 D = Drain G = Gate S = Source
중앙에 2차 탭이 있는 변압기	단일 접합 트랜지스터 A = Anode G = Gate C = Cathode
양극성 트랜지스터, NPN E = Emitter B = Base C = Collector	프로그래머블 단접합 트랜지스터(PUT) B2 = Base 2 E = Emitter B1 = Base 1

그림 A-3 회로 기호

찾아보기

영어로 찾기